編者的話

目前建築相關國家考試考試包含國營企業的考試，法規是每一種考試必備的科目，在不同的考試有不同的名稱，如：營建法規與實務(建築師、三等)、營建法規(高考)、營建法規研究(升等)、營建法規概要(普考、四等)、建管行政(公職考試)等。雖然在不同的建築相關考試中，出題方向及配分不盡相同。但是從歷年考古題中絕對有跡可窺探。本科是讀者在準備建築相關考試上性價比最高的一科。

本書收錄近五年建築師及公職考試試題及題解，並其依照考試類別分別歸類，目的是為了讓考生在針對不同考試時，能夠清楚快速了解到該考試類別的出題內容及答題方向，即時反應在讀書效率上，以節省各位考生寶貴的時間。

第一次準備的考生若時間充裕，建議將出題範圍的各單元內容至少熟讀過一次，再針對出題比例較高的單元內容局部加強；建築相關考試除了法規本科目外，部分如建築構造與施工、建築結構、建築環境控制及設計術科等，都曾在該科目考試中出現法規本科目。雖其他科各分配比例不高，但總計起來也可得取不少基本分數。

97 年建築師考試部分科目採測驗題後，出題重點與之前的申論題型不同，例如早年申論題型不常出題配分在建築技術規則，但在建築師的測驗題型中卻是每年必考而且配分比超高的章節，讀者可藉由本書的考題分析來達到準備考試事半功倍的效果。預祝本書讀者金榜題名。

U0072947

107 年 3 月 29 日

參考書目

一、全國法規資料庫　法務部

二、公共工程技術資料庫　公共工程委員會

三、中國國家標準　標準檢驗局

四、建築結構系統　鄭茂川　桂冠出版社

五、建築結構力學　鄭茂川　台隆書店

六、營造法與施工（上冊、下冊）　吳卓夫等　茂榮書局

七、營造與施工實務（上冊、下冊）　石正義　詹氏書局

八、建築工程估價投標　王玨　詹氏書局

九、建築圖學（設計與製圖）　崔光大　巨流圖書公司

十、建築製圖　黃清榮　詹氏書局

十一、綠建材解說與評估手冊　內政部建築研究所

十二、綠建築解說與評估手冊　內政部建築研究所

十三、綠建築設計技術彙編　內政部建築研究所

十四、建築設備概論　莊嘉文　詹氏書局

十五、建築設備（環境控制系統）　周鼎金　茂榮圖書有限公司

十六、圖解建築物理概論　吳啟哲　胡氏圖書

十七、圖解建築設備學概論　詹肇裕　胡氏圖書

§感　謝§

◆ 本考試相關題解，感謝諸位老師編撰與提供解答。

陳俊安 老師　　陳雲專 老師　　曾大器 老師　　林瑄蓉 建築師

李奇謀 老師　　蘇柏維 老師　　李彥輝 老師　　陳宜群 建築師

◆ 由於每年考試次數甚多，整理資料的時間有限，題解內容如有疏漏，煩請傳真指證。我們將有專門的服務人員，儘速為您提供優質的諮詢。

◆ 本題解提供為參考使用，如欲詳知真正的考場答題技巧與專業知識的重點。仍請您接受我們誠摯的邀請，歡迎前來各班親身體驗現場的課程。

◆ 營建法規

一、國土綜合開發計畫
    （一）意義、內容和事項。
    （二）經營管理分區及發展許可制架構。
    （三）綜合開發許可制內容及許可程序及農地釋出方案
        （農業用地與建農舍辦法）

二、區域計畫
    （一）意義、功能及種類。
    （二）空間範圍及內容。
    （三）區域計畫法。
    （四）施行細則。
    （五）非都市土地使用管制規則。

三、都市計畫體系及相關法規
    （一）主管機關及職掌，擬定、變更、發布及實施
    （二）主要計畫及細部計畫內容
    （三）都市計畫制定程序
    （四）審議
    （五）都市土地使用管制
    （六）都市計畫容積移轉實施辦法
    （七）都市計畫事業實施內容
    （八）促進民間參與公共建設相關法令
    （九）都市更新條例及相關法規，都市發展管制相關法令。

四、建築法
    （一）立法目的及建築管理內容
    （二）建築法主管建築機關
    （三）建築法的適用對象
    （四）建築法中〝建築行為〞意義內容
    （五）一宗建築基地及應留設法定空地規定
    （六）建築行為人權利與義務規定及限制
    （七）免由建築師設計監造或營造業承造建築物
    （八）建築許可、山坡地開發建築許可、工商綜合區開發許可、都市審議許可
    （九）建築基地、建築界線及開發相關法規管制計畫及管制規定
    （十）建築施工管理內容及相關法令
    （十一）建築使用管理內容及相關法令
    （十二）其他建築管理事項。

五、建築技術規則
（一）架構內容
    （二）建築物一般設計通則內容
    （三）建築物防火設計規範
    （四）綠建築標章
    （五）特定建築物定義及相關規定
    （六）建築容積管制的意義、目的、範圍、內容、考慮因素、收益及相關規定
    （七）建築技術規則其他規定。

六、山坡地建築管制辦法
  　　（一）法令架構
  　　（二）山坡地開發管制規定內容
  　　（三）山坡地開發及建築管理
  　　（四）山坡地防災及管理。
七、綠建築
  　　（一）定義
  　　（二）綠建築的規範評估
  　　（三）綠建築九大指標的設計評估
  　　（四）綠建築的分級評估
  　　（五）綠建築推動方案。

表列命題大綱為考試命題範圍之例示，惟實際試題並不完全以此為限，仍可命擬相關之綜合性試題。

建築師考試・命題大綱

◆　營建法規與實務

一、建築法、建築師法及其子法、建築技術規則。
二、都市計畫法、都市更新條例及其子法。
三、區域計畫法有關非都市土地使用管制法規。
四、公寓大廈管理條例及其子法。
五、營造業法及其子法。
六、政府採購法、契約與規範。
七、無障礙設施相關法規。

一、表列各應試科目命題大綱為考試命題範圍之例示，惟實際試題並不完全以此為限，仍可命擬相關之綜合性試題。
二、若應考人發現當次考試公布之測驗式試題標準答案與最新公告版本之參考書目內容如有不符之處，應依「國家考試試題疑義處理辦法」之規定。

建築工程相關國家考試應考須知

◆建築工程：

一、公立或立案之私立獨立學院以上學校或符合教育部採認規定之國外獨立學院以上學校土木工程、土木與生態工程、土木與防災工程、工業設計系建築工程組、公共工程、建築、建築工程、建築及都市計畫、建築及都市設計、都市發展與建築、建築與室內設計、空間設計、建築設計、建築與文化資產保存、建築與古蹟維護、建築與城鄉、軍事工程、造園景觀、景觀、景觀建築、景觀設計、景觀設計與管理、景觀與遊憩、景觀與遊憩管理、營建工程、營建工程與管理各系、組、所畢業得有證書者。

二、經普通考試或相當普通考試之特種考試相當類科及格滿三年者。

三、經高等檢定考試相當類科及格者。

◆公職建築師：

具有下列各款資格之一，並領有建築師證書及經中央主管機關審查具有三年以上工程經驗證明文件者，得應本考試：

一、公立或立案之私立獨立學院以上學校或符合教育部採認規定之國外獨立學院以上學校土木工程、土木與生態工程、土木與防災工程、工業設計系建築工程組、公共工程、建築、建築工程、建築及都市計畫、建築及都市設計、都市發展與建築、建築與室內設計、空間設計、建築設計、建築與文化資產保存、建築與古蹟維護、建築與城鄉、軍事工程、造園景觀、景觀、景觀建築、景觀設計、景觀設計與管理、景觀與遊憩、景觀與遊憩管理、營建工程、營建工程與管理各系、組、所畢業得有證書者。

二、經普通考試或相當普通考試之特種考試相當類科及格滿三年者。

三、經高等檢定考試相當類科及格。

◆建築師考試（全部應試者）：

一、公立或立案之私立專科以上學校或經教育部承認之國外專科以上學校建築、建築及都市設計、建築與都市計劃科、系、組畢業，領有畢業證書。

二、公立或立案之私立大學、學院或經教育部承認之國外大學、學院建築研究所畢業，領有畢業證書，並曾修習第一款規定之科、系、組開設之建築設計十八學分以上，有證明文件者。

三、公立或立案之私立專科以上學校或經教育部承認之國外專科以上學校相當科、系、組、所畢業，領有畢業證書，曾修習第一款規定之科、系、組開設之建築設計十八學分以上；及建築法規、營建法規、都市設計法規、都市計畫法規、建築結構學及實習、結構行為、建築結構系統、建築構造、建築計畫、結構學、建築結構與造型、鋼筋混凝土、鋼骨鋼筋混凝土、鋼骨構造、結構特論、應用力學、材料力學、建築物理、建築設備、建築物理環境、建築環境控制系統、高層建築設備、建築工法、施工估價、建築材料、都市計畫、都市設計、敷地計畫、環境景觀設計、社區規劃與設計、都市交通、區域計畫、實質環境之社會計畫、都市發展與型態、都市環境學、都

市社會學、中外建築史、建築理論等學科至少五科，合計十五學分以上，每學科至多採計三學分，有證明文件者。

四、普通考試建築工程科考試及格，並曾任建築工程工作滿四年，有證明文件者。

五、高等檢定考試建築類科及格。

六、本考試應試科目：

　　（一）建築計畫與設計。（二）敷地計畫與都市設計。

　　（三）營建法規與實務。（四）建築結構。

　　（五）建築構造與施工。（六）建築環境控制。

◆建築師考試（部份應試者）：

一、具有第五條第一款、第二款或第三款資格之一，並曾任建築工程工作，成績優良；其服務年資，研究所畢業或大學五年畢業者為三年，大學四年畢業者為四年，專科學校畢業者為五年，有證明文件 。

二、具有第五條第一款、第二款或第三款資格之一，並曾任公立或立案之私立專科以上學校講師三年以上、助理教授或副教授二年以上、教授一年以上，講授第五條第三款學科至少二科，有證明文件。

三、領有外國建築師證書，經考選部認可，並具有建築工程工作一年以上，有證明文件。

四、應考人依第六條第一款或第二款規定，申請並經核定准予部分科目免試者，其應試科目：

　　（一）建築計畫與設計。（二）敷地計畫與都市設計。

　　（三）營建法規與實務。（四）建築結構。

　　（五）建築構造與施工。

五、應考人依第六條第三款規定，申請並經核定准予部分科目免試者，其應試科目：

　　（一）建築計畫與設計。（二）敷地計畫與都市設計。

　　（三）營建法規與實務。（四）建築結構。

◆都市計畫技師：

一、公立或立案之私立專科以上學校或經教育部承認之國外專科以上學校都市計畫、建築及都市計畫、建築及都市設計、都市計畫與景觀建築科、系、組、所畢業，領有畢業證書者。

二、公立或立案之私立專科以上學校或經教育部承認之國外專科以上學校相當科、系、組、所畢業，領有畢業證書，曾修習都市計畫或都市及區域計畫、區域計畫或區域計畫概論或區域計畫理論與實際或國土與區域計畫、敷地計畫或基地計畫、都市設計或都市設計與都市開發、都市社會學、都市經濟學或市政經濟學或土地經濟學或都市經濟與土地市場、都市發展史或城市史、測量學或土地測量或地籍測量、圖學或製圖學或圖學及透視學或圖學與製圖、都市計畫法規或都市計畫法令與制度或區域及都市計畫法規、環境工程概論、都市交通計畫或都市交通或都市運輸規劃或都市交通與運輸、都市土地使用計畫或土地使用計畫與管制或土地使用與公共設施計畫、景觀設計或景觀建築、社區計畫、住宅問題或住宅問題與計劃、都市更新或新市鎮建設與都市更新、作業研究、公共設施計畫、都市分析方法或計劃分析方法、都市及區域資訊系

統或地理資訊系統或地理資訊系統運用程式、環境規劃與設計或環境規劃與管理或基地環境規劃設計、都市工程學等學科至少七科，每學科至多採計三學分，合計二十學分以上，其中須包括都市計畫、都市計畫法規、都市土地使用計畫，有證明文件者。

三、普通考試都市計畫技術科考試及格，任有關職務滿四年，有證明文件者。

四、高等檢定考試相當類科及格者。

建築工程公務人員免試建築師考試規定（即一般所謂，公職轉建築師）

◆全部免試者：

中華民國國民具有第五條第一款、第二款或第三款資格之一，並經公務人員高等考試三級考試建築工程科及格，分發任用後，於政府機關、公立學校或公營事業機構擔任建築工程工作三年以上，成績優良，有證明文件者，得申請全部科目免試。

建築師考任用為建築工程公務人員試規定（一般所稱，建築師轉公職）

◆經專門職業及技術人員高等考試或相當等級之特種考試及格，並領有執照後，實際從事相當之專門職業或技術職務二年以上，成績優良有證明文件者，得轉任薦任官等職務，並以薦任第六職等任用。

前項轉任人員，無薦任官等職務可資任用時，得先以委任第五職等任用。

◆經專門職業及技術人員普通考試或相當等級之特種考試及格，並領有執照後，實際從事相當之專門職業或技術職務二年以上，成績優良有證明文件者，得轉任委任官等職務，並以委任第三職等任用。

◆本條例第五條、第六條所稱實際從事相當之專門職業或技術職務二年以上，指轉任人員於領有執照或視為領有執照後，曾於行政機關、公立學校、公營事業機構或民營機構實際從事與擬轉任職務性質相近之專門職業或技術職務合計達二年以上。

科目	章節	建築師					章節配分加總	高考三級					章節配分加總
		年度						年度					
		105	104	103	102	101		105	104	103	102	101	
營建法規	單元一_一般行政法規及營建法規體係	0	1.25	0	0	0	1.25	5	0	35	20	10	70
	單元二_區域計畫法	8.75	8.75	11.3	8.75	7.5	45	10	15	0	25	0	50
	單元三_都市計畫法系	10	12.5	15	8.75	13.8	60.00	25	35	70	45	110	285
	單元四_建築法系	25	15	17.5	17.5	17.5	93	35	95	50	57	45	282
	單元五_建築技術規則	33.8	36.3	35	26.3	31.3	162.50	35	30	45	44	20	174
	單元六_其他相關營建法令	22.5	26.3	21.3	38.8	30	138.8	90	50	0	9	15	164
合計		100	100	100	100	100	500	200	225	200	200	200	1025

科目	章節	地特三等					章節配分加總	鐵路高員級					章節配分加總
		年度						年度					
		105	104	103	102	101		105	104	103	102	101	
營建法規	單元一_一般行政法規及營建法規體係	0	0	0	0	32	32	0	0	10	10	38	58
	單元二_區域計畫法	0	0	0	0	25	25	0	0	5	0	10	15
	單元三_都市計畫法系	0	25	25	50	31	131	0	0	45	0	35	80
	單元四_建築法系	105	75	100	50	75	405	0	0	75	20	54	149
	單元五_建築技術規則	80	25	25	0	6	136	0	0	30	90	29	149
	單元六_其他相關營建法令	15	75	50	100	31	271	0	0	35	80	34	149
合計		200	200	200	200	200	1000	0	0	200	200	200	600

科目	章節	公務人員普考					章節配分加總	地特四等					章節配分加總
		年度						年度					
		105	104	103	102	101		105	104	103	102	101	
營建法規	單元一_一般行政法規及營建法規體係	5	0	0	0	0	5	5	0	0	0	0	5
	單元二_區域計畫法	0	0	20	0	0	20	5	0	0	0	25	30
	單元三_都市計畫法系	25	0	0	25	0	50	0	50	0	0	25	75
	單元四_建築法系	25	25	30	5	75	160	25	25	25	25	25	125
	單元五_建築技術規則	5	50	50	45	0	150	10	0	25	25	0	60
	單元六_其他相關營建法令	40	25	0	25	25	115	55	25	50	50	25	205
合計		100	100	100	100	100	500	100	100	100	100	100	500

科目	章節	鐵路員級					章節配分加總
		年度					
		105	104	103	102	101	
營建法規	單元一_一般行政法規及營建法規體係	0	0	0	0	0	0
	單元二_區域計畫法	0	0	0	0	10	10
	單元三_都市計畫法系	0	0	25	25	20	70
	單元四_建築法系	0	0	10	50	30	90
	單元五_建築技術規則	0	0	15	25	35	75
	單元六_其他相關營建法令	0	0	50	0	5	55
合計		0	0	100	100	100	300

目 錄

單元一、一般行政法規及營建法規體係

📖重點內容摘要

在建築公務人員高普考、檢覈考中，有關建管行政方面的考題涵擴中央法規標準法、訴願法、行政訴訟法、國家賠償法等相對於營建法規的『一般』行政法規、甚至刑法的考題亦屢見不鮮（專技建築師高考則較少出現一般行政法規的題型）。

近五年來，第一章部分最容易由中央法規標準法、行政程序法、地方制度法中出題。

【歷屆試題】

例題1-1

(C)　1.　依中央法規標準法第 3 條所述「各機關發布之命令，得依其性質，稱規程、規則、細則、辦法、綱要、標準或準則。」下列相關法規名稱用法何者正確？

　　　(A) 屬於規定應行遵守或應行照辦之事項者稱之「辦法」，如非都市土地使用管制辦法

　　　(B) 屬於規定辦理事務之方法、時限或權責者稱之「規則」，如違章建築處理規則

　　　(C) 屬於規定法規之施行事項或就法規另行補充解釋者稱之「細則」，如區域計畫法施行細則

　　　(D) 屬於規定機關組織、處務準據者稱之「規程」，如營造業組織規程

(104 建築師-營建法規與實務#80)

例題1-2

名詞解釋：（每小題 5 分，共 25 分）

(三)行政執行法之「間接強制」

(四)行政程序法之「行政程序」

(101 高等考試三級-建管行政 #1)

例題1-3

請依訴願法規定回答下列問題：

(一) 人民在那些情形下，得對中央或地方機關提起訴願？（6 分）

(二) 原行政處分機關收到訴願人之訴願書後，應如何處理？（請就認為有理由者及不依訴願人請求辦理時，分別說明）（8 分）

(三) 提起訴願因逾法定期間而為不受理決定時，原行政處分顯屬違法或不當者，原行政處分機關或其上級機關得依職權撤銷或變更之。但有那些情形之一者，不得為之？（6 分）

(102 高等考試三級-建管行政 #4)

例題1-4

依行政程序法第 16 條規定：「行政機關得依法規將其權限之一部分，委託民間團體或個人辦理。」據此，當地主管建築機關得依法借重民間專業團體協助相關建管事務，以提升行政效能、加速審（查）核績效與品質。請就現行建築法及其子法有關規定，說明有那些事項得委託專業團體辦理？（25 分）

(103 高等考試三級-建管行政 #2)

例題1-5

某建築物位於都市計畫住宅區，使用執照核准用途為「集合住宅（H-2 組）」，其所有權人未經主管機關核准，即擅自變更用途，經營「視聽歌唱業（B-1 組）」使用，導致居住環境品質惡化，住戶爰向管理委員會主任委員反映，訴請解決。試問：

(三) 本案住宅區內經營「視聽歌唱業」，同一違規行為可能同時違反二種以上法令，甚或分屬不同行政機關管轄時，應如何處理？請就行政罰法之相關規定加以說明。（5 分）

(四) 若主管機關之行政處分書未依行政程序法第 96 條第 1 項第 6 款記載不服行政處分之救濟方法、期間，試問該處分書效力如何？（5 分）

(103 高等考試三級-建管行政 #4)

例題1-6

名詞解釋：（每小題 5 分，共 25 分）

(四) 訴願法之「訴願人」

(105 高等考試三級-建管行政 #1)

例題1-7

地方政府建管機關人員，所為之行政處分影響人民權益相對較大，若處分之當事人或相對人等為該公務員的親戚朋友時，為確保處分之中立公平，依行政程序法公務員有迴避之規定。試依該法回答下列問題：

(一) 何謂當事人？何者為具有行政程序之當事人能力？（10 分）

(二) 該法所稱「自行迴避」、「申請迴避」及「職權命其迴避」之意義及事由。（10 分）

(101 地方特考三等-建管行政 #3)

例題1-8

簡答題：（每小題 6 分，共 30 分）

(二) 依行政執行法規定，行政機關在何種情況下得為即時強制？又即時強制有那些方法？

(三) 何謂自治事項？何謂委辦事項？依地方制度法說明之。

(101 地方特考三等-建管行政 #4)

例題1-9

陳情、訴願與行政訴訟為人民對政府機關之不當處分，為維護其權益的重要表達方式。試依行政程序法、訴願法及行政訴訟法等規定回答下列問題並舉例說明之：

(一) 原行政處分之執行，除法律另有規定外，不因提起訴願而停止。但在那些情形下，原行政處分得以停止執行？（5 分）

(二) 有那些事項人民得向主管機關陳情？又人民陳情案的那些情形，行政機關得不予處理？（10 分）

(三) 行政機關對非其主管業務之陳情應如何處理？（5 分）

(101 鐵路高員三級-建管行政 #2)

例題1-10

應以法律規定之事項，不得以命令定之，為中央法規標準法所明訂。試問依該法規定，有那些事項應以法律定之並舉例說明？（10 分）

(101 鐵路高員三級-建管行政 #4)

一般行政法規及營建法規體係

例題1-11

依括號內法規解釋下列用語：

(一)行政計畫（行政程序法）（4分）

(三)行政處分（訴願法）（4分）

(101 鐵路高員三級-建管行政 #5)

例題1-12

請依中央法規標準法、行政執行法、地方制度法、建築技術規則及政府採購法，簡要回答下列問題：（每小題5分，共25分）

(一) 請說明法規適用時之「從新從優原則」？

(二) 請說明何謂「行政執行」？

(102 鐵路高員三級-建管行政 #1)

例題1-13

請依地方制度法、中央法規標準法、政府採購法、行政訴訟法、建築技術規則等相關規定，回答下列問題：（每小題5分，共25分）

(三) 行政法院就其受理訴訟之權限，如與普通法院確定裁判見解有異時，應如何處理後續之訴訟程序？

(四) 何謂行政程序？那些機關之行政行為不適用行政程序法之規定？

(103 鐵路高員三級-建管行政 #1)

例題1-14

近年來由於住宅供需問題引起諸多討論，公私部門相繼投入住宅興建。請依中央法規標準法、建築法、建築技術規則、住宅法及政府採購法等規定，回答下列問題：

(一) 各項法律應經立法院通過，總統公布，請列舉具法律位階之營建相關法規5種。（5分）

(105 公務人員普考-營建法規概要 #1)

例題1-15

請試述下列名詞之意涵：（每小題5分，共25分）

(二) 訴願代理人

(105 地方特考四等-營建法規概要 #1)

【參考題解】

例題 1-2

名詞解釋：（每小題 5 分，共 25 分）

(三)行政執行法之「間接強制」

(四)行政程序法之「行政程序」

(101 高等考試三級-建管行政 #1)

【參考解答】

(三) 間接強制

　　1. 行政執行：（行政執行-2）

　　　　指公法上金錢給付義務、行為或不行為義務之強制執行及即時強制。

　　2. 義務之執行：（行政執行-27、28）

　　　　(1) 依法令或本於法令之行政處分，負有行為或不行為義務，經於處分書或另以書面限定相當期間履行，逾期仍不履行者，由執行機關依間接強制或直接強制方法執行之。（前項文書，應載明不依限履行時將予強制執行之意旨。）

　　　　(2) 間接強制方法如下：

　　　　　　a. 代履行。

　　　　　　b. 怠金。

(四) 行政程序：（行政程序-2）

　　　　係指行政機關作成行政處分、締結行政契約、訂定法規命令與行政規則、確定行政計畫、實施行政指導及處理陳情等行為之程序。

例題 1-15

請依訴願法規定回答下列問題：

(一) 人民在那些情形下，得對中央或地方機關提起訴願？（6 分）

(二) 原行政處分機關收到訴願人之訴願書後，應如何處理？（請就認為有理由者及不依訴願人請求辦理時，分別說明）（8 分）

(三) 提起訴願因逾法定期間而為不受理決定時，原行政處分顯屬違法或不當者，原行政處分機關或其上級機關得依職權撤銷或變更之。但有那些情形之一者，不得為之？（6 分）

(102 高等考試三級-建管行政 #4)

【參考解答】

(一) 得依法提起訴願之情況：（訴願法-1、2）

　　1. 人民對於中央或地方機關之行政處分，認為違法或不當，致損害其權利或利益者。

　　2. 各級地方自治團體或其他公法人對上級監督機關之行政處分，認為違法或不當，致損害其權利或利益者。

　　3. 人民因中央或地方機關對其依法申請之案件，於法定期間內應作為而不作為，認為損害其權利或利益者。

(二) 訴願之決定：（訴願法-79、81、82）

對於依第二條第一項提起之訴願，受理訴願機關認為有理由者，應指定相當期間，命應作為之機關速為一定之處分。受理訴願機關未為前項決定前，應作為之機關已為行政處分者，受理訴願機關應認訴願為無理由，以決定駁回之。

1. 訴願有理由者：

　(1) 受理訴願機關應以決定撤銷原行政處分之全部或一部，並得視事件之情節，逕為變更之決定或發回原行政處分機關另為處分。但於訴願人表示不服之範圍內，不得為更不利益之變更或處分。

　(2) 前項訴願決定撤銷原行政處分，發回原行政處分機關另為處分時，應指定相當期間命其為之。

2. 訴願無理由者

　(1) 受理訴願機關應以決定駁回之。

　(2) 原行政處分所憑理由雖屬不當，但依其他理由認為正當者，應以訴願為無理由。

　(3) 訴願事件涉及地方自治團體之地方自治事務者，其受理訴願之上級機關僅就原行政處分之合法性進行審查決定。

(三) 提起訴願因逾法定期間而為不受理決定時，原行政處分顯屬違法或不當者，原行政處分機關或其上級機關得依職權撤銷或變更之。但有左列情形之一者，不得為之：

1. 其撤銷或變更對公益有重大危害者。

2. 行政處分受益人之信賴利益顯然較行政處分撤銷或變更所欲維護之公益更值得保護者。

行政處分受益人有左列情形之一者，其信賴不值得保護：

1. 以詐欺、脅迫或賄賂方法，使原行政處分機關作成行政處分者。

2. 對重要事項提供不正確資料或為不完全陳述，致使原行政處分機關依該資料或陳述而作成行政處分者。

3. 明知原行政處分違法或因重大過失而不知者。

行政處分之受益人值得保護之信賴利益，因原行政處分機關或其上級機關依第一項規定撤銷或變更原行政處分而受有損失者，應予補償。但其補償額度不得超過受益人因該處分存續可得之利益。

例題 1-4

依行政程序法第 16 條規定：「行政機關得依法規將其權限之一部分，委託民間團體或個人辦理。」據此，當地主管建築機關得依法借重民間專業團體協助相關建管事務，以提升行政效能、加速審（查）核績效與品質。請就現行建築法及其子法有關規定，說明有那些事項得委託專業團體辦理？（25 分）

(103 高等考試三級-建管行政 #2)

【參考解答】

(一) 建築師簽證制度：(建築法-34)

直轄市、縣（市）（局）主管建築機關審查或鑑定建築物工程圖樣及說明書，應就規定項目為之，其餘項目由建築師或建築師及專業工業技師依本法規定簽證負責。對於特殊結構或設備之建築物並得委託或指定具有該項學識及經驗之專家或機關、團體為之。

(二) 建築物室內裝修：（建築法-77-2）

供公眾使用建築物之室內裝修應申請審查許可，非供公眾使用建築物，經內政部認有必要時，亦同。但中央主管機關得授權建築師公會或其他相關專業技術團體審查。

(三) 機械遊樂設施管理：（建築法-77-3）

機械遊樂設施經營者，應定期委託依法開業之相關專業技師、建築師或經中央主管建築機關指定之檢查機構、團體實施安全檢查。（安全檢查之結果，應申報直轄市、縣（市）主管建築機關處理；直轄市、縣（市）主管建築機關得隨時派員或定期會同各有關機關或委託相關機構、團體複查或抽查。）

(四) 建築物昇降設備及機械停車設備：（建築法-77-4）

1. 由檢查機構或團體受理者，應指派領有中央主管建築機關核發檢查員證之檢查員辦理檢查。

2. 直轄市、縣（市）主管建築機關並得委託受理安全檢查機構或團體核發使用許可證。

例題 1-5

某建築物位於都市計畫住宅區，使用執照核准用途為「集合住宅（H-2 組）」，其所有權人未經主管機關核准，即擅自變更用途，經營「視聽歌唱業（B-1 組）」使用，導致居住環境品質惡化，住戶爰向管理委員會主任委員反映，訴請解決。試問：

(三) 本案住宅區內經營「視聽歌唱業」，同一違規行為可能同時違反二種以上法令，甚或分屬不同行政機關管轄時，應如何處理？請就行政罰法之相關規定加以說明。（5 分）

(四) 若主管機關之行政處分書未依行政程序法第 96 條第 1 項第 6 款記載不服行政處分之救濟方法、期間，試問該處分書效力如何？（5 分）

(103 高等考試三級-建管行政 #4)

【參考解答】

(三) 違反兩種以上之行政罰（行政罰法-24）

1. 一行為違反數個行政法上義務規定而應處罰鍰者，依法定罰鍰額最高之規定裁處。但裁處之額度，不得低於各該規定之罰鍰最低額。

2. 前項違反行政法上義務行為，除應處罰鍰外，另有沒入或其他種類行政罰之處罰者，得依該規定併為裁處。但其處罰種類相同，如從一重處罰已足以達成行政目的者，不得重複裁處。

3. 一行為違反社會秩序維護法及其他行政法上義務規定而應受處罰，如已裁處拘留者，不再受罰鍰之處罰。

(四) 違反程序或方式規定之行政處分，除依第一百十一條規定而無效者外，因下列情形而補正：

1. 須經申請始得作成之行政處分，當事人已於事後提出者。

2. 必須記明之理由已於事後記明者。

3. 應給予當事人陳述意見之機會已於事後給予者。

4. 應參與行政處分作成之委員會已於事後作成決議者。

5. 應參與行政處分作成之其他機關已於事後參與者。

（第二款至第五款之補正行為，僅得於訴願程序終結前為之；得不經訴願程序者，僅得

於向行政法院起訴前為之。）

例題 1-6

名詞解釋：（每小題 5 分，共 25 分）

(四)訴願法之「訴願人」

(105 高等考試三級-建管行政 #1)

【參考解答】

(四)訴願人：（訴願法-18）

自然人、法人、非法人之團體或其他受行政處分之相對人及利害關係人得提起訴願。

例題 1-7

地方政府建管機關人員，所為之行政處分影響人民權益相對較大，若處分之當事人或相對人等為該公務員的親戚朋友時，為確保處分之中立公平，依行政程序法公務員有迴避之規定。試依該法回答下列問題：

(一) 何謂當事人？何者為具有行政程序之當事人能力？（10 分）

(二) 該法所稱「自行迴避」、「申請迴避」及「職權命其迴避」之意義及事由。（10 分）

(101 地方特考三等-建管行政 #3)

【參考解答】

(一)

　1. 當事人：（行政程序-20）

　　(1) 申請人及申請之相對人。

　　(2) 行政機關所為行政處分之相對人。

　　(3) 與行政機關締結行政契約之相對人。

　　(4) 行政機關實施行政指導之相對人。

　　(5) 對行政機關陳情之人。

　　(6) 其他依本法規定參加行政程序之人。

　2. 有行政程序之當事人能力者如下：（行政程序-21）

　　(1) 自然人。

　　(2) 法人。

　　(3) 非法人之團體設有代表人或管理人者。

　　(4) 行政機關。

　　(5) 其他依法律規定得為權利義務之主體者。

(二) 行政程序法中關於迴避之規定，依該法第三十二條及第三十三條之規定觀之，該法所規定公務員之迴避，可分為自行迴避、申請迴避及命令迴避三種。

　1. 自行迴避

　　依行政程序法第三十二條規定,公務員在行政程序中有下列情形之一者,應自行迴避：一、本人或其配偶、前配偶、四親等內之血親或三親等內之姻親,或曾有此關係者為事件之當事人時。二、本人或其配偶、前配偶,就該事件與當事人有共同權利人或共同義務人之關係者。三、現為或曾為該事件當事人之代理人、輔佐人者。四、於該事件,曾為證人、鑑定人者。

2. 申請迴避

依同法第三十三條第一項規定，公務員有下列情形之一者，當事人得舉其原因及事實向該公務員所屬機關申請迴避：一、有應行迴避之情形而不自行迴避者。二、有具體事實，足認其執行職務有偏頗之虞者。

此外，依同條第四項規定，被申請迴避之公務員在所屬機關就該申請事件為准許或駁回之決定前，應停止行政程序。但有急迫情形，仍應為必要處置。

3. 命令迴避

公務員有應自行迴避之情形而不自行迴避者，雖當事人未申請迴避，該公務員所屬機關應依職權命其迴避。

例題 1-8

簡答題：（每小題 6 分，共 30 分）

(二) 依行政執行法規定，行政機關在何種情況下得為即時強制？又即時強制有那些方法？

(三) 何謂自治事項？何謂委辦事項？依地方制度法說明之。

(101 地方特考三等-建管行政 #4)

【參考解答】

(二)行政執行：（行政執行-2）

指公法上金錢給付義務、行為或不行為義務之強制執行及即時強制。

1. 義務之執行：（行政執行-27、28）

依法令或本於法令之行政處分，負有行為或不行為義務，經於處分書或另以書面限定相當期間履行，逾期仍不履行者，由執行機關依間接強制或直接強制方法執行之。（前項文書，應載明不依限履行時將予強制執行之意旨。）

2. 即時強制方法如下：

行政機關為阻止犯罪、危害之發生或避免急迫危險，而有即時處置之必要時，得為即時強制。

(1) 對於人之管束。

(2) 對於物之扣留、使用、處置或限制其使用。

(3) 對於住宅、建築物或其他處所之進入。

(4) 其他依法定職權所為之必要處置。

(三)

1. 自治事項：

指地方自治團體依憲法或本法規定，得自為立法並執行，或法律規定應由該團體辦理之事務，而負其政策規劃及行政執行責任之事項。

2. 委辦事項：

指地方自治團體依法律、上級法規或規章規定，在上級政府指揮監督下，執行上級政府交付辦理之非屬該團體事務，而負其行政執行責任之事項。

例題 1-9

陳情、訴願與行政訴訟為人民對政府機關之不當處分，為維護其權益的重要表達方式。試依行政程序法、訴願法及行政訴訟法等規定回答下列問題並舉例說明之：

(一) 原行政處分之執行，除法律另有規定外，不因提起訴願而停止。但在那些情形下，原行政處分得以停止執行？（5 分）

(二) 有那些事項人民得向主管機關陳情？又人民陳情案的那些情形，行政機關得不予處理？（10 分）

(三) 行政機關對非其主管業務之陳情應如何處理？（5 分）

(101 鐵路高員三級-建管行政 #2)

【參考解答】

(一) 原行政處分得停止執行之情形：（訴願法-93）

原行政處分之執行，除法律另有規定外，不因提起訴願而停止。

1. 原行政處分之合法性顯有疑義者，
2. 原行政處分之執行將發生難以回復之損害，且有急迫情事，並非為維護重大公共利益所必要者。

受理訴願機關或原行政處分機關得依職權或依申請，就原行政處分之全部或一部，停止執行。

前項情形，行政法院亦得依聲請，停止執行。

(二) 人民陳情案有下列情形之一者，得不予處理：（行政程序-173）

1. 無具體之內容或未具真實姓名或住址者。
2. 同一事由，經予適當處理，並已明確答覆後，而仍一再陳情者。
3. 非主管陳情內容之機關，接獲陳情人以同一事由分向各機關陳情者。

(三) 非其主管業務陳情之處理（行政程序-172）

人民之陳情應向其他機關為之者，受理機關應告知陳情人。但受理機關認為適當時，應即移送其他機關處理，並通知陳情人。

陳情之事項，依法得提起訴願、訴訟或請求國家賠償者，受理機關應告知陳情人。

例題 1-10

應以法律規定之事項，不得以命令定之，為中央法規標準法所明訂。試問依該法規定，有那些事項應以法律定之並舉例說明？（10 分）

(101 鐵路高員三級-建管行政 #4)

【參考解答】

下列事項應以法律定之：

(一) 憲法或法律有明文規定，應以法律定之者。

(二) 關於人民之權利、義務者。

(三) 關於國家各機關之組織者。

(四) 其他重要事項之應以法律定之者。

例題 1-11

依括號內法規解釋下列用語：

(一)行政計畫（行政程序法）（4 分）

(三)行政處分（訴願法）（4 分）

【參考解答】

(一)行政計畫：（行政程序-163）

行政計畫，係指行政機關為將來一定期限內達成特定之目的或實現一定之構想，事前就達成該目的或實現該構想有關之方法、步驟或措施等所為之設計與規劃。

(三)行政處分：（行政程序-92）

係指行政機關就公法上具體事件所為之決定或其他公權力措施而對外直接發生法律效果之單方行政行為。

例題 1-12

請依中央法規標準法、行政執行法、地方制度法、建築技術規則及政府採購法，簡要回答下列問題：（每小題 5 分，共 25 分）

(一) 請說明法規適用時之「從新從優原則」？

(二) 請說明何謂「行政執行」？

【參考解答】

(一)「從新從優原則」

1. 刑法第二條第一項規定「行為後法律有變更者，適用裁判時之法律（從新原則）。但裁判前之法律有利於行為人者，適用最有利於行為人之法律（從優原則）」。

2. 同條第三項規定「處罰的裁判確定後，未執行或執行未完畢，而法律有變更不處罰其行為者，免其刑之執行。」

3. 從新從優原則，雖然是規定在刑法中，但是凡對人民產生限制性的法令，〔除非法有明文〕，都應該有從新從優原則之適用，也就是說，這是法律的一般原理原則。

(二)「行政執行」：（行政執行-2）

指公法上金錢給付義務、行為或不行為義務之強制執行及即時強制。

例題 1-13

請依地方制度法、中央法規標準法、政府採購法、行政訴訟法、建築技術規則等相關規定，回答下列問題：（每小題 5 分，共 25 分）

(三) 行政法院就其受理訴訟之權限，如與普通法院確定裁判見解有異時，應如何處理後續之訴訟程序？

(四) 何謂行政程序？那些機關之行政行為不適用行政程序法之規定？

(103 鐵路高員三級-建管行政 #1)

【參考解答】

(三) 行政法院就其受理訴訟之權限，如與普通法院確定裁判見解有異時，應如何處理後續之訴訟程序？（行政訴訟法-178）

　　行政法院就其受理訴訟之權限，如與普通法院確定裁判之見解有異時，應以裁定停止訴訟程序，並聲請司法院大法官解釋。

(四) 何謂行政程序？那些機關之行政行為不適用行政程序法之規定？（行政程序-2、4）

　　1. 行政程序：

　　　係指行政機關作成行政處分、締結行政契約、訂定法規命令與行政規則、確定行政計畫、實施行政指導及處理陳情等行為之程序。

　　2. 下列機關之行政行為，不適用本法之程序規定：

　　　(1) 各級民意機關。

　　　(2) 司法機關。

　　　(3) 監察機關。

例題 1-14

近年來由於住宅供需問題引起諸多討論，公私部門相繼投入住宅興建。請依中央法規標準法、建築法、建築技術規則、住宅法及政府採購法等規定，回答下列問題：

(一) 各項法律應經立法院通過，總統公布，請列舉具法律位階之營建相關法規 5 種。（5 分）

(105 公務人員普考-營建法規概要 #1)

【參考解答】

(一) 法律位階之營建相關法規 5 種：

　　1. 建築法

　　2. 都市計畫法

　　3. 區域計畫法

　　4. 國土計畫法

　　5. 政府採購法

例題 1-15

請試述下列名詞之意涵：（每小題 5 分，共 25 分）

(二) 訴願代理人

【參考解答】

(二) 訴願代理人：（訴願法-32、33）

訴願人或參加人得委任代理人進行訴願。每一訴願人或參加人委任之訴願代理人不得超過三人，左列之人，得為訴願代理人：

1. 律師。

2. 依法令取得與訴願事件有關之代理人資格者。

3. 具有該訴願事件之專業知識者。

4. 因業務或職務關係為訴願人之代理人者。

5. 與訴願人有親屬關係者。前項第三款至第五款之訴願代理人，受理訴願機關認為不適當時，得禁止之，並以書面通知訴願人或參加人。

一般行政法規及營建法規體係

單元二、區域計畫法

📖重點內容摘要

區域計畫法系為營建法規所謂三大體系中的一支，包括了區域計畫法、區域計畫法施行細則、非都市土地使用管制規則等法令與相關的規範，其法規條文雖不若都市計畫法系及建築法系繁多，但考題重點卻相當明確。

未來國土計畫法將取代區域計畫法本法，但這幾年未未廢止前仍是考試需準備部分，近五年來，第二章部分最容易由非都市土地使用管制規則及相關審查辦法、要點中出題。

【歷屆試題】

例題2-1

(D) 1. 下列何者不是區域計畫法制定之目的？
(A) 健全經濟發展　(B)改善生活環境　(C)增進公共福利　(D)加速人口成長

(101 建築師-營建法規與實務 #48)

(C) 2. 非都市土地申請土地開發，辦理使用分區變更，依規定何時須繳交「開發影響費」？
(A) 申請雜項執照或建造執照前
(B) 申請非都市土地開發審議前
(C) 申請辦理使用分區變更或用地變更編定異動登記前
(D) 由非都市土地開發審議委員會視個案實際狀況議定繳交時機

(101 建築師-營建法規與實務 #50)

(C) 3. 下列那一種非都市土地，其建蔽率為40%，容積率120%？
(A) 乙種建築用地　(B)丁種建築用地　(C)交通用地　　(D)窯業用地

(101 建築師-營建法規與實務 #51)

(D) 4. 非都市土地開發辦理土地使用分區變更，有關開發許可申請之敘述，下列何者錯誤？
(A) 由區域計畫委員會審議
(B) 向直轄市或縣（市）政府申請
(C) 由區域計畫擬定機關核發
(D) 核發後，區域計畫擬定機關應公告30日

(101 建築師-營建法規與實務 #52)

(C) 5. 非都市土地工廠及工業設施在編定為國土保安用地後，有關原土地及建築物使用之敘述，下列何者錯誤？
(A) 可繼續使用至政府令其變更使用或拆除建築物
(B) 對公眾安全有重大妨礙者，可限期令其改建
(C) 建築物依原使用繼續使用時可以修繕及改建，但不得增建
(D) 直轄市或縣（市）政府可限期令其停止使用、遷移或拆除

(101 建築師-營建法規與實務 #53)

(D) 6. 依區域計畫法施行細則之相關規定，非都市土地得劃定之使用分區，下列何者錯誤？
(A) 森林區　　　　(B)工業區　　　　(C)風景區　　　　(D)保護區

(101 建築師-營建法規與實務 #54)

(B) 7. 實施區域計畫地區建築管理辦法是依據下列何者訂定？
(A) 區域計畫法
(B) 建築法
(C) 非都市土地使用管制規則
(D) 都市計畫法

(102 建築師-營建法規與實務#25)

(A) 8. 有關「非都市土地使用管制規則」之敘述，下列何者正確？

    (A) 特定農業區供觀光旅館使用，經交通部目地事業主管機關審查符合行政院核定觀光旅館業總量管制內，且臨接道路符合建築法相關規定，得申請變更編定為遊憩用地

    (B) 已變更編定為國土保安用地，由申請開發人或土地所有權人管理維護，未來得合併其他開發案件列為基地之範圍

    (C) 開發許可核發後之變更開發計畫，在不增加基地面積、不增加使用強度、不變更土地使用性質及不變更原開發許可之主要設施，在調整全區配置及道路面積下，可不必再行送相關機關辦理變更審議

    (D) 特定農業區內土地雖供道路使用者，亦不得申請編定為交通用地

(102 建築師-營建法規與實務#41)

(D) 9. 依「非都市土地使用管制規則」規定，丁種建築用地之建蔽率（x）及容積率（y）規定為何？

    (A) x：40%；y：120%

    (B) x：60%；y：240%

    (C) x：60%；y：300%

    (D) x：70%；y：300%

(102 建築師-營建法規與實務#42)

(A) 10. 有關非都市土地開發土地辦理開發許可之相關書圖及審查審議單位之敘述，下列何者錯誤？

    (A) 工商綜合區興辦事業計畫由經濟部工業局審查

    (B) 水土保持規劃書由行政院農業委員會審議

    (C) 土地使用計畫由內政部區域計畫委員會審查

    (D) 土地基本資料由縣市政府查核

(102 建築師-營建法規與實務#43)

(C) 11. 有關非都市土地開發土地使用變更在開發許可核定後申請雜項執照之敘述，下列何者錯誤？

    (A) 一年內須申請

    (B) 可申請展期，展期不得超過一年

    (C) 展期以一次為限

    (D) 逾期由直轄市或縣（市）政府提報廢止

(102 建築師-營建法規與實務#44)

(D) 12. 依非都市土地使用管制規則申請變更編定為遊憩用地者，按規定設置之保育綠地需編定為下列何種用地？

    (A) 丙種建築

    (B) 生態保護

    (C) 特定目的事業

    (D) 國土保安

(102 建築師-營建法規與實務#45)

(B)　13.　非都市土地開發土地辦理使用變更，在辦理變更編定為允許之使用分區及使用地前應完成事項之順序為何？①雜項執照　②公共設施用地分割　③雜項工程使用執照④公共設施移轉登記

    (A) ②④①③　　　　(B)①③②④　　　　(C)②①③④　　　　(D)①②③④

(102 建築師-營建法規與實務#46)

(A)　14.　依全國區域計畫，下列何者非屬第 2 級環境敏感地區？

    (A) 古蹟保存區

    (B) 嚴重地層下陷地區

    (C) 國家級之重要濕地

    (D) 大眾捷運系統兩側禁建限建地區

(103 建築師-營建法規與實務#40)

(D)　15.　向政府申請辦理土地使用分區及使用地變更編定異動登記時，申請人應先完成的義務事項不包括那一項？

    (A) 完成捐贈土地之分割、移轉登記

    (B) 繳交開發影響費、土地代金或回饋金

    (C) 完成公共設施用地之分割、移轉登記

    (D) 土地登記簿標示部加註核定事業計畫使用項目

(103 建築師-營建法規與實務#41)

(C)　16.　非都市土地申請開發許可之規定，下列敘述何者正確？

    (A) 申請人於獲准開發許可後，應於收受通知之日起六個月內擬具水土保持計畫送核准

    (B) 申請人應於核定整地排水計畫之日起六個月內，申領整地排水計畫施工許可證

    (C) 整地排水施工，因故未能如期完工，可申請展延，展延以兩次為限，每次不得超過六個月

    (D) 前項若未於施工或展延期限完工者，政府應廢止原核定施工許可證，但可保留整地排水計畫一年

(103 建築師-營建法規與實務#42)

(D)　17.　非都市土地因公營機構擬進行開發，需辦理土地使用分區變更時，下列敘述何者正確？

    (A) 因為同屬政府機關，可採逕為變更之行政程序，直接變更土地使用分區，不需取得開發許可

    (B) 若屬山坡地範圍土地，且依水土保持法相關規定應擬具水土保持計畫者，需先取得整地排水計畫完工證明書，才能完成變更程序

    (C) 若屬於非山坡地範圍之海埔地開發，不需取得水土保持完工證明書，但是需申請取得整地排水計畫完工證明書，才能完成變更程序

    (D) 若申請開發為公墓使用，土地面積達五公頃以上時，需辦理土地使用分區變更

(103 建築師-營建法規與實務#44)

(B)　18. 工業區以外之丁種建築用地所包圍或夾雜土地，經主管機關認定適宜做低污染、附加產值高之投資事業者，得申請變更編定為丁種建築用地，惟其面積最高不得大於多少公頃？

(A) 1　　　　　　　(B)2　　　　　　　(C)3　　　　　　　(D)5

(103 建築師-營建法規與實務#45)

(D)　19. 非都市土地開發為了保育與利用並重所劃設之保育區，以下敘述何者錯誤？

(A) 保育區需連貫，並盡量集中且具完整性

(B) 曾經先行違規整地者，在提供補充復育計畫之條件下，仍可以計入保育區範圍

(C) 保育區面積之 70%以上應維持原始之地形地貌不得開發

(D) 坡度為 30%之地形，該地形範圍應優先列為保育區

(103 建築師-營建法規與實務#47)

(C)　20. 非都市土地申請開發案之土地使用與周邊不相容者，除與區外公園、綠地鄰接外，應自基地邊界設置緩衝綠帶，其寬度至少為多少 m？

(A) 5　　　　　　　(B)6　　　　　　　(C)10　　　　　　　(D)12

(103 建築師-營建法規與實務#68)

(C)　21. 申請建造自用農舍時應符合之規定，下列何者錯誤？

(A) 申請興建農舍之該筆農業用地面積不得小於 0.25 公頃

(B) 原有農舍之修建，改建面積在 45 m^2 以下之平房得免申請建築執照

(C) 位於活動斷層線通過地區，建築物高度不得超過三層樓、簷高不得超過 10.5 m

(D) 建築面積不得超過其耕地面積 10%，最大基層面積不得超過 330 m^2

(103 建築師-營建法規與實務#69)

(C)　22. 下列非都市土地，何者得依法申請興建農舍？

(A) 工業區

(B) 山坡地保育區林業用地

(C) 特定農業區

(D) 森林區養殖用地

(103 建築師-營建法規與實務#80)

(D)　23. 依非都市土地使用管制規則規定，使用地申請變更編定，下列何者錯誤？

(A) 農業主管機關專案輔導之農業計畫所需使用地，得申請變更為特定目的事業用地

(B) 特定農業區內土地供道路使用者，得申請變更編定為交通用地

(C) 工業區以外位於依法核准設廠用地範圍內，為丁種建築用地所包圍或夾雜土地，經工業主管機關審查認定得合併供工業使用者，得申請變更編定為丁種建築用地

(D) 山坡地保育區領有工廠登記證者，經工業主管機關審查認定得供工業使用者，得申請變更編定為丙種建築用地

(104 建築師-營建法規與實務#46)

(C) 24. 下列何者屬獎勵投資條例、促進產業升級條例或產業創新條例所編定之工業區？
(A) 新竹科學工業園區
(B) 臺中加工出口區
(C) 五股工業區
(D) 屏東農業科技園區

(104 建築師-營建法規與實務#47)

(B) 25. 非都市土地建蔽率及容積率之規定，下列何者錯誤？
(A) 甲種建築用地：建蔽率 60%，容積率 240%
(B) 乙種建築用地：建蔽率 50%，容積率 200%
(C) 丙種建築用地：建蔽率 40%，容積率 120%
(D) 丁種建築用地：建蔽率 70%，容積率 300%

(104 建築師-營建法規與實務#48)

(D) 26. 辦理非都市土地變更，申請人應擬具興辦事業計畫，其範圍有夾雜限制發展地區之零星土地者，下列何種情況不得納入申請範圍？
(A) 基於整體開發之需要
(B) 夾雜地同意變更為國土保安用地
(C) 夾雜地維持原使用分區及原使用地類別
(D) 面積超過基地開發面積 1/10

(104 建築師-營建法規與實務#49)

(B) 27. 非都市土地依其使用分區之性質編定，下列何者錯誤？
(A) 甲、乙、丙、丁種建築用地
(B) 農牧、林業、養殖、工業用地
(C) 礦業、窯業、交通、水利用地
(D) 遊憩、古蹟保存、生態保護、國土保安、殯葬用地

(104 建築師-營建法規與實務#50)

(D) 28. 都市計畫工業區土地，因設置污染防治設備而取得工業用地證明書者，得在其需用面積限度內依規定申請變更編定為何種用地？
(A) 甲種建築用地　(B)乙種建築用地　(C)丙種建築用地　(D)丁種建築用地

(104 建築師-營建法規與實務#64)

(A) 29. 依農業用地興建農舍辦法，以「集村」方式興建農舍者，下列敘述何者錯誤？
(A) 集村農舍用地面積應大於 1 公頃，規劃興建 20 棟以上之農舍
(B) 位於山坡地範圍者，其建蔽率不得超過 40%，容積率不得超過 120%
(C) 農舍用地內通路之任一側應增設寬度 1.5 m 以上之人行步道通達各棟農舍
(D) 應設置之公共設施，公園綠地以每棟 6 m^2 計算

(104 建築師-營建法規與實務#78)

(C) 30. 依區域計畫法施行細則，下列何者不屬於非都市土地使用區？
(A) 一般農業區　　(B)工業區　　　(C)水庫區　　　(D)國家公園區

(105 建築師-營建法規與實務#19)

(A) 31. 違反非都市土地編定使用之規定,相關處罰之敘述何者錯誤?

    (A) 該管縣(市)政府必須處以新臺幣 6 萬元以上 30 萬元以下罰鍰,即可辦理免拆除其地上物繼續使用

    (B) 經首次處罰後再不遵從者,得按次處罰,並停止供水、供電、封閉、強制拆除或採取其他恢復原狀之措施

    (C) 強制拆除費用由土地或地上物所有人、使用人或管理人負擔

    (D) 罰鍰經限期繳納而逾期不繳納者,可以移送法院強制執行

(105 建築師-營建法規與實務#41)

(B) 32. 非都市土地各使用地別的建蔽率及容積率擬定之敘述何者錯誤?

    (A) 直轄市或縣(市)政府可以視實際需要酌予調降,並報請內政部備查

    (B) 鹽業、礦業、水利用地由行政院農業委員會會同建築管理、地政機關訂定

    (C) 古蹟保存用地由文化部會同建築管理、地政機關訂定

    (D) 生態保護、國土保安用地由行政院農業委員會會同建築管理、地政機關訂定

(105 建築師-營建法規與實務#43)

(C) 33. 申請非都市土地開發,應辦理土地使用分區變更,下列何者錯誤?

    (A) 申請開發社區之計畫其土地面積達 1 公頃以上,應變更為鄉村區

    (B) 申請開發為工業使用之土地面積達 10 公頃以上,應變更為工業區

    (C) 依產業創新條例申請開發為工業使用之土地面積達 2 公頃以上,應變更為工業區

    (D) 申請設立學校之土地面積達 10 公頃以上,應變更為特定專用區

(105 建築師-營建法規與實務#44)

(D) 34. 區域計畫擬定機關核發開發許可後,申請人有變更下列情形者,應依規定申請變更開發計畫,下列何者錯誤?

    (A) 減少原經核准之開發計畫土地涵蓋範圍

    (B) 依原獎勵投資條例編定之工業區,未涉及原工業區興辦目的性質之變更,由工業主管機關辦理審查,免徵得區域計畫擬定機關同意

    (C) 變更原開發計畫核准之主要公共設施、公用設備或必要性服務設施

    (D) 原核准開發計畫土地使用配置變更之面積已達原核准開發面積之 1/3 或大於 1 公頃以上

(105 建築師-營建法規與實務#45)

(C) 35. 非都市土地之山坡地擬申請開發住宅社區,下列敘述何者正確?

    (A) 申請開發基地位於一般農業區者,面積須為 1 公頃以上

    (B) 引用政府相關專業機關提供之潛在地質災害分析資料時,即可免經依法登記開業之相關地質專業技師簽證

    (C) 開發基地若位於地質法公告之地質敏感區且依法應進行基地地質調查及地質安全評估者,應納入地質敏感區基地地質調查及地質安全評估結果

    (D) 基地內劃設之保育區,應完全維持原始之地形面貌,不得開發

(105 建築師-營建法規與實務#46)

區域計畫法

(A) 36. 關於在非都市土地興建農舍的法令規定，下列敘述何者正確？
        (A) 水利用地或林業用地依法不能申請興建農舍
        (B) 非都市土地森林區農牧用地可以申請興建集村農舍
        (C) 非都市土地特定農業區可以申請興建集村農舍
        (D) 申請興建農舍的農業用地，其農舍用地面積不得超過該農業用地面積的 5%

(105 建築師-營建法規與實務#47)

例題2-2

為開發利用，人民得依各該區域計畫之規定，擬具開發計畫，檢同有關文件，向直轄市、縣（市）政府申請非都市土地分區變更。請依區域計畫法規定，說明其許可開發之條件為何？（25 分）

(102 高等考試三級-營建法規 #3)

例題2-3

請簡要回答下列問題：（每小題 10 分，共 30 分）

(三)關於以集村方式興建農舍的社區，其公共設施之管理應依何種規定辦理？

(104 高等考試三級-建管行政 #1)

例題2-4

簡要解釋下列名詞：（每小題 5 分，共 15 分）

(二)農地解除套繪

(104 高等考試三級-建管行政 #4)

例題2-5

請依建築技術規則、政府採購法、國土計畫法及住宅法等法規，回答下列用語定義：

(三) 國土功能分區（10 分）

(105 高等考試三級-營建法規 #1)

例題2-6

非都市土地使用編定後，發現其原有使用或原建築物不合土地使用分區規定者，試依區域計畫法及其子法，詳述政府得採行之處理措施。（25分）

(101 地方特考三等-營建法規 #2)

例題2-7

請依現行建築法、建築技術規則、區域計畫法、都市計畫法及政府採購法等相關營建法規簡要回答下列問題：

(一) 區域計畫應如何進行審議？（5分）

(101 鐵路高員三級-營建法規 #1)

例題2-8

請依現行建築法、建築技術規則、區域計畫法、都市計畫法及政府採購法等相關營建法規簡要回答下列問題：

(二) 區域計畫公告實施後之非都市土地，如何進行土地使用管制？（5分）

(101 鐵路高員三級-營建法規 #1)

例題2-9

近年來由於全球暖化現象持續,極端氣候發生頻率升高,為考慮國土防災與環境之永續發展,請依區域計畫法、都市計畫法與建築法等相關法規,回答下列問題:

(一)遇有重大天然災害時,如何變更非都市土地使用編定?(5分)

(103 鐵路高員三級-建管行政 #2)

例題2-10

區域計畫公告實施後,依區域計畫法施行細則規定,非都市土地得劃定之各種使用區為何? (10分)並依照非都市土地分區使用計畫,得編定之各種使用地為何?(10分)

(103 公務人員普考-營建法規概要 #3)

例題2-11

試詳述制定區域計畫法之目的及其各主管機關所屬單位之主辦業務。(25分)

(101 地方特考四等-營建法規概要 #2)

例題2-12

請試述下列名詞之意涵:(每小題5分,共25分)

(三) 國土計畫

(105 地特四等-營建法規概要 #1)

例題2-13

請依現行建築法、建築技術規則、區域計畫法、都市計畫法、政府採購法及相關營建法規簡要回答下列問題:

(一)區域計畫之擬定機關。(10分)

(101 鐵路員級-營建法規概要 #1)

【參考題解】

例題 2-2

為開發利用，人民得依各該區域計畫之規定，擬具開發計畫，檢同有關文件，向直轄市、縣（市）政府申請非都市土地分區變更。請依區域計畫法規定，說明其許可開發之條件為何？（25 分）

(102 高等考試三級-營建法規 #3)

【參考解答】

區域計畫完成通盤檢討公告實施後，非都市土地符合非都市土地分區使用計畫者，申請開發之案件經審議符合下列各款條件，得許可開發：(區計-15-2)

(一) 於國土利用係屬適當而合理者。

(二) 不違反中央、直轄市或縣（市）政府基於中央法規或地方自治法規所為之土地利用或環境保護計畫者。

(三) 對環境保護、自然保育及災害防止為妥適規劃者。

(四) 與水源供應、鄰近之交通設施、排水系統、電力、電信及垃圾處理等公共設施及公用設備服務能相互配合者。

(五) 取得開發地區土地及建築物權利證明文件者。

例題 2-5

請簡要回答下列問題：（每小題 10 分，共 30 分）

(三)關於以集村方式興建農舍的社區，其公共設施之管理應依何種規定辦理？

(104 高等考試三級-建管行政 #1)

【參考解答】

(三) 興建集村農舍應配合農業經營整體規劃，符合自用原則。

例題 2-4

簡要解釋下列名詞：（每小題 5 分，共 15 分）

(二)農地解除套繪

(104 高等考試三級-建管行政 #4)

【參考解答】

(二) 農地解除套繪：(農業用地興建農舍辦法-12)

1. 直轄市、縣（市）主管建築機關於核發建造執照後，應造冊列管，同時將農舍坐落之地號及提供興建農舍之所有地號之清冊，送地政機關於土地登記簿上註記，並副知該府農業單位建檔列管。

2. 已申請興建農舍之農業用地，直轄市、縣（市）主管建築機關應於地籍套繪圖上，將已興建及未興建農舍之農業用地分別著色標示，未經解除套繪管制不得辦理分割。

例題 2-5
請依建築技術規則、政府採購法、國土計畫法及住宅法等法規，回答下列用語定義：
(三) 國土功能分區（10 分）

【參考解答】

(三) 國土功能分區：（國土計畫法-3）

指基於保育利用及管理之需要，依土地資源特性，所劃分之國土保育地區、海洋資源地區、農業發展地區及城鄉發展地區。

例題 2-6
非都市土地使用編定後，發現其原有使用或原建築物不合土地使用分區規定者，試依區域計畫法及其子法，詳述政府得採行之處理措施。（25 分）

【參考解答】

原使用或原建築物不合土地使用分區（非都市土地管制-5、8）

(一) 非都市土地使用分區劃定及使用地編定後，由直轄市或縣 (市) 政府管制其使用，並由當地鄉 (鎮、市、區) 公所隨時檢查，其有違反土地使用管制者，應即報請直轄市或縣 (市) 政府處理。

(二) 鄉 (鎮、市、區) 公所辦理前項檢查，應指定人員負責辦理。

(三) 直轄市或縣 (市) 政府為處理第一項違反土地使用管制之案件，應成立聯合取締小組定期查處。

(四) 前項直轄市或縣 (市) 聯合取締小組得請目的事業主管機關定期檢查是否依原核定計畫使用。

(五) 土地使用編定後，其原有使用或原有建築物不合土地使用分區規定者，在政府令其變更使用或拆除建築物前，得為從來之使用。原有建築物除准修繕外，不得增建或改建。

(六) 前項土地或建築物，對公眾安全、衛生及福利有重大妨礙者，該管直轄市或縣 (市) 政府應限期令其變更或停止使用、遷移、拆除或改建，所受損害應予適當補償。

例題 2-7
請依現行建築法、建築技術規則、區域計畫法、都市計畫法及政府採購法等相關營建法規簡要回答下列問題：
(一) 區域計畫應如何進行審議？（5 分）

【參考解答】

(一)
1. 主管機關：（區計-4）
(1) 中央：內政部。
(2) 直轄市：直轄市政府。

(3) 縣（市）：縣（市）政府。

　　各級主管機關為審議區域計畫，應設立區域計畫委員會；其組織由行政院定之。

2. 區域計畫委員會任務：（區委規程-2、3）

中央、直轄市、縣 (市) 主管機關為審議區域計畫，應分別設立區域計畫委員會。

(1) 區域計畫擬定、變更之審議事項。

(2) 區域計畫之檢討改進事項。

(3) 區域計畫有關意見之調查徵詢事項。

(4) 其他有關區域計畫之交議或協調事項。

例題 2-8

請依現行建築法、建築技術規則、區域計畫法、都市計畫法及政府採購法等相關營建法規簡要回答下列問題：

(二) 區域計畫公告實施後之非都市土地，如何進行土地使用管制？（5 分）

(101 鐵路高員三級-營建法規 #1)

【參考解答】

(一) 土地使用管制：（區計細則-12）

1. 區域土地：

(1) 都市土地：

都市計畫法→建築法

(2) 非都市土地：

非都市土地 ┬ 供公眾使用及公有建物→建築法
　　　　　　└ 其他建物→實施區域計畫地區建築管理辦法

(3) 國家公園土地：依國家公園計畫管制之。

2. 非區域土地：

(1) 都市土地：

都市計畫法→建築法

(2) 非都市土地：

a. 實施建築法以外地區：建築法 99-1、100。

b. 實施都市計畫以外地區建築物管理辦法。

c. 供公眾使用及公有建築物：建築法。

(3) 國家公園土地：依國家公園計畫管制之。

例題 2-9

近年來由於全球暖化現象持續，極端氣候發生頻率升高，為考慮國土防災與環境之永續發展，請依區域計畫法、都市計畫法與建築法等相關法規，回答下列問題：

(一)遇有重大天然災害時，如何變更非都市土地使用編定？（5分）

(103 鐵路高員三級-建管行政 #2)

【參考解答】

(一) 遇有重大天然災害時，如何變更非都市土地使用編定？（區計-13）

　　區域計畫之變更方式：

　　1. 定期通盤檢討：每五年通盤檢討一次，並作必要之變更。

　　2. 隨時檢討變更：

　　　　(1) 發生或避免重大災害。

　　　　(2) 興辦重大開發或建設事業。

　　　　(3) 區域建設推行委員會之建議。

例題 2-10

區域計畫公告實施後，依區域計畫法施行細則規定，非都市土地得劃定之各種使用區為何？（10分）並依照非都市土地分區使用計畫，得編定之各種使用地為何？（10分）

(103 公務人員普考-營建法規概要 #3)

【參考解答】

(一) 非都市土地使用分區類別：（區計細則-13）

　　非都市土地得劃定為下列各種使用區：

　　1. 特定農業區：優良農地或曾經投資建設重大農業改良設施，經會同農業主管機關認為必須加以特別保護而劃定者。

　　2. 一般農業區：特定農業區以外供農業使用之土地。

　　3. 工業區：為促進工業整體發展，會同有關機關劃定者。

　　4. 鄉村區：為調和、改善農村居住與生產環境及配合政府興建住宅社區政策之需要，會同有關機關劃定者。

　　5. 森林區：為保育利用森林資源，並維護生態平衡及涵養水源，依森林法等有關法規，會同有關機關劃定者。

　　6. 山坡地保育區：為保護自然生態資源、景觀、環境，與防治沖蝕、崩塌、地滑、土石流失等地質災害，及涵養水源等水土保育，依有關法規，會同有關機關劃定者。

　　7. 風景區：為維護自然景觀，改善國民康樂遊憩環境，依有關法規，會同有關機關劃定者。

　　8. 國家公園區：為保護國家特有之自然風景、史蹟、野生物及其棲息地，並供國民育樂及研究，依國家公園法劃定者。

　　9. 河川區：為保護水道、確保河防安全及水流宣洩，依水利法等有關法規，會同有關機關劃定者。

　　10. 海域區：為促進海域資源與土地之保育及永續合理利用，防治海域災害及環境破壞，依有關法規及實際用海需要劃定者。

11. 其他使用區或特定專用區：為利各目的事業推動業務之實際需要，依有關法規，會同有關機關劃定並註明其用途者。

(二) 非都市土地用地編定類別：（區計細則-15）

直轄市、縣（市）主管機關依本法第十五條規定編定各種使用地時，應按非都市土地使用分區圖所示範圍，就土地能供使用之性質，參酌地方實際需要，依下列規定編定，且除海域用地外，並應繪入地籍圖；其已依法核定之各種公共設施用地，能確定其界線者，並應測定其界線後編定之：

1. 甲種建築用地：供山坡地範圍外之農業區內建築使用者。
2. 乙種建築用地：供鄉村區內建築使用者。
3. 丙種建築用地：供森林區、山坡地保育區、風景區及山坡地範圍之農業區內建築使用者。
4. 丁種建築用地：供工廠及有關工業設施建築使用者。
5. 農牧用地：供農牧生產及其設施使用者。
6. 林業用地：供營林及其設施使用者。
7. 養殖用地：供水產養殖及其設施使用者。
8. 鹽業用地：供製鹽及其設施使用者。
9. 礦業用地：供礦業實際使用者。
10. 窯業用地：供磚瓦製造及其設施使用者。
11. 交通用地：供鐵路、公路、捷運系統、港埠、空運、氣象、郵政、電信等及其設施使用者。
12. 水利用地：供水利及其設施使用者。
13. 遊憩用地：供國民遊憩使用者。
14. 古蹟保存用地：供保存古蹟使用者。
15. 生態保護用地：供保護生態使用者。
16. 國土保安用地：供國土保安使用者。
17. 殯葬用地：供殯葬設施使用者。
18. 海域用地：供各類用海及其設施使用者。
19. 特定目的事業用地：供各種特定目的之事業使用者。

前項各種使用地編定完成後，直轄市、縣（市）主管機關應報中央主管機關核定；變更編定時，亦同。

例題 2-11

試詳述制定區域計畫法之目的及其各主管機關所屬單位之主辦業務。（25 分）

(101 地方特考四等-營建法規概要 #2)

【參考解答】

(一) 立法目的：（區計-1）

　　為促進土地及天然資源之保育利用，人口及產業活動之合理分布，以加速並健全經濟發展，改善生活環境，增進公共福利。

(二) 主管機關：（區計-4）

　　1. 中央：內政部。

　　2. 直轄市：直轄市政府。

　　3. 縣（市）：縣（市）政府。

　　各級主管機關為審議區域計畫，應設立區域計畫委員會；其組織由行政院定之。

(三) 區域計畫之擬定機關：（區計-6）

　　1. 跨越兩個省（市）行政區以上之區域計畫，由中央主管機關擬定。

　　2. 跨越兩個縣（市）行政區以上之區域計畫，由中央主管機關擬定。

　　3. 跨越兩個鄉、鎮（市）行政區以上之區域計畫，由縣主管機關擬定。

　　依第三款之規定，應擬定而未能擬定時，上級主管機關得視實際情形，指定擬定機關或代為擬定。

(四) 區域計畫核定程序：（區計-9）

　　1. 中央主管機關擬定之區域計畫，應經中央區域計畫委員會審議通過，報請行政院備案。

　　2. 直轄市主管機關擬定之區域計畫，應經直轄市區域計畫委員會審議通過，報請中央主管機關核定。

　　3. 縣（市）主管機關擬定之區域計畫，應經縣（市）區域計畫委員會審議通過，報請中央主管機關核定。

　　由上級主管機關擬定之區域計畫，應經中央區域計畫委員會審議通過，報請行政院備案。

例題 2-12

請試述下列名詞之意涵：（每小題 5 分，共 25 分）

(三) 國土計畫

(105 地方特考四等-營建法規概要 #1)

【參考解答】

(三) 國土計畫：（國土法-1）

　　為因應氣候變遷，確保國土安全，保育自然環境與人文資產，促進資源與產業合理配置，強化國土整合管理機制，並復育環境敏感與國土破壞地區，追求國家永續發展，特制定本法。

例題 2-13

請依現行建築法、建築技術規則、區域計畫法、都市計畫法、政府採購法及相關營建法規簡要回答下列問題：

(一) 區域計畫之擬定機關。（10分）

(101 鐵路員級-營建法規概要 #1)

【參考解答】

(一) 區域計畫之擬定機關：（區計-6）

    1. 跨越兩個省（市）行政區以上之區域計畫，由中央主管機關擬定。

    2. 跨越兩個縣（市）行政區以上之區域計畫，由中央主管機關擬定。

    3. 跨越兩個鄉、鎮（市）行政區以上之區域計畫，由縣主管機關擬定。

    依第三款之規定，應擬定而未能擬定時，上級主管機關得視實際情形，指定擬定機關或代為擬定。

單元三、都市計畫法系

📖重點內容摘要

都市計畫法系自八十六年起陸續增、修訂了許多法規，例如：新市鎮開發條例、都市更新條例、都市計畫容積移轉實施辦法、都市危險及老舊建築物加速重建條例等，以因應多元而變化迅速的都市型態，亦進而使都市計畫相關法規更為健全。今年去年。

近五年來，第三章部分最容易由都市計畫法及細則、都市更新條例、容積移轉等相關辦法中出題。

【歷屆試題】

例題3-1

(D) 1. 按都市計畫容積移轉實施辦法，下列何者不包括於送出基地之准許範圍？
(A) 縣（市）主管機關認為有保存價值之建築所定著之私有土地
(B) 為改善都市環境，提供作為公共開放空間使用之可建築土地
(C) 私有都市計畫公共設施保留地
(D) 都市計畫規定應以市地重劃方式整體開發取得者

（101 建築師-營建法規與實務#38）

(B) 2. 依都市更新條例第 4 條之規定，下列何者不是都市更新的處理方式？
(A) 維護　　　　　(B)拆遷　　　　　(C)整建　　　　　(D)重建

（101 建築師-營建法規與實務#39）

(D) 3. 下列何者不是都市計畫之細部計畫書及計畫圖應表明的事項？
(A) 道路系統
(B) 事業及財務計畫
(C) 地區性之公共設施用地
(D) 工程進度

（101 建築師-營建法規與實務#40）

(B) 4. 按都市計畫公共設施用地多目標使用辦法，位於一般市區內，且周圍未設有車站用地之廣場用地類別，下列何種使用項目可設於其地下空間？①停車場②休閒運動設施③商店街④民眾活動中心⑤社會福利機構
(A) ①②③　　　　(B)①②④　　　　(C)①③④　　　　(D)①③⑤

（101 建築師-營建法規與實務#41）

(C) 5. 都市計畫經發布實施後，視實際情形，應迅行變更的情況，下列何者不包括在內？
(A) 重大事變地區遭受損壞時
(B) 為適應國防及經濟發展需求時
(C) 因應移入人口快速增加時
(D) 配合政府興建重大設施時

（101 建築師-營建法規與實務#42）

(B) 6. 按都市更新條例，有關更新地區內之土地及建築物之減免稅捐之敘述，下列何者錯誤？
(A) 更新期間土地無法使用者免徵地價稅
(B) 更新後免徵收地價稅及房屋稅 2 年
(C) 依權利變換取得之土地及建築物，於更新後第一次移轉時，減徵土地增值稅及契稅 40%
(D) 不願參加權利變換而領取現金補償者，減徵土地增值稅 40%

（101 建築師-營建法規與實務#43）

(D) 7. 有關都市更新事業計畫之敘述，下列何者錯誤？

(A) 屬於都市更新計畫的實施計畫

(B) 內容應包括財務計畫、實施進度及效益評估

(C) 都市更新事業得以信託方式實施

(D) 限定於政府劃定之都市更新範圍內實施

(101 建築師-營建法規與實務#44)

(B) 8. 都市計畫範圍內土地或建築物之使用或建造，違反都市計畫法，有關主管機關得依法對其土地或建築物所有人、使用人或管理人處以罰則之敘述，下列何者錯誤？

(A) 處新臺幣六萬元以上，三十萬元以下之罰鍰

(B) 予以一年之緩衝期限，勒令拆除、改建、停止使用或恢復原狀

(C) 不依法拆除、改建、停止使用或恢復原狀者，得停止供水、供電

(D) 不遵守規定拆除、改建、停止使用或恢復原狀者，得處六個月以下有期徒刑或拘役

(101 建築師-營建法規與實務#45)

(C) 9. 依都市更新條例之規定，都市更新計畫核定後主管機關得隨時或定時檢查實施者對該事業計畫之執行情形，實施者無正當理由拒絕、妨礙或規避者，處以何種罰鍰？

(A) 新臺幣五萬元以上，四十萬元以下

(B) 新臺幣十萬元以上，三十萬元以下

(C) 新臺幣六萬元以上，三十萬元以下

(D) 新臺幣八萬元以上，四十萬元以下

(101 建築師-營建法規與實務#46)

(C) 10. 按都市計畫公共設施用地多目標使用辦法，面積在 5 公頃以下的公園用地類別，其地面作各項使用項目之建築面積至多不得超過多少％？

(A) 5　　　　　(B)10　　　　　(C)15　　　　　(D)20

(101 建築師-營建法規與實務#47)

(C) 11. 按都市計畫法，縣（市）政府依規定辦理土地重劃，公告期間重劃區內土地所有權人多少比率（X）以上，而其所有土地面積超過重劃地區土地總面積多少比率（Y）以上者表示反對時，該管地政機關應參酌反對理由修訂土地重劃計畫書？

(A) X：1/2　Y：2/3(B)X：2/3　Y：1/2(C)X：1/2　Y：1/2(D)X：2/3　Y：2/3

(101 建築師-營建法規與實務#76)

(C) 12. 政府劃定為實施更新地區，且涉及權利變換方式時，申請辦理都市更新的重要步驟與先後順序為何？①權利變換階段 ②更新事業概要階段 ③實施者階段 ④更新事業計畫階段 ⑤公開展覽 ⑥更新審議委員會議

(A) ②③④①⑤⑥(B)②③④①⑥⑤(C)③②④①⑤⑥(D)③②④①⑥⑤

(102 建築師-營建法規與實務#34)

(B) 13. 有關都市計畫之立法宗旨，下列何者正確？

(A) 改善居民之經濟環境

(B) 促進鄉街有計畫之均衡發展

(C) 促進市容景觀之改善

(D) 促進都市之公共安全

（102 建築師-營建法規與實務#35）

(C) 14. 按都市計畫公共設施用地多目標使用辦法，停車場用地類別，擬作商場空間使用，其面臨之道路寬度至少應在多少公尺以上？

(A) 8　　　　　(B)10　　　　　(C)12　　　　　(D)15

（102 建築師-營建法規與實務#36）

(B) 15. 主管機關依規定優先劃定之更新地區，自公告日起六年內，實施者申請都市更新事業，得給予容積獎勵，其獎勵額度以法定容積百分之多少為上限？

(A) 5　　　　　(B)10　　　　　(C)15　　　　　(D)20

（102 建築師-營建法規與實務#37）

(D) 16. 按都市更新條例，實施權利變換地區，主管機關得於權利變換計畫核定後實施禁建，下列何者不在公告禁止之事項內？

(A) 建築物之移轉　　(B)建築物之增建　　(C)地形之變更　　(D)建築物之租賃

（102 建築師-營建法規與實務#38）

(B) 17. 依都市計畫法變更都市計畫時，得先劃定計劃地區範圍，經由該管都市計畫委員會通過後，並得禁止在該地區範圍內一切建築物之新建、增建、改建等行為，但最長不得超過多少年？

(A) 1　　　　　(B)2　　　　　(C)3　　　　　(D)4

（102 建築師-營建法規與實務#39）

(B) 18. 按都市計畫法之規定，下列何者不是都市更新處理方式？

(A) 重建　　　　(B)增建　　　　(C)整建　　　　(D)維護

（102 建築師-營建法規與實務#40）

(B) 19. 有關都市更新條例之宗旨，下列敘述何者錯誤？

(A) 促進都市土地有計畫之再開發利用

(B) 促進經濟發展

(C) 改善居住環境

(D) 增進公共利益

（103 建築師-營建法規與實務#32）

(C) 20. 有關都市更新之處理方式，下列何者正確？

(A) 重建、增建、整建

(B) 重建、增建、維護

(C) 重建、整建、維護

(D) 增建、整建、維護

（103 建築師-營建法規與實務#33）

(B) 21. 按都市更新條例，權利變換計畫核定發布實施後至多幾個月內，土地所有權人對其權利價值有異議時，應申請主管機關調解？

(A) 1　　　　　(B)2　　　　　(C)3　　　　　(D)6

(103 建築師-營建法規與實務#34)

(D) 22. 申請實施都市更新事業之人數與土地及建築物所有權比例之計算，包括下列何者？

(A) 依法應予保存之古蹟及聚落

(B) 經法院囑託查封、假扣押、假處分或破產登記者

(C) 經協議保留，並經直轄市、縣（市）主管機關核准且登記有案之宗祠、寺廟、教堂

(D) 經直轄市、縣（市）主管機關認定之合法房屋

(103 建築師-營建法規與實務#35)

(D) 23. 主要計畫實施進度為以多少（X）年為一期，最長不得超過多少（Y）年？

(A) （X）＝5，（Y）＝15

(B) （X）＝5，（Y）＝20

(C) （X）＝10，（Y）＝20

(D) （X）＝5，（Y）＝25

(103 建築師-營建法規與實務#36)

(B) 24. 直轄市、縣（市）主管機關應視實際情況，迅行劃定更新地區；並視實際需要訂定或變更都市更新計畫；下列何者不屬於上述情況？

(A) 因戰爭、地震、火災、水災、風災或其他重大事變遭受損壞

(B) 建築物窳陋且非防火構造或鄰棟間隔不足，有妨害公共安全之虞

(C) 為避免重大災害之發生

(D) 為配合中央或地方之重大建設

(103 建築師-營建法規與實務#37)

(C) 25. 都市更新實施者已取得更新單元內全體私有土地及私有合法建築物所有權人同意者，公開展覽期間得縮短為：

(A) 30 日　　　　(B)20 日　　　　(C)15 日　　　　(D)10 日

(103 建築師-營建法規與實務#38)

(C) 26. 都市計畫地區範圍內，其公園、體育場所、綠地、廣場及兒童遊樂場，應依計畫人口密度及自然環境，作有系統之布置，其占用土地總面積最低不得少於全部計畫面積多少%：

(A) 5　　　　　(B)8　　　　　(C)10　　　　　(D)12

(103 建築師-營建法規與實務#39)

(B) 27. 假設某一建築基地位於某城市,其停車位設置數量分別依某城市土地使用分區管制自治條例與建築技術規則有不同之計算結果時,應優先適用何者?
(A) 建築技術規則
(B) 某城市之土地使用分區管制自治條例
(C) 兩者取數量較低者為基準設置
(D) 兩者取數量較高者為基準設置

(103 建築師-營建法規與實務#43)

(D) 28. 都市更新計畫經審議通過核定實施後,應公告時間為:
(A) 10 日　　　(B)15 日　　　(C)20 日　　　(D)30 日

(103 建築師-營建法規與實務#46)

(A) 29. 依古蹟土地容積移轉辦法,有關古蹟土地與移轉容積之敘述,下列何者錯誤?
(D) 　　(A) 送出基地可移出之容積,經內政部都市計畫委員會審議通過後,以移轉至同一都市主要計畫地區或區域計畫地區之同一直轄市、縣(市)內之其他任何一宗可建築土地建築使用為限
(B) 可移出容積應扣除非屬古蹟之已建築容積
(C) 將原依法可建築之基準容積受到限制部分,移轉至其他地區建築使用之土地稱送出基地,送出基地之可移出容積,得分次移出
(D) 接受送出基地可移出容積之土地稱接受基地,得分次移入不同送出基地之可移出容積

(103 建築師-營建法規與實務#72)

(A) 30. 依「國有財產法」及「都市更新事業範圍內國有土地處理原則」之規定,有關國有土地之敘述,何者正確?
(A) 非公用財產類之空屋、空地,並無預定用途,面積未達 1650 m^2 者,得由財政部國有財產局辦理標售
(B) 國有土地不論任何情況,一律不得標售
(C) 國有土地一律參加相鄰私有土地之都市更新
(D) 非公用財產類之空屋、空地,並無預定用途,面積若在 1000 m^2 以上者,不得標售

(103 建築師-營建法規與實務#74)

(C) 31. 按都市計畫容積移轉實施辦法,可建築土地提供作為公共開放空間使用之送出基地,除了因法令變更或經政府機關勘定無法建築使用者外,其垢形應完整,面積最少不得小於多少 m^2?
(A) 300　　　(B)400　　　(C)500　　　(D)800

(104 建築師-營建法規與實務#10)

(B) 32. 按都市計畫定期通盤檢討實施辦法,變更土地使用分區規模達一公頃以上之地區,應劃設至少不低於該等地區總面積多少%之公園、綠地、廣場、體育場、兒童遊樂用地?
(A) 8　　　(B)10　　　(C)12　　　(D)15

(104 建築師-營建法規與實務#11)

(B) 33. 依都市計畫法有關主要計畫圖（甲）及細部計畫圖（乙）比例尺的規定，下列何者正確？
(A) 甲：不得小於 1/15,000 乙：不得小於 1/1,200
(B) 甲：不得小於 1/10,000 乙：不得小於 1/1,200
(C) 甲：不得小於 1/10,000 乙：不得小於 1/1,500
(D) 甲：不得小於 1/5,000 乙：不得小於 1/1,500

(104 建築師-營建法規與實務#12)

(D) 34. 實施都市計畫地區之建築物，下列何者非屬於供公眾使用之建築物？
(A) 銀行
(B) 總樓地板面積 300 m² 之倉庫
(C) 總樓地板面積 200 m² 之補習班
(D) 五層之集合住宅

(104 建築師-營建法規與實務#29)

(D) 35. 下列何者非為細部計畫書圖應表明之事項？
(A) 計畫地區範圍
(B) 土地使用分區管制
(C) 地區性之公共設施用地
(D) 主要上下水道系統

(104 建築師-營建法規與實務#39)

(A) 36. 主管機關得於都市更新權利變換計畫書核定後，公告禁止土地及建築物之移轉、分割或設定負擔及建築物之改建、增建或新建及採取土石或變更地形。其禁止期限最長不得超過：
(A) 2 年　　　(B)1 年 6 個月　　　(C)1 年　　　(D)6 個月

(104 建築師-營建法規與實務#40)

(D) 37. 依都市計畫法，都市計畫分為那三種？①市（鎮）計畫 ②都市更新計畫 ③特定區計畫 ④鄉街計畫 ⑤特定專用區計畫
(A) ①②③　　　(B)②③④　　　(C)③④⑤　　　(D)①③④

(104 建築師-營建法規與實務#42)

(B) 38. 依都市計畫容積移轉實施辦法之規定，下列何者為不適用容積移轉之地區？
(A) 實施容積率管制之都市計畫地區
(B) 實施容積率管制之非都市土地
(C) 都市計畫公共設施保留地
(D) 都市計畫表明應予保存或經主管機關認定有保存價值之建築所定著之土地

(104 建築師-營建法規與實務#43)

(B) 39. 都市更新事業計畫，下列敘述何者錯誤？

    (A) 經核定發布實施應即公告 30 日及通知更新範圍之相關人等

    (B) 擬定或變更前，主管機關審議後，應公開展覽 30 日

    (C) 實施者已取得更新單元內，全體私有土地及私有合法建築物所有權人同意者，至少公開展覽 15 日

    (D) 採整建，維護方式辦理之更新單元，已取得全體私有土地及私有合法建築物所有權人同意者，得免舉辦公聽會

(104 建築師-營建法規與實務#44)

(C) 40. 依都市更新條例，更新地區內之土地及建築物，依規定得減免稅捐，下列何者非其規定？

    (A) 更新期間，土地無法使用者，免徵地價稅

    (B) 更新期間，土地繼續使用者，地價稅減半徵收

    (C) 更新後，房屋稅免徵 2 年

    (D) 更新後，地價稅減半徵收 2 年

(104 建築師-營建法規與實務#45)

(B) 41. 權利變換範圍內應行拆除遷移之土地改良物，由實施者公告之，並通知其所有權人、管理人或使用人，於多少期限內需自行拆除或遷移？

    (A) 20 日   (B)30 日   (C)60 日   (D)90 日

(105 建築師-營建法規與實務#33)

(A) 42. 有關各級都市計畫委員會對主要計畫審議期限之規定，下列何者正確？

    (A) 應於 60 天完成，情形特殊者，得予延長 60 天為限

    (B) 應於 30 天完成，情形特殊者，得予延長 60 天為限

    (C) 應於 60 天完成，情形特殊者，得予延長 45 天為限

    (D) 應於 30 天完成，情形特殊者，得予延長 30 天為限

(105 建築師-營建法規與實務#34)

(B) 43. 都市計畫地區範圍內，應視實際情況設置公共設施用地。下列何者不屬於用地項目？

    (A) 廣場   (B)古蹟   (C)綠地   (D)兒童遊樂場

(105 建築師-營建法規與實務#35)

(D) 44. 依據都市計畫容積移轉實施辦法，下列何者不屬「送出基地」？

    (A) 經主管機關認定應保存或有保存價值之建築所定著之土地

    (B) 為改善都市環境或景觀，提供作為公共開放空間使用之可建築土地

    (C) 私有都市計畫公共設施保留地

    (D) 已開闢之都市計畫公共設施用地

(105 建築師-營建法規與實務#36)

(D) 45. 有關都市更新條例及其施行細則，下列敘述何者正確？

    (A) 公聽會程序之進行，只能以文字形式為之

    (B) 主管機關辦理審議權利變換計畫及處理有關爭議時，與案情有關之人民或團體代表不得列席陳述意見

    (C) 都市更新之案件於審議時任何人民或團體僅得於審議後以書面向主管機關提出

意見

(D) 舉辦公聽會時，應邀請相關人等參加，並以傳單周知更新單元內門牌戶

(105 建築師-營建法規與實務#37)

(C) 46. 私有土地及私有合法建築物所有權人依都市更新條例自行劃定更新單元，申請實施
該地區之都市更新事業時，應經更新單元範圍內私有土地及私有合法建築物所有權
人（X），並其所有土地總面積及合法建築物總樓地板面積（Y）均超過一定比例之
同意方能報核，下列數據何者正確？
(A) X：1/2，Y：2/3
(B) X：1/2，Y：3/5
(C) X：2/3，Y：3/4
(D) X：2/3，Y：3/5

(105 建築師-營建法規與實務#38)

(B) 47. 都市更新計畫之擬定或變更，經審議通過者依規定交當地直轄市、縣（市）主管機
關最多應於幾日內公告實施之？
(A) 15　　　　　(B)30　　　　　(C)60　　　　　(D)90

(105 建築師-營建法規與實務#39)

(A) 48. 更新地區劃定後，直轄市、縣（市）主管機關得視實際需要，公告禁止更新地區範
圍內建築物之改建、增建或新建及採取土石或變更地形。其禁止期限，最長不得超
過：
(A) 2 年　　　　　(B)1 年 6 個月　　　(C)1 年　　　　　(D)半年

(105 建築師-營建法規與實務#40)

例題3-2

依據都市更新條例，都市更新事業召開公聽會有何法律上之重要意義？（15分）又，都市更
新事業召開公聽會後，因故變更範圍或召開公聽會時，倘漏未通知他項權利人，應如何補救？
（15分）

(101 高等考試三級-營建法規 #3)

例題3-3

於非都市土地上設置風力發電系統應檢討何種法規？（10分）此風力發電機組之使用土地面
積應如何計算？（10分）風力發電機組葉片倘隨風向而偏航，其扇葉垂直投影如落於鄰近土
地上應如何處理？（10分）

(101 高等考試三級-營建法規 #4)

例題3-4

請回答下列都市更新問題：

(一) 都市更新事業計畫範圍內重建區段土地之實施方式有那些？（5分）

(二) 何謂「更新地區」？其與「更新單元」之區別為何？又未經劃定應實施更新地區，可否
　　申請實施都市更新事業？（10分）

(三) 對現行都市更新權利變換之實施方式有何建議？（10分）

(101 高等考試三級-建管行政 #2)

都市計畫法系

例題3-5

請回答都市計畫法之相關問題：

(一) 依都市計畫法得以容積移轉方式辦理之事業為何？（5分）

(二) 何謂都市計畫容積移轉之「送出基地」？送出基地之限制為何？都市計畫容積移轉之接收地區範圍為何？（10分）

(三) 細部計畫書圖應表明之事項為何？又細部計畫通盤檢討時之「生態都市規劃原則」為何？試分述之。（10分）

(101 高等考試三級-建管行政 #3)

例題3-6

請回答下列都市更新地區之相關問題：

(一) 依現行法規，政府得劃定都市更新地區之規定有那些？（20分）

(二) 都市更新範圍包含政府劃定之更新地區及自行劃定之更新單元，其同意比例應如何計算？（5分）

(102 高等考試三級-營建法規 #2)

例題3-7

請依都市計畫法及都市更新條例規定回答下列問題：

(一) 都市計畫經發布實施後，遇有那些情事之一時，當地直轄市、縣（市）（局）政府或鄉、鎮、縣轄市公所，應視實際情況迅行變更？（8分）

(二) 實施權利變換地區，直轄市、縣（市）主管機關得於權利變換計畫書核定後，公告禁止那些事項？違反前揭規定者，當地直轄市、縣（市）主管機關得如何處理？又都市更新條例對依權利變換計畫申請建築執照有何特別規定？（12分）

(102 高等考試三級-建管行政 #5)

例題3-8

依據都市計畫法規定，何謂公共設施保留地？（5分）公共設施保留地得依那些方式取得？（5分）在未取得前土地所有權人得自行申請或提供他人申請作臨時建築使用，其臨時建築使用項目為何（請依都市計畫公共設施保留地臨時建築使用辦法規定說明）？（15分）

(103 高等考試三級-營建法規 #2)

例題3-9

自從「看見臺灣」紀錄片上映後，國土保育已為政府重要政策，其中清境地區過度開發設置民宿問題嚴重，請問在非都市土地應符合那些法令規定始得申請建造執照及登記為民宿？（10分）而民宿業者為擴大經營規模，其非法民宿之樣態為何？（10分）政府為確保國土安全，在非都市土地對非法民宿之違規查處，請論述政府可採取之積極作為為何？（10分）

(103 高等考試三級-營建法規 #4)

例題3-10

某建築物位於都市計畫住宅區，使用執照核准用途為「集合住宅（H-2 組）」，其所有權人未經主管機關核准，即擅自變更用途，經營「視聽歌唱業（B-1 組）」使用，導致居住環境品質惡化，住戶爰向管理委員會主任委員反映，訴請解決。試問：

(一) 公寓大廈之住戶若未依使用執照核准用途使用，管理委員會依公寓大廈管理條例之規定該如何處理？公寓大廈管理條例之「罰則」為何？（7分）

(二) 若當地都市計畫土地使用分區管制不允許住宅區經營「視聽歌唱業」，建築物所有權人能

否申辦變更使用執照？又主管機關當依違反建築法或都市計畫法處置？請申述其理由。
（8分）

(103 高等考試三級-建管行政 #4)

例題3-11
起造人於工業區違規開發住宅使用，主管機關之稽查程序為何？倘所有人拒絕配合主管機關
之稽查，主管機關應如何作為？（30分）

(104 高等考試三級-建管行政 #2)

例題3-12
簡要解釋下列名詞：（每小題5分，共15分）
(一) 共同管道

(104 高等考試三級-建管行政 #4)

例題3-13
近年來由於部分都市建築日漸老舊，生活環境亦漸趨惡化，為促進都市土地再活化利用並復
甦都市機能，政府與民間均大力推動都市更新工作。請依都市計畫法、都市更新條例及其施
行細則，與都市更新容積獎勵辦法，回答下列問題：
(一) 說明劃定都市更新範圍後，需拆除重建地區應如何管制。（5分）
(二) 如何劃定都市更新單元？（5分）
(三) 都市更新竣工書圖應包括那些資料？（10分）
(四) 建築基地及建築物取得綠建築標章可獲得何種容積獎勵？（5分）

(105 高等考試三級-營建法規 #2)

例題3-14
試詳述都市計畫地區範圍內，設置公共設施用地之目的、種類及其取得方式。（25分）

(101 地方特考三等-營建法規 #3)

例題3-15
簡答題：（每小題6分，共30分）
(五)依都市計畫法規定，那些地區應擬定鄉街計畫？又細部計畫之書、圖應表明那些事項？

(101 地方特考三等-建管行政 #4)

例題3-16
請依序說明國土綜合發展計畫，直轄市、縣（市）綜合發展計畫，城鄉計畫及部門計畫之意
義各為何？（25分）

(102 地方特考三等-營建法規 #2)

例題3-17
容積率及容積獎勵辦法為建築開發規劃時重要之考慮因素，常影響整個建築開發專案的成敗
與利潤。請說明容積率之定義，並分別說明容積移轉獎勵及綠建築獎勵之意義各為何？（25
分）

(102 地方特考三等-營建法規 #4)

例題3-18

某市的「四期重劃區都市計劃細部計畫」草案尚未核准公告實施,應屬禁建地區,該市政府受理 36 件四期發展區申請指定建築線陳情案。某市長明知未符合法定程序及相關要件,是不得准許人民申請指定建築線核發建造執照,惟該市長卻對於親友或民意代表關說的 20 件陳情案,特予以批准指定建築線,讓建商順利取得建造執照並實際興建造價約十億五千多萬元的房屋,圖利陳情人約三千多萬元案。請對此案件的不法行為進行解析?並說明其適用之法律規範為何?(25 分)

(103 地方特考三等-建管行政 #1)

例題3-19

都市更新條例的母法為何種法規?請說明政府辦理(公辦)都市更新案件及民間辦理(自辦)都市更新案件的類型、適用要件及區分。(25 分)

(104 地方特考三等-營建法規 #4)

例題3-20

請依現行建築法、建築技術規則、區域計畫法、都市計畫法及政府採購法等相關營建法規簡要回答下列問題:

(三) 何謂「特定區計畫」?(5 分)

(101 鐵路高員三級-營建法規 #1)

例題3-21

請依現行建築法、建築技術規則、區域計畫法、都市計畫法及政府採購法等相關營建法規簡要回答下列問題:

(四) 都市計畫可分為那幾種?(5 分)

(101 鐵路高員三級-營建法規 #1)

例題3-22

都市計畫法規定,都市計畫應定期通盤檢討。試依都市計畫定期通盤檢討實施辦法規定,說明都市計畫通盤檢討時,都市防災方面應進行規劃檢討那些事項?(5 分)又依該辦法規定那些地區應辦理都市設計並納入細部計畫?(10 分)都市設計之內容視實際需要,要表明那些事項?(10 分)

(101 鐵路高員三級-建管行政 #3)

例題3-23

對於都市計畫書附帶規定需辦理整體開發地區,如經地方政府地政單位分析評估因地區建物密集、地上物拆遷補償過鉅、重劃財務無法平衡及民眾抗爭等因素致整體開發方式確屬不可行時,請說明有何解決對策?(25 分)

(103 鐵路高員三級-營建法規 #3)

例題3-24

近年來由於全球暖化現象持續,極端氣候發生頻率升高,為考慮國土防災與環境之永續發展,請依區域計畫法、都市計畫法與建築法等相關法規,回答下列問題:

(二) 辦理都市計畫通盤檢討時,如何擬訂生態都市發展策略?(10 分)

(三) 已領有建造執照正施工中之建築物,如有妨礙變更後之都市計畫或區域計畫,應如何處理?(10 分)

(103 鐵路高員三級-建管行政 #2)

例題3-25

請依都市計畫法說明何謂通盤檢討？（5 分）主要計畫通盤檢討時，應視實際需要擬定之生態都市發展策略為何？（10 分）細部計畫通盤檢討時，應視實際需要擬定之生態都市規劃原則為何？（10 分）

(102 公務人員普考-營建法規概要 #3)

例題3-26

請試述下列名詞之意涵：（每小題 5 分，共 25 分）

(三) 都市更新實施者

(103 公務人員普考-營建法規概要 #1)

例題3-27

由於部分都市建築日漸老舊，都市環境亦日趨窳陋，都市更新已成為都市發展之重要課題。請依都市計畫法、都市更新條例回答下列問題：

(一) 說明都市計畫法在中央及地方之主管機關。（5 分）

(二) 何謂都市計畫？（10 分）

(三) 說明都市更新處理方式。（10 分）

(105 公務人員普考-營建法規概要 #2)

例題3-28

試依都市更新條例規定，詳述直轄市、縣（市）主管機關，得優先劃定為更新地區之條件。（25分）

(101 地方特考四等-營建法規概要 #4)

例題3-29

請問都市更新條例中的權利變換如何進行？（25 分）

(104 地方特考四等-營建法規概要 #2)

例題3-30

請依都市計畫法第 9 條規定，說明都市計畫分為那三種類型？其內容應表明那些事項？（25 分）

(104 地方特考四等-營建法規概要 #3)

例題3-31

請依都市計畫法規定，說明都市計畫公共設施用地劃設之原則與目的，（10分）並說明公共設施保留地作為臨時建築使用時，以那幾類為限？（10分）

(101 鐵路員級-營建法規概要 #2)

例題3-32

公共設施保留地之取得、具有紀念性或藝術價值之建築與歷史建築之保存維護及公共開放空間之提供，得以容積移轉方式辦理。請就「都市計畫容積移轉實施辦法」有關規定回答下列問題：

(一) 何謂「容積移轉」、「送出基地」、「基準容積」？（12 分）

(二) 容積移轉之送出基地種類及條件為何？（8 分）

(三) 接受基地可移入的容積上限為何？（5 分）

(102 鐵路員級-營建法規概要 #3)

都市計畫法系

例題3-33

請問辦理都市計畫通盤檢討時，那些地區應辦理都市設計？（10分）又都市設計之內容宜視實際需要，表明那些事項納入細部計畫？（15分）

(103 鐵路員級-營建法規概要 #3)

【參考題解】

例題 3-2

依據都市更新條例，都市更新事業召開公聽會有何法律上之重要意義？（15 分）又，都市更新事業召開公聽會後，因故變更範圍或召開公聽會時，倘漏未通知他項權利人，應如何補救？（15 分）

(101 高等考試三級-營建法規 #3)

【參考解答】

【資料來源：都更風暴—從文林苑一案出發（上）】

(一) 都市更新條例第 10 條第 1 項：「經劃定應實施更新之地區，其土地及合法建築物所有權人得就主管機關劃定之更新單元，或依所定更新單元劃定基準自行劃定更新單元，舉辦公聽會，擬具事業概要，連同公聽會紀錄，申請當地直轄市、縣（市）主管機關核准，自行組織更新團體實施該地區之都市更新事業，或委託都市更新事業機構為實施者實施之。」

同法第 19 條第 2 項：「擬訂或變更都市更新事業計畫期間，應舉辦公聽會，聽取民眾意見。」

臺北市都市更新自治條例第 14 條第二項：「無法依前項原則辦理者，應於依都市更新條例第十條規定舉辦公聽會時，一併通知相鄰土地及其合法建築物所有權人前述情形並邀請其參加公聽會，徵詢參與更新之意願並協調後，依規定申請實施都市更新事業。」

綜合上述法令，公聽會之目的在於利用公聽會舉辦之場合聽取都市更新範圍土地、房屋所有權人之意見，而實施者亦利用此期間表明其都市更新之意圖，並於公聽會中藉此機會與所有權人溝通談妥條件達成合意，使該都市更新案能符合法定之要件。其目的應僅在於聽取民眾之意見。

(二) 若所有權人或被邀請之人無參與公聽會並於公聽會中表達其不願參與之意見，由上述公聽會之目的來看，其目的應僅在於聽取意見，並無達成任何法律效果之目的，而所有權人與申請人系利用公聽會之機會協調，期望可以達成共識，故應無失權效之效力。

依臺北市都市更新自治條例第 14 條第三項：「前項協調不成時，土地及合法建築物所有權人得申請主管機關協調。」可知當無法於公聽會中協調成功時，仍可利用其他機會與請求主管機關協助。若僅限定於在公聽會中有表達過不願參與更新的人才能於事後爭執，這樣公聽會之效力將過大，則此公聽會就必須具備相當之法律要件與效力才行，但從法規中對於公聽會之規定如此之簡單，應無失權效之效力。故更新單元範圍內之所有權人尚不因未參與該公聽會，對其權利產生損害或重大影響。

例題 3-3

於非都市土地上設置風力發電系統應檢討何種法規？（10分）此風力發電機組之使用土地面積應如何計算？（10分）風力發電機組葉片倘隨風向而偏航，其扇葉垂直投影如落於鄰近土地上應如何處理？（10分）

(101 高等考試三級-營建法規 #4)

【參考解答】

(一) 內政部函 92.04.22.台內營字第 0920085758 號

設置風力發電系統遭遇土地面積計算問題

決議：

1. 本部 92 年 3 月 26 日內授中辦地字第 0920082365 號令修正發布之「非都市土地使用管制規則」已於第六條附表一農牧、林業、國土保安及交通用地容許作公用事業設施（限於點狀或線狀使用。點狀使用面積不得超過六百六十平方公尺）下之許可使用細目增列「風力發電機組」，至其點狀使用面積計算，於有建蔽率地區者，為建築物本身所占地面及其所應留設之法定空地；設施物為立體使用者，除地面使用部份外，應加計該設施物上空及地下構造外緣垂直投影使用面積，是風力發電機組之葉片投影及其基座與附屬建築物靜止不動時其上空及地下構造外緣垂直投影使用面積如未逾六百六十平方公尺者，得以容許使用方式設置，惟如超過上開規定者，自應循變更編定之方式並依規定辦理。

2. 按民法物權編第七百七十三條規定，土地所有權，除法令有限制外，於其行使有利益之範圍內，及於土地之上下，風力發電機組葉片隨風向不同偏航時，其扇葉垂直投影如落於鄰近土地上，應取得地主同意，該鄰近土地如屬國有者，應函請土地代管機關同意，至租金部分，請財政部國有財產局儘速研訂相關標準。

例題 3-4

請回答下列都市更新問題：

(一) 都市更新事業計畫範圍內重建區段土地之實施方式有那些？（5分）

(二) 何謂「更新地區」？其與「更新單元」之區別為何？又未經劃定應實施更新地區，可否申請實施都市更新事業？（10分）

(三) 對現行都市更新權利變換之實施方式有何建議？（10分）

(101 高等考試三級-建管行政 #2)

【參考解答】

(一) 重建區段土地實施都市更新事業計畫之方式：（更新-25）

　　1. 以權利變換方式實施之。

　　2. 由主管機關或其他機關辦理者：

　　　　得以徵收、區段徵收或市地重劃方式實施之。

　　3. 其他法律另有規定或經全體土地及合法建築物所有權人同意者：

　　　　得以協議合建或其他方式實施之。

(二)

　　1. 劃定更新地區前，全面調查及評估項目：（更新-5）

直轄市、縣（市）主管機關應就都市之
(1) 發展狀況。
(2) 居民意願。
(3) 原有社會、經濟關係。
(4) 人文特色。

2. 更新單元：（更新-3）

係指更新地區內可單獨實施都市更新事業之分區。

3. 未經劃定申請更新地區（更新-11）

未經劃定應實施更新之地區，土地及合法建築物所有權人為促進其土地再開發利用或改善居住環境，得依主管機關所定更新單元劃定基準，自行劃定更新單元，依前條規定，申請實施該地區之都市更新事業。

(三) 權利變換：（更新-3）

係指更新單元內重建區段之土地所有權人、合法建築物所有權人、他項權利人或實施者，提供土地、建築物、他項權利或資金，參與或實施都市更新事業，於都市更新事業計畫實施完成後，按其更新前權利價值及提供資金比例，分配更新後建築物及其土地之應有部分或權利金。

1. 優點：
(1) 更新前後之權利價值由三家估價公司鑑價公開透明，採公開方式及法定程序選屋，對所有權人及實施者權益分配公平有保障。
(2) 稅捐減免獎勵
(3) 公有地參與更新機制明確。
(4) 多數決門檻較低，公部門監督審查，必要時出動公權力解決困難，排除少數反對障礙。

2. 缺點：
(1) 所有權人與實施者對權利變換模式信任之不足，學習與溝通費時。
(2) 初期需送審計畫書圖作業成本增加。
(3) 公部門監督程序較為繁複，時程較長。

例題 3-5

請回答都市計畫法之相關問題：

(一) 依都市計畫法得以容積移轉方式辦理之事業為何？（5 分）

(二) 何謂都市計畫容積移轉之「送出基地」？送出基地之限制為何？都市計畫容積移轉之接收地區範圍為何？（10 分）

(三) 細部計畫書圖應表明之事項為何？又細部計畫通盤檢討時之「生態都市規劃原則」為何？試分述之。（10 分）

(101 高等考試三級-建管行政 #3)

【參考解答】

(一) 公共設施保留地之取得、具有紀念性或藝術價值之建築與歷史建築之保存維護及公共開放空間之提供，得以容積移轉方式辦理。（都計 83-1）

(二) 送出基地：（容積移轉-5）

指得將全部或部分容積移轉至其他可建築土地建築使用之土地。

1. 送出基地以下列各款土地為限：（容積移轉-6）

(1) 都市計畫表明應予保存或經直轄市、縣（市）主管機關認定有保存價值之建築所定著之私有土地。

(2) 為改善都市環境或景觀，提供作為公共開放空間使用之可建築土地。（其坵形應完整，面積不得小於五百平方公尺。但因法令變更致不能建築使用者，或經直轄市、縣（市）政府勘定無法合併建築之小建築基地，不在此限。）

私有都市計畫公共設施保留地。但不包括都市計畫書規定應以區段徵收、市地重劃或其他方式整體開發取得者。

2. 送出基地申請移轉容積規定：（容積移轉-7、10、13）

(1) 送出基地申請移轉容積時，以移轉至同一主要計畫地區範圍內之其他可建築用地建築使用為限；都市計畫原擬定機關得考量都市整體發展情況，指定移入地區範圍，必要時，並得送請上級都市計畫委員會審定之。

(2) 都市計畫表明應予保存或經直轄市、縣（市）主管機關認定有保存價值之建築所定著之私有土地申請移轉容積，其情形特殊者，提經內政部都市計畫委員會審議通過後，得移轉至同一直轄市、縣（市）之其他主要計畫地區。

(三) 細部計畫：（都計-5、22）

1. 係指依下列內容所為之細部計畫書及細部計畫圖，作為實施都市計畫之依據：

(1) 計畫地區範圍。

(2) 居住密度及容納人口。

(3) 土地使用分區管制。

(4) 事業及財務計畫。

(5) 道路系統。

(6) 地區性之公共設施用地。

(7) 其他。

（※細部計畫圖比例尺不得小於一千二百分之一。）

2. 辦理細部計畫通盤檢討時，應視實際需要擬定下列各款生態都市規劃原則：

（通盤檢討-8）

(1) 水與綠網絡系統串聯規劃設計原則。

(2) 雨水下滲、貯留之規劃設計原則。

(3) 計畫區內既有重要水資源及綠色資源管理維護原則。

(4) 地區風貌發展及管制原則。

(5) 地區人行步道及自行車道之建置原則。

例題 3-6
請回答下列都市更新地區之相關問題：

(一) 依現行法規，政府得劃定都市更新地區之規定有那些？（20 分）

(二) 都市更新範圍包含政府劃定之更新地區及自行劃定之更新單元，其同意比例應如何計算？（5 分）

(102 高等考試三級-營建法規 #2)

【參考解答】

(一) 政府得優先劃定及迅行（逕行）劃定更新地區之情形：（更新-6、7）

　　1. 優先劃定為更新地區：

　　　(1) 建築物窳陋且非防火構造或鄰棟間隔不足，有妨害公共安全之虞。

　　　(2) 建築物因年代久遠有傾頹或朽壞之虞、建築物排列不良或道路彎曲狹小，足以妨害公共交通或公共安全。

　　　(3) 建築物未符合都市應有之機能。

　　　(4) 建築物未能與重大建設配合。

　　　(5) 具有歷史、文化、藝術、紀念價值疽，亟須辦理保存維護。

　　　(6) 居住環境惡劣，足以妨害公共衛生或社會治安。

　　2. 迅行劃定更新地區：

　　　(1) 因戰爭、地震、火災、水災、風災或其他重大事變遭受損壞。

　　　(2) 為避免重大災害之發生。

　　　(3) 為配合中央或地方之重大建設。

　　（※上級主管機關得指定該管直轄市、縣（市）主管機關限期為之，必要時並得逕為辦理。）

(二) 同意比例（更新-22）

　　1. 屬依第十條規定申請獲准實施都市更新事業者,除依第七條劃定之都市更新地區之外：應經更新單元範圍內土地及合法建築物所有權人均超過五分之三，並其所有土地總面積及合法建築物總樓地板面積均超過三分之二之同意。

　　2. 未經劃定應實施更新地區：應經更新單元範圍內土地及合法建築物所有權人均超過三分之二，並其所有土地總面積及合法建築物總樓地板面積均超過四分之三以上之同意。但其私有土地及私有合法建築物所有權面積均超過五分之四同意者，其所有權人數不予計算。

例題 3-7

請依都市計畫法及都市更新條例規定回答下列問題：

(一) 都市計畫經發布實施後，遇有那些情事之一時，當地直轄市、縣（市）（局）政府或鄉、鎮、縣轄市公所，應視實際情況迅行變更？（8 分）

(二) 實施權利變換地區，直轄市、縣（市）主管機關得於權利變換計畫書核定後，公告禁止那些事項？違反前揭規定者，當地直轄市、縣（市）主管機關得如何處理？又都市更新條例對依權利變換計畫申請建築執照有何特別規定？（12 分）

(102 高等考試三級-建管行政 #5)

【參考解答】

(一) 迅行變更：（都計-27）

  1. 因戰爭、地震、水災、風災、火災或其他重大事變遭受損壞時。

  2. 為避免重大災害之發生時。

  3. 為適應國防或經濟發展之需要時。

  4. 為配合中央、直轄市或縣（市）興建之重大設施時。

(二) 權利變換計畫

  1. 權利變換計畫書核定後之禁建：（更新-33）

    (1) 土地及建築物之移轉、分割或設定負擔。

    (2) 建築物之改建、增建或新建及採取土石或變更地形。

    (3) 違反規定者，當地直轄市、縣（市）主管機關得限期命令其拆除、改建、停止使用或恢復原狀。

  （※禁止期限，最長不得超過二年。但不影響權利變換之實施者，不在此限）

  2. 依權利變換計畫申請建築執照：（更新-34）

    依權利變換計畫申請建築執照，得以實施者名義為之，並免檢附土地、建物及他項權利證明文件。

例題 3-8

依據都市計畫法規定，何謂公共設施保留地？（5 分）公共設施保留地得依那些方式取得？（5 分）在未取得前土地所有權人得自行申請或提供他人申請作臨時建築使用，其臨時建築使用項目為何（請依都市計畫公共設施保留地臨時建築使用辦法規定說明）？（15 分）

(103 高等考試三級-營建法規 #2)

【參考解答】

(一) 公共設施保留地：未開闢及徵收之之公共設施用地。

(二) 都市計畫法有關公共設施用地取得方式之規定：（都計-48、50、50-2、52）

  公共設施保留地：

  1. 公共設施保留地供公用事業設施之用者：由各該事業機構依法予以徵收或購買。

  2. 其餘公共設施保留地由該管政府或鄉、鎮、縣轄市公所依下列方式取得：

    (1) 徵收。

    (2) 區段徵收。

(3) 市地重劃。

3. 私有公共設施保留地得申請與公有非公用土地辦理交換，不受土地法、國有財產法及各級政府財產管理法令相關規定之限制；劃設逾二十五年未經政府取得者，得優先辦理交換。公共設施保留地在未取得前，得申請為臨時建築使用。

(二) 公共設施保留地臨時建築以下列建築使用為限：（臨時建築-4、都計-51）

1. 臨時建築權利人之自用住宅。

2. 菇寮、花棚、養魚池及其他供農業使用之建築物。

3. 小型游泳池、運動設施及其他供社區遊憩使用之建築物。

4. 幼稚園、托兒所、簡易汽車駕駛訓練場。

5. 臨時攤販集中場。

6. 停車場及其他交通服務設施使用之建築物。

7. 其他不得為妨礙指定目的之使用。但得繼續為原來之使用或改為妨礙目的較輕之使用。

例題 3-9

自從「看見臺灣」紀錄片上映後，國土保育已為政府重要政策，其中清境地區過度開發設置民宿問題嚴重，請問在非都市土地應符合那些法令規定始得申請建造執照及登記為民宿？（10分）而民宿業者為擴大經營規模，其非法民宿之樣態為何？（10分）政府為確保國土安全，在非都市土地對非法民宿之違規查處，請論述政府可採取之積極作為為何？（10分）

(103 高等考試三級-營建法規 #4)

【參考解答】

(一) 民宿設置範圍：（民宿法-5）

民宿之設置，以下列地區為限，並須符合相關土地使用管制法令之規定：

1. 風景特定區。

2. 觀光地區。

3. 國家公園區。

4. 原住民地區。

5. 偏遠地區。

6. 離島地區。

7. 經農業主管機關核發經營許可登記證之休閒農場或經農業主管機關劃定之休閒農業區。

8. 金門特定區計畫自然村。

9. 非都市土地。

(二) 非都市土地管制法令：（區計-15、16）

都市計畫法系

```
                    ┌─────────────────┐
                    │  國土綜合開發計畫  │
                    └────────┬────────┘
                             │
                    ┌────────┴────────┐        ┌─ ─ ─ ─ ─ ─ ─ ─ ─ ─ ─ ─┐
                    │  實施區域計畫地區  ├────────┤ 區域計畫法              │
                    └────────┬────────┘        │ 區域計畫法施行細則       │
                             │                 │ 實施區域計畫地區建築管理辦法│
                             │                 └─ ─ ─ ─ ─ ─ ─ ─ ─ ─ ─ ─┘
        ┌────────────────────┼────────────────────┐
   ┌────┴────┐          ┌────┴────┐          ┌─────┴─────┐
   │ 都市土地  │          │ 非都市土地 │          │ 國家公園土地 │
   └────┬────┘          └────┬────┘          └─────┬─────┘
        │                    │                      │
  ┌ ─ ─ ┴ ─ ─ ─ ─ ┐   ┌ ─ ─ ┴ ─ ─ ─ ─ ─ ─ ┐   ┌ ─ ─ ┴ ─ ─ ─ ┐
  │ 都市計畫法及關係法規 │   │ 非都市土地使用管制規則 │   │ 國家公園法    │
  └ ─ ─ ┬ ─ ─ ─ ─ ┘   └ ─ ─ ┬ ─ ─ ─ ─ ─ ─ ┘   └ ─ ─ ─ ─ ─ ─ ┘
        │          ┌─────────┼─────────┬─────────┐
  ┌ ─ ─ ┴ ─ ─ ─ ┐ │         │         │         │
  │ 建築法及關係法規 │ │山坡地  │已編定  │未編定  │供公眾使用及公
  └ ─ ─ ─ ─ ─ ─ ┘ │範圍地區│用地地區│用地地區│有建築物
```

山坡地範圍地區	已編定用地地區	未編定用地地區	供公眾使用及公有建築物
山坡地建築管理辦法	實施區域計畫地區建築管理辦法	實施都市計畫以外地區建築物管理辦法	建築法

圖營建法規適用地區表

(三) 非法民宿樣態：

　　違反消防、建管法規或未變更使用執照、違法擴建等非法樣態。

(四) 積極作為（資料來源：新竹縣政府政策白皮）

　　1. 為保障消費者權益，對於非法民宿及旅館每年至少稽查 2 次，稽查結果如有違反發展觀光條例、建築法及消防法、區域計畫法、水土保持法、等相關規定，由各權責單位

依法查處。

2. 為維護旅客權益，對所轄已合法登記之民宿及旅館，如有以違建供其擴大經營範圍情事，加強取締並依法查處。另為輔導非法民宿及旅館合法化，如確實無可能輔導合法者，除輔導其轉業及依法查處外；如嚴重影響公共安全者，則採取較積極之強制處理方式。

例題 3-10

某建築物位於都市計畫住宅區，使用執照核准用途為「集合住宅（H-2 組）」，其所有權人未經主管機關核准，即擅自變更用途，經營「視聽歌唱業（B-1 組）」使用，導致居住環境品質惡化，住戶爰向管理委員會主任委員反映，訴請解決。試問：

(一) 公寓大廈之住戶若未依使用執照核准用途使用，管理委員會依公寓大廈管理條例之規定該如何處理？公寓大廈管理條例之「罰則」為何？（7 分）

(二) 若當地都市計畫土地使用分區管制不允許住宅區經營「視聽歌唱業」，建築物所有權人能否申辦變更使用執照？又主管機關當依違反建築法或都市計畫法處置？請申述其理由。（8 分）

(103 高等考試三級-建管行政 #4)

【參考解答】

(一) 違反使用及罰則（公寓-15）（公寓-49）

1. 住戶應依使用執照所載用途及規約使用專有部分、約定專用部分，不得擅自變更。（※住戶違反規定，管理負責人或管理委員會應予制止，經制止而不遵從者，報請直轄市、縣（市）主管機關處理，並要求其回復原狀。）

2. 有下列行為之一者，由直轄市、縣(市)主管機關處新臺幣四萬元以上二十萬元以下罰鍰，並得令其限期改善或履行義務；屆期不改善或不履行者，得連續處罰：

   (1) 區分所有權人對專有部分之利用違反第五條規定者。

   (2) 住戶違反第八條第一項或第九條第二項關於公寓大廈變更使用限制規定，經制止而不遵從者。

   (3) 住戶違反第十五條第一項規定擅自變更專有或約定專用之使用者。

   (4) 住戶違反第十六條第二項或第三項規定者。

   (5) 住戶違反第十七條所定投保責任保險之義務者。

   (6) 區分所有權人違反第十八條第一項第二款規定未繳納公共基金者。

   (7) 管理負責人、主任委員或管理委員違反第二十條所定之公告或移交義務者。

   (8) 起造人或建築業者違反第五十七條或第五十八條規定者。

   有供營業使用事實之住戶有前項第三款或第四款行為，因而致人於死者，處一年以上七年以下有期徒刑，得併科新臺幣一百萬元以上五百萬元以下罰金；致重傷者，處六個月以上五年以下有期徒刑，得併科新臺幣五十萬元以上二百五十萬元以下罰金。

(二) 使用管理及罰則（都計法-32）（都計法-79）

1. 都市計畫得劃定住宅、商業、工業等使用區，並得視實際情況，劃定其他使用區或特定專用區。前項各使用區，得視實際需要，再予劃分，分別予以不同程度之使用管制。

2. 處罰事由：都市計畫範圍內土地或建築物之使用，或從事建造、採取土石、變更地形，

違反都市計畫法或各級政府依都市計畫法所發布之命令者。處罰對象：土地或建築物所有權人、使用人或管理人。罰則：

(1) 新臺幣六萬元以上三十萬元以下罰鍰；並

(2) 勒令拆除、改建、停止使用或恢復原狀。

(3) 不拆除、改建、停止使用或恢復原狀者，得按次處罰，並停止供水、供電、封閉、強制拆除或採取其他恢復原狀之措施。

例題 3-11

起造人於工業區違規開發住宅使用，主管機關之稽查程序為何？倘所有人拒絕配合主管機關之稽查，主管機關應如何作為？（30 分）

(104 高等考試三級-建管行政 #2)

【參考解答】

建築物所有權人、使用人及主管建築機關對於維護建築物合法使用與其構造及設備安全之職責：（建築法-77）

(一) 建築物所有權人、使用人：

　　1. 應維護建築物合法使用與其構造及設備安全。

　　2. 供公眾使用之建築物，應由建築物所有權人、使用人定期委託中央主管建築機關認可之專業機構或人員檢查簽證，其檢查簽證結果應向當地主管建築機關申報。非供公眾使用之建築物，經內政部認有必要時亦同。

(二) 直轄市、縣（市）（局）主管建築機關：

　　1. 對於建築物得隨時派員檢查其有關公共安全與公共衛生之構造與設備。

　　2. 對於檢查簽證結果，主管建築機關得隨時派員或定期會同各有關機關複查。

違反前述規定，處建築物所有權人、使用人、機械遊樂設施之經營者新臺幣六萬元以上三十萬元以下罰鍰，並限期改善或補辦手續，屆期仍未改善或補辦手續而繼續使用者，得連續處罰，並限期停止其使用。必要時，並停止供水供電、封閉或命其於期限內自行拆除，恢復原狀或強制拆除。

例題 3-12

簡要解釋下列名詞：（每小題 5 分，共 15 分）

(一) 共同管道

(104 高等考試三級-建管行政 #4)

【參考解答】

(一) 共同管道：（共管法-2）

　　指設於地面上、下，用於容納二種以上公共設施管線之構造物及其排水、通風、照明、通訊、電力或有關安全監視(測)系統等之各種設施。

例題 3-13

近年來由於部分都市建築日漸老舊，生活環境亦漸趨惡化，為促進都市土地再活化利用並復甦都市機能，政府與民間均大力推動都市更新工作。請依都市計畫法、都市更新條例及其施行細則，與都市更新容積獎勵辦法，回答下列問題：

(一) 說明劃定都市更新範圍後，需拆除重建地區應如何管制。（5 分）

(二) 如何劃定都市更新單元？（5 分）

(三) 都市更新竣工書圖應包括那些資料？（10 分）

(四) 建築基地及建築物取得綠建築標章可獲得何種容積獎勵？（5 分）

(105 高等考試三級-營建法規 #2)

【參考解答】

(一) 更新地區劃定後之管制規定：（更新-24）

　　1. 禁止更新地區範圍內建築物之改建、增建或新建及採取土石或變更地形。禁止期限，最長不得超過二年。

　　2. 違反規定者，當地直轄市、縣（市）主管機關得限期命令其拆除、改建、停止使用或恢復原狀。

(二) 劃定更新單元之情形：（更新-6、7）

　　1. 優先劃定為更新地區：

　　　(1) 建築物窳陋且非防火構造或鄰棟間隔不足，有妨害公共安全之虞。

　　　(2) 建築物因年代久遠有傾頹或朽壞之虞、建築物排列不良或道路彎曲狹小，足以妨害公共交通或公共安全。

　　　(3) 建築物未符合都市應有之機能。

　　　(4) 建築物未能與重大建設配合。

　　　(5) 具有歷史、文化、藝術、紀念價值，亟須辦理保存維護。

　　　(6) 居住環境惡劣，足以妨害公共衛生或社會治安。

　　2. 迅行劃定更新地區：

　　　(1) 因戰爭、地震、火災、水災、風災或其他重大事變遭受損壞。

　　　(2) 為避免重大災害之發生。

　　　(3) 為配合中央或地方之重大建設。

　　　（※上級主管機關得指定該管直轄市、縣（市）主管機關限期為之，必要時並得逕為辦理。）

(三) 竣工應備文件（使用執照）：（建築法-71）

　　1. 原領之建造執照或雜項執照。

　　2. 建築物竣工平面圖及立面圖。

　　（※建築物與核定工程圖樣完全相符者，免附竣工平面圖及立面圖。）

(四) 取得綠建築標章可獲得之容積獎勵（容積獎勵-8）

　　建築基地及建築物採內政部綠建築評估系統，取得綠建築候選證書及通過綠建築分級評估銀級以上者，得給予容積獎勵，其獎勵額度以法定容積百分之十為上限。

例題 3-14

試詳述都市計畫地區範圍內，設置公共設施用地之目的、種類及其取得方式。（25分）

【參考解答】

(一) 公共設施用地種類：（都計-42）

　1. 道路、公園、綠地、廣場、兒童遊樂場、民用航空站、停車場所、河道及港埠用地。

　2. 學校、社教機構、體育場所、市場、醫療衛生機構及機關用地。

　3. 上下水道、郵政、電信、變電所及其他公用事業用地。

　4. 其他公共設施用地。（加油站、警所、消防、防空、屠宰場、垃圾處理場、殯儀館、
　　火葬場、公墓、污水處理廠、煤氣廠等）

(二) 公共設施用地規劃原則：（都計-43）

　應就人口、土地使用、交通等現狀及未來發展趨勢，決定其項目、位置與面積。

(三) 都市計畫法有關公共設施用地取得方式之規定：（都計-48、50、50-2、52、53、56）

　1. 公部門：

　　(1) 公共設施保留地：

　　　a. 公共設施保留地供公用事業設施之用者：由各該事業機構依法予以徵收或購
　　　　買。

　　　b. 其餘公共設施保留地由該管政府或鄉、鎮、縣轄市公所依下列方式取得：

　　　　(a) 徵收。

　　　　(b) 區段徵收。

　　　　(c) 市地重劃。

　　　c. 私有公共設施保留地得申請與公有非公用土地辦理交換，不受土地法、國有財
　　　　產法及各級政府財產管理法令相關規定之限制；劃設逾二十五年未經政府取得
　　　　者，得優先辦理交換。公共設施保留地在未取得前，得申請為臨時建築使用。

　　(2) 公有土地：撥用。

　　(3) 私人或團體自願將自行興建公共設施及土地捐獻政府者。

　2. 私部門（獲准投資辦理都市計畫事業之私人或團體，其所需用之公共設施用地）：

　　(1) 公有土地：得申請該公地之管理機關租用。

　　(2) 私有土地：

　　　a. 協議收購。

　　　b. 無法協議收購者，應備妥價款，申請該管直轄市、縣（市）（局）政府代為收買
　　　　之。

例題 3-15
簡答題：（每小題 6 分，共 30 分）
(五)依都市計畫法規定，那些地區應擬定鄉街計畫？又細部計畫之書、圖應表明那些事項？
(101 地方特考三等-建管行政 #4)

【參考解答】

(五) 應擬定鄉街計畫之地方：（都計-11）

1. 鄉公所所在地。
2. 人口集居五年前已達三千，而在最近五年內已增加三分之一以上之地區。
3. 人口集居達三千，而其中工商業人口占就業總人口百分之五十以上之地區。
4. 其他經縣（局）政府指定應依本法擬定鄉街計畫之地區。

細部計畫：（都計-5、22）

係指依下列內容所為之細部計畫書及細部計畫圖，作為實施都市計畫之依據：

1. 計畫地區範圍。
2. 居住密度及容納人口。
3. 土地使用分區管制。
4. 事業及財務計畫。
5. 道路系統。
6. 地區性之公共設施用地。
7. 其他。

（※細部計畫圖比例尺不得小於一千二百分之一。）

例題 3-16
請依序說明國土綜合發展計畫，直轄市、縣（市）綜合發展計畫，城鄉計畫及部門計畫之意義各為何？（25 分）
(102 地方特考三等-營建法規 #2)

【參考解答】

(一) 直轄市、縣（市）綜合發展計畫（國土法草案-1）

直轄市、縣（市）國土計畫：指以直轄市、縣(市)行政轄區及其海域管理範圍，所訂定實質發展及管制之國土計畫。

(二) 城鄉計畫（都會區域、城鄉發展地區）（國土法草案-1）

1. 指由一個以上之中心都市為核心，及與中心都市在社會、經濟上具有高度關聯之直轄市、縣（市）或鄉（鎮、市、區）所共同組成之範圍。
2. 城鄉發展地區：依據都市化程度及發展需求加以劃設，並按發展程度，予以分類：
   (1) 第一類：都市化程度較高，其住宅或產業活動高度集中之地區。
   (2) 第二類：都市化程度較低，其住宅或產業活動具有一定規模以上之地區。
   (3) 其他必要之分類。

(三) 部門計畫（部門空間發展策略）（國土法草案-1）

指主管機關會商各目的事業主管機關，就部門發展所需涉及空間政策或區位適宜性，綜合評估後，所訂定之發展策略。

例題 3-17

容積率及容積獎勵辦法為建築開發規劃時重要之考慮因素，常影響整個建築開發專案的成敗與利潤。請說明容積率之定義，並分別說明容積移轉獎勵及綠建築獎勵之意義各為何？（25分）

(102 地方特考三等-營建法規 #4)

【參考解答】

(一) 容積率：（技則-II-161、163）

係指基地內建築物總樓地板面積與基地面積之比。基地面積之計算包括法定騎樓面積。基地內各幢建築物間及建築物至建築線間之通路，得計入法定空地面積。（※未實施容積管制地區之法定騎樓面積不計入基地面積及建築面積。建築基地退縮騎樓地未建築部分計入法定空地。）

(二) 容積移轉獎勵之意義：（都計 83-1）

1. 加速公共設施保留地之取得。

2. 紀念性或藝術價值之建築與歷史建築之保存維護。

3. 公共開放空間之提供。

(三) 綠建築獎勵之意義：（都更獎勵 8）

1. 建築基地及建築物採內政部綠建築評估系統，取得綠建築候選證書及通過綠建築分級評估銀級以上者，得給予容積獎勵。

2. 獎勵消耗最少資源，使用最少能量，及製造最少廢棄物的建築物。

例題 3-18

某市的「四期重劃區都市計劃細部計畫」草案尚未核准公告實施，應屬禁建地區，該市政府受理 36 件四期發展區申請指定建築線陳情案。某市長明知未符合法定程序及相關要件，是不得准許人民申請指定建築線核發建造執照，惟該市長卻對於親友或民意代表關說的 20 件陳情案，特予以批准指定建築線，讓建商順利取得建造執照並實際興建造價約十億五千多萬元的房屋，圖利陳情人約三千多萬元案。請對此案件的不法行為進行解析？並說明其適用之法律規範為何？（25分）

(103 地方特考三等-建管行政 #1)

【參考解答】

(一) 未發布細部計畫地區之建築管理：（都計-17）

1. 應限制其建築使用及變更地形。

2. 由主管建築機關指定建築線，核發建築執照之情況：

3. 主要計畫發布已逾二年以上，而且

(1) 能確定建築線；或

(2) 本法所稱能確定建築線，係指該計畫區已依有關法令規定豎立樁誌，而能確定建築線者而言；所稱主要公共設施已照主要計畫興建完成，係指符合下列各款規定者：（省細則-2）

(3) 一、面前道路已照主要計畫之長度及寬度興建完成。但其興建長度已達六百公尺或已達一完整街廓者，不在此限。

(4) 二、該都市計畫鄰里單元規劃之國民小學已開闢完成。但基地周邊八百公尺範圍內
已有國小興闢完成者,不在此限。

(5) 主要公共設施已照主要計畫興建完成者。

(二) 都市計畫法之禁、限建規定:(都計-17、41、51、58、69、81)

未發布細部計畫地區。(應限制其建築使用及變更地形。)

都市計畫發布實施後,其土地上原有建築物不合土地使用分區規定者。(除准修繕外,不
得增建或改建。)

都市計畫發布實施後,不合分區使用規定之土地及建築物,除經自行停止使用二年或經
目的事業主管機關令其停止使用者外,得繼續為原有之使用或改為妨礙目的較輕之使用,
並依下列規定處理之:(省細則-31)

1. 原有合法建築物不得增建、改建、增加設備或變更為其他不合規定之使用。

2. 建築物有危險之虞,確有修建之必要,得在維持原有使用範圍內核准修建。但以縣(市)
政府或鄉(鎮、市)公所尚無限期要求變更使用或遷移計畫者為限。

3. 因災害毀損之建築物,不得以原用途申請重建。

例題 3-19

都市更新條例的母法為何種法規?請說明政府辦理(公辦)都市更新案件及民間辦理(自辦)
都市更新案件的類型、適用要件及區分。(25 分)

(104 地方特考三等-營建法規 #4)

【參考解答】

(一) 依據中央法規標準法:都市更新條例應為特別法,與都市計畫法位階相等,無母子法之
分別。整體分類而言應屬於都市計畫體系之相關法令,主管機關在中央均為內政部。

1. 都市更新處理方式:(更新-4)

(1) 重建:係指拆除更新地區內原有建築物,重新建築,住戶安置,改進區內公共設
施,並得變更土地使用性質或使用密度。

(2) 整建:係指改建、修建更新地區內建築物或充實其設備,並改進區內公共設施。

(3) 維護:係指加強更新地區內土地使用及建築管理,改進區內公共設施、以保持其
良好狀況。

2. 重建區段土地實施都市更新事業計畫之方式:(更新-25)

(1) 以權利變換方式實施之。

(2) 由主管機關或其他機關辦理者:得以徵收、區段徵收或市地重劃方式實施之。

(3) 其他法律另有規定或經全體土地及合法建築物所有權人同意者:得以協議合建或
其他方式實施之。

(二)

1. 公辦都市更新:(新竹市政府網頁)

依據都市更新條例第九條規定。縣(市)政府可以依下列方式實施:

(1) 自行實施:由縣(市)政府或縣(市)政府所組成的「都市更新專責機構實施」。
所謂都市更新專責機構係指依都市更新條例第十七條:「直轄市、縣(市)主管
機關為實施都市更新事業得設置專責機構」所成立之單位。

(2) 委託實施：委託都市更新事業機構實施。所謂都市更新事業機構以依公司法設立之股份有限公司為限。但都市更新事業係以整建或維護方式處理者，不在此限。縣（市）政府委託實施，必須經過公開評審選定之程序，才能委託實施。

(3) 同意其他機關（構）實施：例如鄉（鎮、市）公所如要作為更新實施者，應經由縣（市）政府同意。

2. 民間自辦都市更新：(新竹市政府網頁)

依據都市更新條例第 10 條、第 11 條，土地及合法建物所有權人可以依下列方式實施：

(1) 自行實施：由土地及合法建物所有權人組成都市更新會自行實施，依都市更新條例第 15 條規定，逾七人之土地及合法建築物所有權人自行實施都市更新事業時，應組織更新團體，訂定章程，申請當地直轄市、縣（市）主管機關核准。依都市更新條例第 15 條第 2 項規定，更新團體應為法人，該條例賦予更新團體具法人資格，行使法律賦予之權利義務。

(2) 委託實施：由土地及合法建物所有權人委託都市更新事業機構實施。都市更新事業機構以依公司法設立之股份有限公司為限。但都市更新事業係以整建或維護方式處理者，不在此限。

例題 3-20

請依現行建築法、建築技術規則、區域計畫法、都市計畫法及政府採購法等相關營建法規簡要回答下列問題：

(三) 何謂「特定區計畫」？（5 分）

(101 鐵路高員三級-營建法規 #1)

【參考解答】

(三) 特定區計畫：（都計-12）

為發展工業或為保持優美風景或因其他目的而劃定之特定地區

例題 3-21

請依現行建築法、建築技術規則、區域計畫法、都市計畫法及政府採購法等相關營建法規簡要回答下列問題：

(四) 都市計畫可分為那幾種？（5 分）

(101 鐵路高員三級-營建法規 #1)

【參考解答】

(四) 都市計畫種類：（都計-9、17）

　　1. 依適用地區分：

　　　　(1) 市（鎮）計畫。

　　　　(2) 鄉街計畫。

　　　　(3) 特定區計畫。

　　2. 依層級分：

　　　　(1) 主要計畫。

　　　　(2) 細部計畫。

例題 3-22

都市計畫法規定，都市計畫應定期通盤檢討。試依都市計畫定期通盤檢討實施辦法規定，說明都市計畫通盤檢討時，都市防災方面應進行規劃檢討那些事項？（5分）又依該辦法規定那些地區應辦理都市設計並納入細部計畫？（10分）都市設計之內容視實際需要，要表明那些事項？（10分）

(101 鐵路高員三級-建管行政 #3)

【參考解答】

(一)（通盤檢討-6）

都市計畫通盤檢討時，應依據都市災害發生歷史、特性及災害潛勢情形，就都市防災避難場所及設施、流域型蓄洪及滯洪設施、救災路線、火災延燒防止地帶等事項進行規劃及檢討，並調整土地使用分區或使用管制。

(二) 都市計畫通盤檢討時，下列地區應辦理都市設計，納入細部計畫：（通盤檢討-9）

1. 新市鎮。
2. 新市區建設地區：都市中心、副都市中心、實施大規模整體開發之新市區。
3. 舊市區更新地區。
4. 名勝、古蹟及具有紀念性或藝術價值應予保存建築物之周圍地區。
5. 位於高速鐵路、高速公路及區域計畫指定景觀道路二側一公里範圍內之地區。
6. 其他經主要計畫指定應辦理都市設計之地區。

(三) 都市設計應表明內容：（通盤檢討-9）

1. 公共開放空間系統配置及其綠化、保水事項。
2. 人行空間、步道或自行車道系統動線配置事項。
3. 交通運輸系統、汽車、機車與自行車之停車空間及出入動線配置事項。
4. 建築基地細分規模及地下室開挖之限制事項。
5. 建築量體配置、高度、造型、色彩、風格、綠建材及水資源回收再利用之事項。
6. 環境保護設施及資源再利用設施配置事項。
7. 景觀計畫。
8. 防災、救災空間及設施配置事項。
9. 管理維護計畫。

例題 3-23

對於都市計畫書附帶規定需辦理整體開發地區，如經地方政府地政單位分析評估因地區建物密集、地上物拆遷補償過鉅、重劃財務無法平衡及民眾抗爭等因素致整體開發方式確屬不可行時，請說明有何解決對策？（25分）

(103 鐵路高員三級-營建法規 #3)

【參考解答】

(一) 都市計畫書附帶規定辦理整體開發地區未能依規定辦理整體開發之成因，分述如下：(都市計畫整體開發地區處理方案-2)

1. 都市計畫發布實施後，部分建築用地所有權人反對與阻撓納入整體開發，惟公共設施保留地之所有權人多贊同納入整體開發，協調不易。

2. 部分地區公共設施負擔偏高，自償性不足。

3. 現有合法建築物密集，建築物所有權人之阻抗。

4. 景氣低迷、開發成本難以回收，辦理整體開發之意願不高。

5. 屬於後期發展地區，尚無發展需求。

6. 直轄市、縣（市）政府人力及經費不足。

7. 規定由土地所有權人自行辦理整體開發整合困難。

(二) 解決對策：(都市計畫整體開發地區處理方案-3)

1. 積極辦理市地重劃及區段徵收：經依勘選市地重劃地區評估作業要點及區段徵收實施辦法規定之評估方式辦理可行性評估後，如屬可行並有足夠財源者，應積極辦理。政府於辦理市地重劃或區段徵收時，得依規定將得委外辦理之事項，委由事業機構、法人或學術團體辦理。

2. 改以都市更新方式辦理整體開發：建築物密集之舊市區，依計畫書規定實施整體開發確有困難者，得予劃定為都市更新地區，改採都市更新法規有關之獎勵協助規定，實施再開發。

3. 降低容積率後解除整體開發限制：已發展之市區，依計畫書規定實施整體開發確有困難者，得適切調降該地區之容積率後，部分剔除於整體開發或全部解除整體開發之限制；其未能整體開發取得之公共設施用地，由政府編列預算或以容積移轉方式取得之。

4. 提高財務計畫之自償性：因共同負擔偏高致整體開發發生困難者，得適度檢討降低公共設施用地、其他負擔之比例、提高土地使用強度，或者藉由先行標售市地重劃抵費地籌措開發經費，以提高財務計畫之自償性。

5. 改採開發許可或使用許可方式：經依勘選市地重劃地區評估作業要點及區段徵收實施辦法規定之評估方式辦理可行性評估不可行後，適宜由私人或團體開發者，應於主要計畫書內增訂開發許可之條件，或明定自行提供土地或代金之比例，由私人或團體申請開發，或於自行提供一定比例之土地或代金後申請建築使用；其重要公共設施用地，並得由主管機關先行取得興闢。

6. 經依勘選市地重劃地區評估作業要點規定之評估方式辦理可行性評估後，如屬可行惟缺乏開發財源者，得依平均地權條例第六十一條規定，先行辦理重劃土地之交換分合、測定界址及土地分配、登記及交接，以利民眾申請建照。至於公共設施工程，則視都市之發展情形另行辦理，其工程費用依徵收工程受益費之規定辦理，或由土地所有權人集資自行興設。

7. 恢復原來使用分區：土地所有權人配合開發意願偏低，且當地都市發展無迫切需要者，檢討恢復為原來使用分區，俟當地確有發展需要時，再行檢討變更都市計畫。

例題 3-24

近年來由於全球暖化現象持續，極端氣候發生頻率升高，為考慮國土防災與環境之永續發展，請依區域計畫法、都市計畫法與建築法等相關法規，回答下列問題：

(二) 辦理都市計畫通盤檢討時，如何擬訂生態都市發展策略？（10分）

(三) 已領有建造執照正施工中之建築物，如有妨礙變更後之都市計畫或區域計畫，應如何處理？（10分）

(103 鐵路高員三級-建管行政 #2)

【參考解答】

(二) 辦理都市計畫通盤檢討時，如何擬訂生態都市發展策略？（通盤檢討-7、8）

　　1. 辦理主要計畫通盤檢討時，應視實際需要擬定下列各款生態都市發展策略：

　　　(1) 自然及景觀資源之管理維護策略或計畫。

　　　(2) 公共施設用地及其他開放空間之水與綠網絡發展策略或計畫。

　　　(3) 都市發展歷史之空間紋理、名勝、古蹟及具有紀念性或藝術價值應予保存建築之風貌發展策略或計畫。

　　　(4) 大眾運輸導向、人本交通環境及綠色運輸之都市發展模式土地使用配置策略或計畫。

　　　(5) 都市水資源及其他各種資源之再利用土地使用發展策略或計畫。

　　2. 辦理細部計畫通盤檢討時，應視實際需要擬定下列各款生態都市規劃原則：

　　　(1) 水與綠網絡系統串聯規劃設計原則。

　　　(2) 雨水下滲、貯留之規劃設計原則。

　　　(3) 計畫區內既有重要水資源及綠色資源管理維護原則。

　　　(4) 地區風貌發展及管制原則。

　　　(5) 地區人行步道及自行車道之建置原則。

(三) 已領有建造執照正施工中之建築物，如有妨礙變更後之都市計畫或區域計畫，應如何處理？（建築法-59、特許興建-5）

　　對已領有執照尚未開工或正在施工中之建築物，如有妨礙變更後之都市計畫或區域計畫者之處理方式：

　　1. 依特許興建辦法：

　　　在禁建生效之日前，已領得建造執照、雜項執照或依法免建築執照者，得向直轄市、縣（市）政府申請繼續施工；其申請案件位於內政部訂定之都市計畫範圍內者，向內政部申請。

　　　(1) 不牴觸都市計畫草案者，依原核准內容繼續施工。

　　　(2) 經變更設計後，不牴觸都市計畫草案者，依變更設計內容繼續施工。

　　　(3) 牴觸都市計畫草案，已完成基礎工程者，准其完成至一層樓為止；超出一層樓並已建成外牆一公尺以上或建柱高達二公尺半以上者，准其完成至各該樓層為止。

　　　　（※僅豎立鋼筋者，不視為前項第三款所稱之建柱。）

　　2. 依建築法規定：

　　　禁建命令發布後，有妨礙變更後之都市計畫或區域計畫者，得令其停工，另依規定，辦理變更設計。

例題 3-25

請依都市計畫法說明何謂通盤檢討？（5 分）主要計畫通盤檢討時，應視實際需要擬定之生態都市發展策略為何？（10 分）細部計畫通盤檢討時，應視實際需要擬定之生態都市規劃原則為何？（10 分）

(102 公務人員普考-營建法規概要 #3)

【參考解答】

(一) 通盤檢討（都計-26）

擬定計畫之機關每三年內或五年內至少應通盤檢討一次。依據發展情況，並參考人民建議作必要之變更。

(二) 辦理主要計畫通盤檢討時，應視實際需要擬定下列各款生態都市發展策略：（通盤檢討-7）

1. 自然及景觀資源之管理維護策略或計畫。
2. 公共施設用地及其他開放空間之水與綠網絡發展策略或計畫。
3. 都市發展歷史之空間紋理、名勝、古蹟及具有紀念性或藝術價值應予保存建築之風貌發展策略或計畫。
4. 大眾運輸導向、人本交通環境及綠色運輸之都市發展模式土地使用配置策略或計畫。
5. 都市水資源及其他各種資源之再利用土地使用發展策略或計畫。

(三) 辦理細部計畫通盤檢討時，應視實際需要擬定下列各款生態都市規劃原則：（通盤檢討-8）

1. 水與綠網絡系統串聯規劃設計原則。
2. 雨水下滲、貯留之規劃設計原則。
3. 計畫區內既有重要水資源及綠色資源管理維護原則。
4. 地區風貌發展及管制原則。
5. 地區人行步道及自行車道之建置原則。

例題 3-26

請試述下列名詞之意涵：（每小題 5 分，共 25 分）

(三) 都市更新實施者

(103 公務人員普考-營建法規概要 #1)

【參考解答】

(三) 實施者：（更新-3）

係指依本條例規定實施都市更新事業之機關、機構或團體。

例題 3-27

由於部分都市建築日漸老舊，都市環境亦日趨窳陋，都市更新已成為都市發展之重要課題。請依都市計畫法、都市更新條例回答下列問題：

(一) 說明都市計畫法在中央及地方之主管機關。（5 分）

(二) 何謂都市計畫？（10 分）

(三) 說明都市更新處理方式。（10 分）

(105 公務人員普考-營建法規概要 #2)

【參考解答】

(一) 主管機關：（都計-4）

　　1. 中央：內政部。

　　2. 直轄市：直轄市政府。

　　3. 縣（市）（局）：縣（市）（局）政府。

(二) 都市計畫：（都計-3）

　　係指在一定地區內有關都市生活之經濟、交通、衛生、保安、國防、文教、康樂等重要設施，作有計畫之發展，並對土地使用作合理之規劃而言。

(三) 都市更新處理方式：（都計-64）

　　1. 重建：係為全地區之徵收、拆除原有建築、重新建築、住戶安置，並得變更其土地使用性質或使用密度。

　　2. 整建：強制區內建築物為改建、修建、維護或設備之充實，必要時對部份指定之土地及建築物徵收、拆除及重建，改進區內公共設施。

　　3. 維護：加強區內土地使用及建築管理，改進區內公共設施，以保持其良好狀況。

　　（※前項更新地區之劃定，由直轄市、縣（市）（局）政府依各該地方情況，及按各類使用地區訂定標準，送內政部核定。）

例題 3-28

試依都市更新條例規定，詳述直轄市、縣（市）主管機關，得優先劃定為更新地區之條件。（25分）

(101 地方特考四等-營建法規概要 #4)

【參考解答】

優先劃定為更新地區：（更新-6）

1. 建築物窳陋且非防火構造或鄰棟間隔不足，有妨害公共安全之虞。

2. 建築物因年代久遠有傾頹或朽壞之虞、建築物排列不良或道路彎曲狹小，足以妨害公共交通或公共安全。

3. 建築物未符合都市應有之機能。

4. 建築物未能與重大建設配合。

5. 具有歷史、文化、藝術、紀念價值疸，亟須辦理保存維護。

6. 居住環境惡劣，足以妨害公共衛生或社會治安。

例題 3-29

請問都市更新條例中的權利變換如何進行？（25 分）

(104 地方特考四等-營建法規概要 #2)

【參考解答】

(一) 權利變換：（更新-3）

　　係指更新單元內重建區段之土地所有權人、合法建築物所有權人、他項權利人或實施者，提供土地、建築物、他項權利或資金，參與或實施都市更新事業，於都市更新事業計畫實施完成後，按其更新前權利價值及提供資金比例，分配更新後建築物及其土地之應有

部分或權利金。

例題 3-30

請依都市計畫法第 9 條規定，說明都市計畫分為那三種類型？其內容應表明那些事項？（25 分）

(104 地方特考四等-營建法規概要 #3)

【參考解答】

(一) 都市計畫種類：（都計-9、17）

　　1. 依適用地區分：

　　　　(1) 市（鎮）計畫。

　　　　(2) 鄉街計畫。

　　　　(3) 特定區計畫。

　　2. 依層級分：

　　　　(1) 主要計畫。

　　　　(2) 細部計畫。

(二) 主要計畫內容：（都計-7、15）

　　係指依下列內容所定之主要計畫書及主要計畫圖，作為擬定細部計畫之準則：

　　1. 當地自然、社會及經濟狀況之調查與分析。

　　2. 行政區域及計畫地區範圍。

　　3. 人口之成長、分布、組成、計畫年期內人口與經濟發展之推計。

　　4. 住宅、商業、工業及其他土地使用之配置。

　　5. 名勝、古蹟及具有紀念性或藝術價值應予保存之建築。

　　6. 主要道路及其他公眾運輸系統。

　　7. 主要上下水道系統。

　　8. 學校用地、大型公園、批發市場及供作全部計畫地區範圍使用之公共設施用地。

　　9. 實施進度及經費。

　　10. 其他應加表明之事項。

　　（※前項主要計畫書，除用文字、圖表說明外，應附主要計畫圖，其比例尺不得小於一萬分之一；其實施進度以五年為一期，最長不得超過二十五年。）

(三) 細部計畫內容：（都計-7、22）

　　係指依下列內容所為之細部計畫書及細部計畫圖，作為實施都市計畫之依據：

　　1. 計畫地區範圍。

　　2. 居住密度及容納人口。

　　3. 土地使用分區管制。

　　4. 事業及財務計畫。

　　5. 道路系統。

　　6. 地區性之公共設施用地。

　　7. 其他。

　　（※細部計畫圖比例尺不得小於一千二百分之一。）

例題 3-31

請依都市計畫法規定，說明都市計畫公共設施用地劃設之原則與目的，（10分）並說明公共設施保留地作為臨時建築使用時，以那幾類為限？（10分）

(101 鐵路員級-營建法規概要 #2)

【參考解答】

(一) 公共設施用地規劃原則：（都計-43）

就人口、土地使用、交通等現狀及未來發展趨勢，決定其項目、位置與面積。

(二) 公共設施保留地臨時建築以下列建築使用為限：（臨時建築-4、都計-51）

　1. 臨時建築權利人之自用住宅。

　2. 菇寮、花棚、養魚池及其他供農業使用之建築物。

　3. 小型游泳池、運動設施及其他供社區遊憩使用之建築物。

　4. 幼稚園、托兒所、簡易汽車駕駛訓練場。

　5. 臨時攤販集中場。

　6. 停車場及其他交通服務設施使用之建築物。

　7. 其他不得為妨礙指定目的之使用。但得繼續為原來之使用或改為妨礙目的較輕之使用。

例題 3-32

公共設施保留地之取得、具有紀念性或藝術價值之建築與歷史建築之保存維護及公共開放空間之提供，得以容積移轉方式辦理。請就「都市計畫容積移轉實施辦法」有關規定回答下列問題：

(一) 何謂「容積移轉」、「送出基地」、「基準容積」？（12 分）

(二) 容積移轉之送出基地種類及條件為何？（8 分）

(三) 接受基地可移入的容積上限為何？（5 分）

(102 鐵路員級-營建法規概要 #3)

【參考解答】

(一)「容積移轉」、「送出基地」、「基準容積」

　容積移轉：（容積移轉-5）

　指一宗土地容積移轉至其他可建築土地供建築使用。

　送出基地：（容積移轉-5）

　指得將全部或部分容積移轉至其他可建築土地建築使用之土地。

　基準容積：（容積移轉-5）

　指以都市計畫及其相關法規規定之容積率上限乘土地面積所得之積數。

(二) 容積移轉之送出基地種類及條件送出基地以下列各款土地為限：（容積移轉-6）

　1. 都市計畫表明應予保存或經直轄市、縣（市）主管機關認定有保存價值之建築所定著之私有土地。

　2. 為改善都市環境或景觀，提供作為公共開放空間使用之可建築土地。（其坵形應完整，面積不得小於五百平方公尺。但因法令變更致不能建築使用者，或經直轄市、縣（市）政府勘定無法合併建築之小建築基地，不在此限。）

3. 私有都市計畫公共設施保留地。但不包括都市計畫書規定應以區段徵收、市地重劃或其他方式整體開發取得者。

(三) 可移入的容積上限接受基地之可移入容積規定：（容積移轉-8）

1. 接受基地之可移入容積，以不超過該接受基地基準容積之百分之三十為原則。

2. 位於整體開發地區、實施都市更新地區、面臨永久性空地或其他都市計畫指定地區範圍內之接受基地，其可移入容積得酌予增加。但不得超過該接受基地基準容積之百分之四十。

例題 3-33

請問辦理都市計畫通盤檢討時，那些地區應辦理都市設計？（10分）又都市設計之內容宜視實際需要，表明那些事項納入細部計畫？（15分）

(103 鐵路員級-營建法規概要 #3)

【參考解答】

(一) 都市計畫通盤檢討時，下列地區應辦理都市設計，納入細部計畫：（通盤檢討-9）

1. 新市鎮。

2. 新市區建設地區：都市中心、副都市中心、實施大規模整體開發之新市區。

3. 舊市區更新地區。

4. 名勝、古蹟及具有紀念性或藝術價值應予保存建築物之周圍地區。

5. 位於高速鐵路、高速公路及區域計畫指定景觀道路二側一公里範圍內之地區。

6. 其他經主要計畫指定應辦理都市設計之地區。

(二) 都市設計應表明內容：（通盤檢討-9）

1. 公共開放空間系統配置及其綠化、保水事項。

2. 人行空間、步道或自行車道系統動線配置事項。

3. 交通運輸系統、汽車、機車與自行車之停車空間及出入動線配置事項。

4. 建築基地細分規模及地下室開挖之限制事項。

5. 建築量體配置、高度、造型、色彩、風格、綠建材及水資源回收再利用之事項。

6. 環境保護設施及資源再利用設施配置事項。

7. 景觀計畫。

8. 防災、救災空間及設施配置事項。

9. 管理維護計畫。

單元四、建築法系

📖重點內容摘要

建築法一直是國家考試中的重點，無論是早期的申論題型，到近幾年專技建築師考試的測驗題型，都是應試者應多花時間準備的章節。

近五年來，第四章部分最容易由建築法、建築師法、公寓大廈管理條例、變更使用及室內裝修等相關辦法中出題。

【歷居試題】

例題4-1

(C) 1. 下列何者不是建築物室內裝修管理辦法所稱室內裝修從業者？
(A) 營造業　　　　(B)室內裝修業　　(C)室內設計師　　(D)開業建築師

(101 建築師-營建法規與實務#6)

(C) 2. 依建築法第39條之規定，起造人未依建築物核定工程圖樣施工，下列何者得於竣工後備具竣工圖面一次報驗？
(A) 變更建築物高度或面積
(B) 變更樑柱或樓板構造
(C) 變更外牆開窗尺寸或位置
(D) 變更設備內容或位置

(101 建築師-營建法規與實務#9)

(D) 3. 有關「監造人」與「監工人」之敘述，下列何者正確？
(A) 工作內容相同，權責相同
(B) 工作內容不相同，權責相同
(C) 工作內容相同，權責不相同
(D) 工作內容不相同，權責不相同

(101 建築師-營建法規與實務#11)

(A) 4. 承造人未按核准圖說施工，而監造人認為合格經直轄市、縣（市）（局）主管建築機關勘驗不合規定，必須修改、拆除、重建或補強者，由下列何者負賠償責任？
(A) 承造人
(B) 監造人
(C) 承造人及監造人各半
(D) 保險公司

(101 建築師-營建法規與實務#12）

(B) 5. 某企業總部大樓為10層樓高之防火構造建築物，擬變更建築物停車空間之汽車及機車車位之數量、使用面積與位置，依建築法之規定應辦理：
(A) 變更建築執照
(B) 變更建築使用執照
(C) 室內裝修許可
(D) 變更雜項使用執照

(101 建築師-營建法規與實務#13）

(A) 6. 依建築法第5條之規定，總樓地板面積1000平方公尺之建築物，下列何者不是都市計畫範圍內所稱供公眾使用之建築物？
(A) 5 層樓集合住宅(B)私人辦公大樓　　(C)市場　　　　　(D)工廠

(101 建築師-營建法規與實務#15）

(D) 7. 申請建築執照，須經都市設計審議者，下列程序何者正確？
　　(A) 先送建築執照申請，待通過再送都市設計審議，最後再送建築線申請
　　(B) 先送建築線申請，待核准再送建築執照申請，最後再送都市設計審議
　　(C) 都可同時進行，只要同時核准即可
　　(D) 先送建築線及都市設計審議的申請，通過後再送建築執照的申請
（101 建築師-營建法規與實務#20）

(D) 8. 依建築師法第 16 條之規定，下列何者並非建築師業務？
　　(A) 測量　　　　(B)估價　　　　(C)檢查鑑定　　　(D)地質鑽探
（101 建築師-營建法規與實務#28）

(B) 9. 依建築法第 70 條之規定，建築工程完竣後應如何處理？
　　(A) 承造人會同監造人申請使用執照
　　(B) 起造人會同承造人及監造人申請使用執照
　　(C) 承造人會同起造人及監造人申請使用執照
　　(D) 監造人會同起造人及承造人申請使用執照
（101 建築師-營建法規與實務#29）

(D) 10. 建築師不得兼任或兼營之職業包括：
　　(A) 保險業　　　(B)公關業　　　(C)製造業　　　(D)建築材料商
（101 建築師-營建法規與實務#30）

(D) 11. 依建築師法第 4 及 45 條之規定，下列有關建築師懲戒之敘述，何者錯誤？
　　(A) 受撤銷開業證書處分者之建築師證書亦應予以撤銷
　　(B) 受停業處分累計滿 5 年者即應受廢止開業證書處分
　　(C) 受申誡 3 次者即應另受停止執行業務處分
　　(D) 受警告 3 次者即應另受申誡處分
（101 建築師-營建法規與實務#32）

(C) 12. 公寓大廈之外牆面欲設置廣告物時，除應依相關法令規定辦理外，仍應受下列何項決議之限制？
　　(A) 管理委員會
　　(B) 管理負責人
　　(C) 區分所有權人會議
　　(D) 管理服務人
（101 建築師-營建法規與實務#56）

(B) 13. 公寓大廈共用部分不得獨立使用供作專有部分，但下列何者得為約定專用部分？
　　(A) 公寓大廈之屋頂構造
　　(B) 法定停車空間
　　(C) 連通數個專有部分之走廊或樓梯
　　(D) 公寓大廈本身所占之地面
（101 建築師-營建法規與實務 57）

(D) 14. 下列何者不須載明於公寓大廈之規約中，即生效力？

    (A) 約定專用部分、約定共用部分之範圍及使用主體

    (B) 禁止住戶飼養動物之特別約定

    (C) 財務運作之監督規範

    (D) 禁止外牆面違規設置廣告物

(101 建築師-營建法規與實務#80)

(D) 15. 依建築法第 60 條之規定，承造人未按核准圖說施工，而監造人認為合格，經主管建築機關勘驗不合規定，肇致起造人蒙受損失時，下列有關賠償責任之敘述，何者正確？

    (A) 承造人及監造人共同負賠償責任，起造人負連帶責任

    (B) 監造人負賠償責任，承造人及專任工程人員負連帶責任

    (C) 監造人負賠償責任，承造人及專任工程人員負連帶責任

    (D) 承造人負賠償責任，專任工程人員及監造人負連帶責任

(102 建築師-營建法規與實務#5)

(B) 16. 依建築法之相關規定，有關建築期限之規定，下列何者錯誤？

    (A) 以開工之日起算

    (B) 以執照核發之日起算

    (C) 得申請展期一次

    (D) 展期期限為一年

(102 建築師-營建法規與實務#7)

(C) 17. 建築工程中必須勘驗部分，經主管機關於核定建築計畫時指定由何人按時申報後，方得繼續施工？

    (A) 監造人會同承造人

    (B) 承造人會同起造人

    (C) 承造人會同監造人

    (D) 起造人會同承造人

(102 建築師-營建法規與實務#12)

(A) 18. 有關免申請拆除執照之敘述，下列何者錯誤？

    (A) 為私有產權且有相關證明文件者

    (B) 造價一定金額以下或規模在一定標準以下建築物及雜項工作物

    (C) 傾頹或朽壞有危險之虞必須立即拆除之建築物

    (D) 主管建築機關通知限期拆除或強制拆除之建築物

(102 建築師-營建法規與實務#15)

(C) 19. 依建築師法第 47 及 48 條之規定，下列有關建築師懲戒之敘述何者錯誤？

    (A) 中央主管機關內政部依法須設置建築師懲戒覆審委員會

    (B) 直轄市及縣（市）主管機關依法須設置建築師懲戒委員會

    (C) 建築師懲戒委員會依法不應通知被付懲戒建築師交付懲戒事項

    (D) 被付懲戒建築師若於時限內提出答辯，委員會即不得逕行決定

(102 建築師-營建法規與實務#16)

(C) 20. 有關建築法制定目的之敘述，下列何者錯誤？
(A) 維護公共安全　(B)維護公共交通　(C)維護公共設施　(D)增進市容觀瞻
（102 建築師-營建法規與實務#17）

(D) 21. 建築法中所稱「建造」是指下列何者？①新建②增建③重建④修建⑤改建
(A) ①②③④　　(B)①②③⑤　　(C)①③④⑤　　(D)①②④⑤
（102 建築師-營建法規與實務#19）

(C) 22. 有關建築師未經依法開業登記而擅自承攬設計業務之敘述，下列何者錯誤？
(A) 勒令停止業務
(B) 處以六千元以上，三萬元以下之罰鍰
(C) 其不遵從而繼續營業者，處以兩年以下有期徒刑
(D) 拘役或科或併科三萬元以下罰金
（102 建築師-營建法規與實務#20）

(D) 23. 山坡地保育利用條例所稱主管機關在中央為：
(A) 行政院公共工程委員會
(B) 內政部營建署
(C) 行政院環境保護署
(D) 行政院農業委員會
（102 建築師-營建法規與實務#21）

(B) 24. 依建築師法第 37 條之規定，建築師公會應訂立建築師業務章則，經會員大會通過
應報請內政部核定。
下列何者並不包括在法定業務章則內？
(A) 建築師收取酬金標準
(B) 建築師委任標準契約
(C) 建築師執業業務內容
(D) 建築師應盡之責任及義務
（102 建築師-營建法規與實務#22）

(B) 25. 有關建築物室內裝修管理辦法之敘述，下列何者錯誤？
(A) 供公眾使用建築物，其室內裝修應依本辦法之規定辦理
(B) 依法登記開業之營造業與室內裝修業皆得從事室內裝修設計或施工業務
(C) 經內政部認定有必要之非供公眾使用建築物，其室內裝修應依本辦法之規定辦
理
(D) 檢附建築師、土木、結構工程技師證書及申請書得向內政部辦理申領專業施工
技術人員登記證
（102 建築師-營建法規與實務#23）

(D) 26. 公寓大廈共用部分及其相關設施之拆除、重大修繕或改良，應以何者之決議為之？
(A) 管理委員會
(B) 管理負責人
(C) 管理服務人
(D) 區分所有權人會議
（102 建築師-營建法規與實務#48）

(C) 27. 公寓大廈管理服務人員使用他人之認可證執業,中央主管機關可通知其限期改正,屆期不改正者,可停止其執行管理業務多久?
  (A) 一個月以上,三個月以下
  (B) 三個月以上,五個月以下
  (C) 六個月以上,三年以下
  (D) 四年以上,六年以下

(102 建築師-營建法規與實務#49)

(D) 28. 公寓大廈中樓地板上方之浴室漏水至下方住家時,維修費應由誰負擔?
  (A) 由樓地板上下方住戶共同負擔
  (B) 由樓地板上方住戶負擔
  (C) 由樓地板下方住戶負擔
  (D) 由樓地板上下方住戶共同負擔,但漏水係可歸責於某方所致者,由該方負責

(102 建築師-營建法規與實務#54)

(C) 29. 承造人未按核准圖說施工,而監造人認為合格經直轄市、縣(市)(局)主管建築機關勘驗不合規定,必須修改、拆除、重建或補強者,由下列何者負連帶責任?
  (A) 承造人之品管人員
  (B) 監造人
  (C) 承造人之專任工程人員及監造人
  (D) 保險公司

(103 建築師-營建法規與實務#15)

(D) 30. 依建築法第 13 條之規定,建築師受委託辦理建築物之設計及監造,應負該工程之設計及監督施工之責任。但部分建築物之結構與設備等專業工程部分,應由承辦建築師交由依法登記開業之專業工業技師負責辦理,建築師負連帶責任。所謂部分建築物係指下列何者?
  (A) 五層以上供公眾使用之建築物
  (B) 五層以上非供公眾使用之建築物
  (C) 五層以下非供公眾使用之建築物
  (D) 五層以下非供公眾使用者除外之建築物

(103 建築師-營建法規與實務#19)

(A) 31. 室內裝修業在下列何種情形,當地主管建築機關可依法報請內政部廢止室內裝修業登記證?
  (A) 受停業處分累計滿三年者
  (B) 申請登記證所檢附之文件不實者
  (C) 因可歸責於其之事由,致訂約後未依約完成工作者
  (D) 拒絕主管機關業務督導者

(103 建築師-營建法規與實務#20)

(B) 32. 建造執照申請書須有那些人簽名用印?①起造人 ②設計人 ③監造人 ④承造人
  (A) ③④   (B) ①②   (C) ①③   (D) ②③

(103 建築師-營建法規與實務#22)

(C) 33. 建築物在何種情形下不必申請「變更使用執照」？
   (A) 變更使用類組
   (B) 變更汽機車停車位
   (C) 變更分間牆
   (D) 變更分戶牆

(103 建築師-營建法規與實務#23)

(D) 34. 建築物依建築法得「強制拆除」之情況，不包含下列何者？
   (A) 未依規定辦理建築物公共安全檢查簽證或申報者
   (B) 未經核准變更使用擅自使用建築物者
   (C) 違反建築物退讓規定者
   (D) 未依規定按時申報施工勘驗者

(103 建築師-營建法規與實務#24)

(D) 35. 某建造執照案申請，於 103 年 7 月 1 日建造執照核准，起造人於 103 年 7 月 16 日接獲通知領取建造執照，起造人於 103 年 8 月 1 日領得建造執照，包括開工展期期程，起造人最晚應於何時開工？
   (A) 103 年 12 月 31 日
   (B) 104 年 1 月 15 日
   (C) 104 年 3 月 31 日
   (D) 104 年 4 月 30 日

(103 建築師-營建法規與實務#25)

(C) 36. 下列有關「畸零地」之敘述何者錯誤？
   (A) 未達規定最小面積之寬度及深度，不得建築
   (B) 於不能與鄰地達成協議時，得申請調處。調處不成時，可申請該管地方政府徵收後辦理出售
   (C) 徵收之補償，土地以當期公告現值為準，建築物以重建價格為準
   (D) 畸零地係指面積狹小或地界曲折之基地

(103 建築師-營建法規與實務#29)

(A) 37. 公寓大廈之管理負責人若無正當理由拒絕利害關係人於必要時請求閱覽公共基金餘額時，可由主管機關處以新臺幣多少之罰鍰？
   (A) 一千元以上，五千元以下
   (B) 六千元以上，一萬元以下
   (C) 一萬元以上，兩萬元以下
   (D) 兩萬元以上，三萬元以下

(103 建築師-營建法規與實務#48)

(A) 38. 依公寓大廈管理條例之規定,有關公寓大廈「專有部分」之敘述,下列何者錯誤?
(A) 係指公寓大廈共用部分經約定供特定區分所有權人使用者
(B) 係指公寓大廈之一部分,具有使用上之獨立性,且為區分所有標的者
(C) 專有部分不得與其所屬建築物共用部分之應有部分及其基地所有權或地上權之應有部分分離而移轉
(D) 區分所有權人對專有部分之利用,不得有違反區分所有權人共同利益之行為

(103 建築師-營建法規與實務#49)

(A) 39. 公寓大廈之住戶若違反相關規定,任意裝設鐵窗,經管理委員會制止而不遵從者,除報請主管機關處理外,該住戶最長應於幾個月內自行恢復原狀?
(A) 1　　　　　(B)2　　　　　(C)3　　　　　(D)6

(103 建築師-營建法規與實務#50)

(C) 40. 依據公寓大廈管理條例,下列何者可為約定專用部分?
(A) 社區內巷道
(B) 連通專有部分之走廊
(C) 依法令退縮之露臺
(D) 公寓大廈本身所占之地面

(103 建築師-營建法規與實務#51)

(B) 41. 依招牌廣告及樹立廣告管理辦法,設置於地面及屋頂之樹立廣告,高度各超過多少 m 應申請雜項執照?
(A) 地面 3 m,屋頂 6 m
(B) 地面 6 m,屋頂 3 m
(C) 地面 3 m,屋頂 3 m
(D) 地面 6 m,屋頂 6 m

(103 建築師-營建法規與實務#65)

(D) 42. 下列何者不是建築師詳細設計之項目?
(A) 結構計算　　　(B)給排水　　　(C)電氣　　　(D)現場施作放樣圖

(103 建築師-營建法規與實務#75)

(C) 43. 建築物申請變更使用須施工者,經直轄市、縣(市)主管建築機關審查合格後,發給同意變更文件,並核定施工期限,不含展期,最長不得超過多久?
(A) 6 個月　　　(B)1 年　　　(C)2 年　　　(D)3 年

(104 建築師-營建法規與實務#4)

(D) 44. 依建築物室內裝修管理辦法之規定,下列何者不是「室內裝修從業者」?
(A) 開業建築師　　(B)室內裝修業　　(C)土木包工業　　(D)機電技師

(104 建築師-營建法規與實務#8)

(C) 45. 依建築法規定建築物施工時,下列何者得於竣工後修正竣工圖報驗,免辦理變更設計?
(A) 變更結構樑平面位置
(B) 變更建築物高度
(C) 變更立面窗戶尺寸
(D) 變更昇降機位置

(104 建築師-營建法規與實務#14)

(B) 46. 建築法規定,建築物設計人及監造人為建築師,以依法登記開業之建築師為限,但有關建築物專業工程部分,除五層以下非供公眾使用之建築物外,應由承辦建築師交由依法登記開業何種專業工業技師負責辦理?①結構技師 ②電機技師 ③空調技師 ④景觀技師 ⑤室內設計技師
(A) ②④　　　　(B)①②　　　　(C)①④　　　　(D)③⑤

(104 建築師-營建法規與實務#15)

(A) 47. 建築師法第 46 條有關建築師違反建築師法之規定,下列何者為唯一撤照處分?
(A) 允諾他人假借其名義執行業務
(B) 洩漏因執行業務而知悉他人之秘密
(C) 擔任營造業之負責人或主任技師或技師
(D) 拒絕襄助辦理主管機關指定之災害有關事項

(104 建築師-營建法規與實務#16)

(C) 48. 依建築師法第 50 條之規定,下列何者負責執行建築師懲戒事宜?
(A) 公共工程委員會
(B) 內政部營建署
(C) 直轄市、縣(市)主管機關
(D) 各個建築師公會

(104 建築師-營建法規與實務#19)

(B) 49. 室內裝修申請竣工查驗時,下列何者不屬於應檢附之圖說文件?
(A) 申請書
(B) 前次核准建築執照平面圖
(C) 原領室內裝修審核合格文件
(D) 其他經內政部指定文件

(104 建築師-營建法規與實務#23)

(C) 50. 公寓大廈起造人未經領得建築執照,即辦理對外銷售,得由直轄市、縣(市)主管機關處以下列何種罰鍰,並得令其限期改善?
(A) 一萬元以上,兩萬元以下
(B) 兩萬元以上,三萬元以下
(C) 四萬元以上,二十萬元以下
(D) 三十萬元以上,五十萬元以下

(104 建築師-營建法規與實務#51)

(D) 51. 公寓大廈區分所有權人會議之決議，除規約另有規定外，有關出席比例規定之敘述，下列何者正確？
(A) 應有區分所有權人及其區分所有權比例各 1/2 以上
(B) 應有區分所有權人及其區分所有權比例各 3/4 以上
(C) 應有區分所有權人 1/2 及其區分所有權比例 2/3 以上
(D) 應有區分所有權人 2/3 以上及其區分所有權比例合計 2/3 以上

(104 建築師-營建法規與實務#52)

(A) 52. 住戶若積欠公寓大廈管理條例規定應分擔之費用，經強制執行後再度積欠金額達其區分所有權總價百分之一以上時，可由管理委員會促請該住戶最長必須於幾個月內改善？
(A) 3   (B)4   (C)5   (D)6

(104 建築師-營建法規與實務#53)

(A) 53. 公寓大廈之區分所有權人會議由全體區分所有權人組成，依規定每年至少應召開定期會議幾次？
(A) 1   (B)2   (C)3   (D)4

(104 建築師-營建法規與實務#54)

(B) 54. 有關公寓大廈管理之敘述，下列何者正確？
(A) 起造人於召開區分所有權人會議，成立管理委員會前，為公寓大廈之管理服務人
(B) 公寓大廈之起造人或建築業者不得將共用部分讓售於特定人
(C) 公寓大廈起造人或建築業者，非經領得使用執照，不得辦理銷售
(D) 起造人就公寓大廈領得使用執照 3 年內，設置公共基金

(104 建築師-營建法規與實務#73)

(B) 55. 建築法之適用範圍不包括下列何者？
(A) 實施都市計畫地區
(B) 實施綜合計畫地區
(C) 經內政部指定地區
(D) 供公眾使用及公有建築物

(105 建築師-營建法規與實務#18)

(A) 56. 總樓地板面積 400 平方公尺之下列用途建築物,何者不是供公眾使用建築物之範圍的建築物？
(A) 市場   (B)餐廳   (C)咖啡廳   (D)補習班

(105 建築師-營建法規與實務#20)

(D) 57. 建築法中所定義之「改建」、「修建」，以及都市更新條例處理都市更新時所稱之「重建」、「整建」。下列敘述何者正確？
(A) 建築物之基礎、樑柱、樓地板、屋架等，其中任何一種有過半之修理或變更即稱為重建
(B) 將建築物之一部分拆除，於原基地範圍內改造，而不增高或擴大面積者稱為修建
(C) 建築物之改建應請領建造執照，修建應請領雜項執照

(D) 整建係指改建、修建更新地區內建築物或充實其設備，並改進區內公共設施

(B) 58. 依建築法第 13 條之規定，建築物中部分專業工程之設計與監造，應由承辦建築師交由依法登記開業之專業工業技師負責辦理，下列何者正確？
(A) 景觀照明與水土保持工程
(B) 電力設備與中央空調工程
(C) 音響設備與結構工程
(D) 庭園植栽與消防工程

(A) 59. 依建築法第 39 條規定之敘述，依照核定工程圖樣施工是下列何者的責任？
(A) 起造人 　　　(B)承造人 　　　(C)設計人 　　　(D)監造人

(B) 60. 依建築法規定起造人於領得建造執照之日起，應於多久時限內開工？
(A) 3 個月 　　　(B)6 個月 　　　(C)1 年 　　　(D)2 年

(A) 61. 下列何者違反建築法罰則最重處 1 年以下有期徒刑？
(A) 擅自承攬建築物之設計業務者，經勒令停止業務，其不遵從而繼續營業者
(B) 擅自建造、使用、拆除者
(C) 未依照核定工程圖樣及說明書施工者
(D) 供公眾使用建築物公共安全檢查簽證內容不實者

(C) 62. 依建築法第 61 條之規定，建築物在施工中如高度與核定工程圖樣不符，監造人應如何處理？
(A) 勒令停工，並分別通知承造人及起造人修改
(B) 勒令停工，並分別通知承造人及起造人修改，同時申報主管建築機關處理
(C) 分別通知承造人及起造人修改
(D) 分別通知承造人及起造人修改，同時申報主管建築機關處理

(B) 63. 依建築師法規定，下列敘述何者錯誤？
(A) 建築師開業證書有效期間為 6 年
(B) 依公務人員任用法任用之公務人員得兼任開業建築師
(C) 建築師不得兼營營造業
(D) 5 層以下非供公眾使用建築物之結構與設備等專業工程部分，建築師得自行負責辦理

(B) 64. 依建築師法第 22 條之規定，建築師受委託辦理業務，應遵守相關規定，下列何者正確？

(A) 應與委託人於事前約定工作酬金及工作範圍後方可進行服務，事後補訂書面契約

(B) 應與委託人於事前約定工作酬金及工作範圍並訂定書面契約後，方可進行服務

(C) 應與委託人於事前約定工作酬金後方可進行服務，並事後補訂書面契約確認工作範圍

(D) 應與委託人於事前約定工作範圍後方可進行服務，並於事後確認工作酬金

(105 建築師-營建法規與實務#28)

(C) 65. 有關「特種建築物」及「特定建築物」之敘述，下列何者正確？

(A) 特定建築物因用途特殊，得經行政院之許可，不適用建築法全部或一部之規定

(B) 汽車加油站、學校、市場屬特定建築物之範圍；歌廳、舞廳、夜總會屬特種建築物之範圍

(C) 免申請建築執照之特種建築物，除涉及國家機密者外，起造人仍應於開工前及完工後，檢具圖說送請當地主管建築機關備查

(D) 特種建築物其基地超過 2,000 平方公尺者，臨接面前道路之長度不得小於 10 公尺

(105 建築師-營建法規與實務#29)

(C) 66. 下列何者不是「建築物公共安全檢查簽證及申報辦法」中所規定安全檢查簽證之防火避難設施項目？

(A) 屋頂避難平台　　(B) 安全梯　　　　(C) 昇降設備　　　(D) 直通樓梯

(105 建築師-營建法規與實務#30)

(C) 67. 申請室內裝修審核時，經主管建築機關查明無前次核准的室內裝修圖說，得以下列何者之簽證，符合規定之現況圖代替之？

(A) 室內裝修專業設計技術人員

(B) 室內裝修專業施工技術人員

(C) 開業建築師

(D) 公證機構之公證人員

(105 建築師-營建法規與實務#31)

(B) 68. 依「招牌廣告及樹立廣告管理辦法」規定，樹立廣告之許可有效期限為幾年，屆期應重新申請審查許可或恢復原狀？

(A) 3　　　　　　　(B) 5　　　　　　　(C) 6　　　　　　(D) 8

(105 建築師-營建法規與實務#32)

(C) 69. 下列何者不屬於建築法所稱之供公眾使用建築物？

(A) 3 樓以上的市立圖書館

(B) 總樓地板面積 800 平方公尺的超級市場

(C) 5 樓以下的集合住宅

(D) 總樓地板面積 600 平方公尺的農會營業所

(105 建築師-營建法規與實務#42)

(C) 70. 公寓大廈專有部分以外之其他部分及不屬專有之附屬建築物，而供共同使用者，是指下列那一部分？

(A) 約定共用　　　(B)約定專用　　　(C)共用　　　(D)專有

(105 建築師-營建法規與實務#48)

(D) 71. 有關公寓大廈管理條例之相關規定，下列敘述何者正確？

(A) 區分所有權人可將專有部分與共用部分分別售予不同買受人

(B) 約定專用部分指公寓大廈之一部分，具有使用上之獨立性

(C) 約定共用部分，指公寓大廈共用部分經約定供特定區分所有權人使用者

(D) 公寓大廈內業經取得停車空間建築物所有權者亦稱為住戶

(105 建築師-營建法規與實務#49)

(D) 72. 公寓大廈之住戶因為設置管線而必須使用共用管道間時，須取得何者之同意後為之？

(A) 當層住戶　　　(B)上下層住戶　　　(C)全體住戶　　　(D)管理委員會

(105 建築師-營建法規與實務#50)

(C) 73. 依公寓大廈管理條例規定，專有部分之共同壁及其內之管線，因年久老化必須修繕，其維修費用該由下列何者負擔？

(A) 管線之所有權人負擔

(B) 全體區分所有權人負擔

(C) 共同壁雙方之區分所有權人共同負擔

(D) 管理委員會決議負擔方式

(105 建築師-營建法規與實務#51)

(C) 74. 公寓大廈成立管理委員會時，其主任委員應如何產生？

(A) 由全體住戶選舉選出

(B) 由全體區分所有權人選舉選出

(C) 由管理委員互推一人

(D) 由起造人擔任

(105 建築師-營建法規與實務#52)

例題4-2

區分所有權人併購隔壁的專有部分之後，僱工將相鄰牆壁打通，擴大客廳空間。在何種情形下，應認定屬違反公寓大廈管理條例之規定？（20分）

(101 高等考試三級-營建法規#2)

例題4-3

請依建築法及其相關規定回答下列問題：

(一) 依建築基地法定空地分割辦法，「法定空地併同建築物分割」與「法定空地超過應保留面積部分之分割」二者要件有何不同？（10分）

(二) 何謂建築物之「主要構造」？「建築物興建中」與「已領得使用執照之建築物」之主要構造變更應辦理何種申請？（15分）

(101 高等考試三級-建管行政#4)

建築法系

例題4-4

名詞解釋：（每小題 5 分，共 25 分）

(四) 管理服務人

(102 高等考試三級-營建法規 #1)

例題4-5

名詞解釋：（每小題 4 分，共 20 分）

(一)公寓大廈管理條例之「區分所有」

(102 高等考試三級-建管行政 #1)

例題4-6

名詞解釋：（每小題 4 分，共 20 分）

(三)建築物室內裝修管理辦法之「室內裝修從業者」

(102 高等考試三級-建管行政 #1)

例題4-7

名詞解釋：（每小題 4 分，共 20 分）

(五)招牌廣告及樹立廣告管理辦法之「樹立廣告」

(102 高等考試三級-建管行政 #1)

例題4-8

請依公寓大廈管理條例及建築法規定回答下列問題：

(一) 何謂公寓大廈？公寓大廈之重建，應經全體區分所有權人及基地所有權人、地上權人或典權人之同意。但有那些情形之一者，不在此限？（12 分）

(二) 建築物非經領得使用執照，不准接水、接電及使用。但直轄市、縣（市）政府認有那些情事之一者，得另定建築物接用水、電相關規定？（8 分）

(102 高等考試三級-建管行政 #2)

例題4-9

請依建築物室內裝修管理辦法及建築法規定回答下列問題：

(一) 室內裝修，指除壁紙、壁布、窗簾、家具、活動隔屏、地氈等之黏貼及擺設外之那些行為？（8 分）

(二) 建築物室內裝修應遵守那些規定？（12 分）

(102 高等考試三級-建管行政 #3)

例題4-10

依據建築物室內裝修管理辦法規定，何謂「室內裝修」？（5 分）其中第 33 條規定之申請審核程序較第 22 條及第 23 條簡易，試問第 33 條規定之申請範圍與樓層之樓地板面積限制為何？（10 分）又其申請審核程序為何？（10 分）

(103 高等考試三級-營建法規 #1)

例題4-11

按內政部訂頒建造執照及雜項執照規定項目審查及簽證項目抽查作業要點之規定，「基地符合禁限建規定」乃主管建築機關審查執照應審查項目之一，請就相關法令例舉 10 項原因說明那些情形須禁建或限建？其法令依據、限制內容、主管機關為何？（25 分）

(103 高等考試三級-建管行政 #3)

例題4-12

建築法第 56 條規定，建築工程中必須勘驗部分，應由直轄市、縣（市）主管建築機關於核定建築計畫時，指定由承造人會同監造人按時申報後，方得繼續施工，主管建築機關得隨時勘驗之。試概要說明建築工程必須勘驗部分及勘驗項目，並探討如主管建築機關勘驗發現建築物在施工中，主要構造或位置或高度或面積與核定工程圖樣及說明書不符，有危害公共安全之情事時，應如何處理？（25 分）

(104 高等考試三級-營建法規 #1)

例題4-13

隨著建築物規模大型化、樓層立體化與設備複雜化的發展，防火安全備受重視，為提升居住安全，除了消防法規外，營建法規中對於建築物之防火也有許多規定，試概要說明建築法、建築技術規則、建築物室內裝修管理辦法中有關建築物防火之規定。（25 分）

(104 高等考試三級-營建法規 #2)

例題4-14

為減少因開發山坡地而造成公共災害，山坡地建築涉及土方開挖、邊坡穩定等項目，須先行申請雜項執照。試依山坡地建築管理辦法及加強山坡地雜項執照審查及施工查驗執行要點，概要說明有關山坡地建築雜項工程施工管理與維護公共安全之規定。（25 分）

(104 高等考試三級-營建法規 #4)

例題4-15

請簡要回答下列問題：（每小題 10 分，共 30 分）

(一) 有關公寓大廈專用部分之管理，區分所有權人併購同樓層相鄰兩戶之專有部分後，若欲僱工將相鄰牆壁打通，擴大室內使用空間，其規定如何？

(二) 有關公寓大廈共用部分之管理，區分所有權人購買頂樓房屋，於購屋時所簽訂的買賣契約書約定：「屋頂平台除由建商統一劃出之公共設施範圍外，歸頂樓住戶共同保管使用」。此屋頂平台專用使用範圍有何限制？

(104 高等考試三級-建管行政 #1)

例題4-16

繼 921 震災後，本年初又發生 0206 地震，造成建築物倒塌與百餘人傷亡及財物損失。初步調查除結構體受損外，尚有土壤液化引發之問題。請依建築法及建築技術規則構造篇等相關法規，回答下列問題：

(一) 請說明建築行為人就大樓倒塌可能應負之責任。（10 分）

(二) 請說明供公眾使用建築物之地基調查應辦理地下探勘，其方法有那些？若位於砂土層有液化之虞者，其地基調查應如何分析？（5 分）

(三) 並請試擬對既有及未來新建之建築物如何提升其耐震安全。（10 分）

(105 高等考試三級-營建法規 #4)

例題4-17

名詞解釋：（每小題 5 分，共 25 分）

(二)建築師法之「懲戒處分」

(105 高等考試三級-建管行政 #1)

建築法系

例題4-18

提升居住品質，使全體國民居住於適宜之住宅且享有尊嚴之居住環境，是全民的心願。請依
法令說明：

(四)為了加強公寓大廈之管理維護，如果住戶於公寓大廈內依法經營餐飲、瓦斯、電焊或其
他危險營業或存放有爆炸性或易燃性物品者，在公共意外責任保險金額有何規定？（5 分）

(105 高等考試三級-建管行政 #4)

例題4-19

試依建築法規定，詳述實施建築物室內裝修時，應委由何資格者辦理，及在執行中應遵守那
些規定？（25 分）

(101 地方特考三等-營建法規 #1)

例題4-20

老舊的公寓大廈，住戶之間常因專有部分之共同壁及樓地板或其內之管線的維護修繕費用分
擔而爭執衝突，或重建與否也會引發區分所有權人的爭議。試依公寓大廈管理條例規定，回
答下列問題：

(一) 何謂專有部分？並申論上述維修費用負擔責任歸屬。（10 分）

(二) 何謂區分所有？在那些情況之下，公寓大廈之重建，不需經全體區分所有權人及基地所
有權人、地上權人或典權人之同意？試申述之（15 分）

(101 地方特考三等-建管行政 #1)

例題4-21

維護公共安全為建築法立法的重要旨意之一，試依建築法及建築物公共安全檢查簽證及申報
辦法之規定，回答下列問題：

(一) 建築物公共安全檢查應由那些行為人負責申報？試申述之。（10 分）

(二) 經中央主管建築機關認可之專業機構或人員，應檢查簽證之有關建築物公共安全有那些
項目？（15 分）

(101 地方特考三等-建管行政 #2)

例題4-22

請依建築法第 28 條及第 29 條，說明建築執照種類及其規費或工本費之規定。（25 分）

(102 地方特考三等-營建法規 #3)

例題4-23

試說明建築法第 32 條申請建築許可之工程圖樣及說明書應包括那些項目。（25 分）

(102 地方特考三等-建管行政 #4)

例題4-24

請依山坡地建築管理辦法第 4 條之規定，說明起造人申請雜項執照時，應檢附那些規定之文
件？（25 分）

(103 地方特考三等-營建法規 #2)

例題4-25

請依建築法第 32 條之規定，說明工程圖樣及說明書應包括那些規定之內容？（25 分）

(103 地方特考三等-營建法規 #4)

例題4-26

請以流程圖說明申請建造執照的標準作業為何？（25 分）

(103 地方特考三等-建管行政 #2)

例題4-27

請依據建築師法，說明建築師於法律上的主要權利與責任應該為何？（25 分）

(103 地方特考三等-建管行政 #3)

例題4-28

請依建築法第 71 條說明，申請建築物使用執照時，應檢附那些文件？（25 分）

(104 地方特考三等-營建法規 #1)

例題4-29

試說明建築法第 58 條規定，建築物在施工中，直轄市、縣（市）（局）主管建築機關認有必要時，得隨時加以勘驗，發現那些情事，應以書面通知承造人或起造人或監造人，勒令停工或修改；必要時，得強制拆除？（25 分）

(104 地方特考三等-建管行政 #3)

例題4-30

試說明建築法第 77 條建築物室內裝修應遵守之規定。（25 分）

(104 地方特考三等-建管行政 #4)

例題4-31

建築法第 77 條規定，建築物所有權人、使用人應維護建築物合法使用與其構造及設備安全。試依「建築法」、「建築物室內裝修管理辦法」與「建築物公共安全檢查簽證及申報辦法」等營建法規，說明有關維護建築物安全應符合之規定內容要項。（25 分）

(105 地方特考三等-營建法規 #1)

例題4-32

建築法第 54 條規定，起造人自領得建造執照或雜項執照之日起，應於 6 個月內開工；並應於開工前，會同承造人及監造人將開工日期，連同姓名或名稱、住址、證書字號及承造人施工計畫書，申請該管主管建築機關備查。試依建築施工管理相關規定，說明建築工程施工計畫書應包括之內容。（25 分）

(105 地方特考三等-營建法規 #4)

例題4-33

請回答下列問題：（每小題 5 分，共 25 分）

(一)建築師之開業要件為何？

(105 地方特考三等-建管行政#1)

例題4-34

試以表列說明建築物公共安全檢查簽證及申報項目？其與「消防安全設備檢修申報」有何不同？（25 分）

(105 地方特考三等-建管行政#3)

例題4-35

面對環境變化，試論我國建築管理未來之重點目標與發展課題。（25 分）

(105 地方特考三等-建管行政#4)

建築法系

例題4-36
請依建築法及建築物室內裝修管理辦法規定,說明何者為室內裝修從業者及其業務範圍?（10分）並說明其辦理建築物室內裝修應遵守那些規定?（15分）

(101 鐵路高員三級-營建法規 #2)

例題4-37
都市計畫法明文規定:都市計畫經發布實施後,應依建築法之規定,實施建築管理。試問實施建築管理的目的?（5分）依建築法立法之旨意建築物的生命週期過程中,政府以執照之許可為建築管理之機制,試問建築執照的種類並申述之?（10分）又未經建築執照許可之違法行為如何處罰?（10分）

(101 鐵路高員三級-建管行政 #1)

例題4-38
依括號內法規解釋下列用語:
(四)建造（建築法）（4分）

(101 鐵路高員三級-建管行政 #4)

例題4-39
何謂「建築物公共安全檢查簽證及申報制度」?（5分）檢查簽證項目為何?（10分）以火車站為例,其建築物規模、申報期間及申報頻率為何?（5分）

(102 鐵路高員三級-營建法規 #5)

例題4-40
為維護公共安全、公共交通、公共衛生及增進市容觀瞻,請問建築法對於建築基地有那些相關規定?（25分）

(103 鐵路高員三級-營建法規 #1)

例題4-41
都市地區之公寓大廈住戶常擔心兒童墜落;而部分老舊公寓建築外觀又因遭受嚴重風化或室內環境品質欠佳,居民亦亟思重建。請依公寓大廈管理條例等相關規定,回答下列問題:
(一) 何謂「公寓大廈」?（5分）
(二) 公寓大廈辦理重建,應符合那些規定?（10分）
(三) 公寓大廈之外牆開口部或陽臺,應如何設置防墜設施?（10分）

(103 鐵路高員三級-建管行政 #3)

例題4-42
建築執照之審查核發為建管行政之主要工作之一,請依建築法等相關規定回答下列問題:
(一) 請說明建築執照之種類。(5分)
(二) 請說明建築主管機關與建築行為人對建築執照之核發,各應負之責任。(5分)
(三) 何謂 BIM（Building information modeling）?（5分）
(四) 如何運用 BIM 或其他資訊技術,改進建築管理業務?（10分）

(103 鐵路高員三級-建管行政 #4)

例題4-43

公寓大廈之地下室停車位如為共用部分,是否可與公寓大廈之專有部分分別轉讓,請詳述相關規定。(15分)又,此種共用部分停車位是否可單獨出租予非公寓大廈住戶之他人?(10分)

(101 公務人員普考-營建法規概要 #1)

例題4-44

某建商於興建高層住宅期間,因建築物下部結構深開挖,似造成工地周遭鄰房有受損之情形。但因各鄰房受損害情形不一,且部分鄰房受損害之舉證亦不夠充實,使得建商與各鄰房所有人間因損鄰爭議事件紛擾不止。受損戶遂集體向當地建管主管機關陳情,請求主管機關介入處理。該機關依據○○市建築物施工損鄰爭議事件處理要點,要求建商依據該要點與各受損戶解決損鄰爭議。惟該建商並未能依據該處理要點與各受損戶達成和解,且在未與所有受損戶達成和解之情形下,工程已達到完工程度,並向建管主管機關請領使用執照。

(一) 試依中央法規標準法令體系,評述該「○○市建築物施工損鄰爭議事件處理要點」之性質與拘束效果。(10分)

(二) 國內各縣市政府皆設有類似之損鄰爭議事件處理要點。請列舉此類要點中,解決損鄰爭議之主要手段與機制。(10分)

(三) 倘該建商無視於建管主管機關之要求,命其依據前開要點與受損戶達成補償或賠償,建管主管機關得否據此理由,而拒發使用執照,請詳述理由。(10分)

參考法條

建築法第 26 條直轄市、縣(市)(局)主管機關依本法規定核發之執照,僅為對申請建造、使用或拆除之許可。建築物起造人、或設計人、或監造人、或承造人,如侵害他人財產,或肇致危險或傷害他人時,應視其情形,分別依法負其責任。

建築法第 58 條第 3 款建築在施工中,直轄市、縣(市)(局)主管建築機關認有必要時,得隨時加以勘驗,發現有危害公共安全者,應以書面通知承造人或起造人或監造人,勒令停工或修改;必要時,得強制拆除。

(101 公務人員普考-營建法規概要 #2)

建築法系

例題4-45

有關依據建築技術規則建築設計施工編第2條規定留設「私設道路」申請核發建造執照並領有使用執照，該「私設道路」遭土地所有權人等設置路障及障礙物等阻塞，導致無法通行時，應依何種法律規範處理？（20分）

參考法條

建築技術規則建築設計施工編第2條（私設通路之寬度）

基地應與建築線相連接，其連接部份之最小長度應在二公尺以上。基地內私設通路之寬度不得小於左列標準：

一、長度未滿十公尺者為二公尺。

二、長度在十公尺以上未滿二十公尺者為三公尺。

三、長度大於二十公尺為五公尺。

四、基地內以私設通路為進出道路之建築物總樓地板面積合計在一、〇〇〇平方公尺以上者，通路寬度為六公尺。

五、前款私設通路為連通建築線，得穿越同一基地建築物之地面層；穿越之深度不得超過十五公尺；該部份淨寬並應依前四款規定，淨高至少三公尺，且不得小於法定騎樓之高度。

前項通路長度，自建築線起算計量至建築物最遠一處之出入口或共同入口。

(101 公務人員普考-營建法規概要 #3)

例題4-46

名詞解釋：（每小題 5 分，共25 分）

(五) 公寓大廈之住戶

(102 公務人員普考-營建法規概要 #1)

例題4-47

請試述下列名詞之意涵：（每小題5分，共25分）

(二) 特種建築物

(103 公務人員普考-營建法規概要 #1)

例題4-48

請試述下列名詞之意涵：（每小題5分，共25分）

(五) 公寓大廈共用部分

(103 公務人員普考-營建法規概要 #1)

例題4-49

依據建築法規定，建築物所有權人、使用人應維護建築物合法使用與其構造及設備安全，應定期申報並檢查供公眾使用之建築物，請依據建築物公共安全檢查簽證及申報辦法規定，說明建築物公共安全檢查申報客體（10分）、申報主體（10分）及申報規模，（10分）請以建築物之所有權人及建築使用用途之不同說明之。

(103 公務人員普考-營建法規概要 #4)

例題4-50

近年來建築物多朝高層化、複合化發展，建築工程施工一有不慎，往往影響公共安全，營建法規中對於施工與維護公共安全管理也有許多規定，試概要說明建築法第5 章中有關施工管理之規定。（25 分）

(104 公務人員普考-營建法規概要 #1)

例題4-51
近年來由於住宅供需問題引起諸多討論，公私部門相繼投入住宅興建。請依中央法規標準法、建築法、建築技術規則、住宅法及政府採購法等規定，回答下列問題：
(二) 就建築整體生命週期而言，應請領那些建築執照？（5 分）

(105 公務人員普考-營建法規概要 #1)

例題4-52
就營建業務而言，將涉及建築法之適用範圍，建築師之設計監造與營造業之承造施工，請依建築法、建築師法及營造業法回答下列問題：
(一) 建築法之實施適用於那些地區？（10 分）

(105 公務人員普考-營建法規概要 #3)

例題4-53
就營建業務而言，將涉及建築法之適用範圍，建築師之設計監造與營造業之承造施工，請依建築法、建築師法及營造業法回答下列問題：
(二) 建築師不得兼任那些職業？（10 分）

(105 公務人員普考-營建法規概要 #3)

例題4-54
試詳述制定建築法之宗旨及其適用地區。（25 分）

(101 地特四等-營建法規概要 #1)

例題4-55
建築物之興建，通常都有起造人、承造人、設計人及監造人，請依建築法之規定分別說明之。
（25 分）

(102 地特四等-營建法規概要 #4)

例題4-56
依建築法第74條之規定，說明申請變更使用執照，應備具申請書並檢附那些規定之文件？（25 分）

(103 地特四等-營建法規概要 #1)

例題4-57
請依建築物室內裝修管理辦法第 23 條規定，說明申請室內裝修審核時，應檢附那些圖說文件？（25 分）

(104 地特四等-營建法規概要 #4)

例題4-58
依據公寓大廈管理條例規定，請詳述那些狀況下公寓大廈之共用部分，依法不得做為約定專用部分。（25 分）

(105 地特四等-營建法規概要 #2)

例題4-59
請依現行建築法、建築技術規則、區域計畫法、都市計畫法、政府採購法及相關營建法規簡要回答下列問題：
(三) 何謂「山坡地保育區」？（5 分）

(101 鐵路員級-營建法規概要 #1)

建築法系

例題4-60

請依建築法相關規定，說明何謂「建築物」？（5分）應請領建造執照之建築行為有那幾種？
（20分）

(101 鐵路員級-營建法規概要 #3)

例題4-61

山坡地應於雜項工程完工查驗合格後，領得雜項工程使用執照，始得申請建造執照。

試問：雜項工程進行時，依規定應做好那些安全防護措施？（25 分）

(102 鐵路員級-營建法規概要 #1)

例題4-62

依建築法規定，涉及建造行為以外主要構造、防火區劃、防火避難設施、消防設備、停車空
間及其他與原核定使用不合之變更者，應申請變更使用執照。請就「建築物使用類組及變更
使用辦法」之規定詳細說明那些設施或設備之變更須申請變更使用執照？（25 分）

(102 鐵路員級-營建法規概要 #4)

例題4-63

依據建築物無障礙設施設計規範及建築技術規則之規定，請試述下列用辭之意涵：（每小題 5
分，共 25 分）

(二) 建築面積

(103 鐵路員級-營建法規概要 #1)

例題4-64

依據建築物無障礙設施設計規範及建築技術規則之規定，請試述下列用辭之意涵：（每小題 5
分，共 25 分）

(三) 基地地面

(103 鐵路員級-營建法規概要 #1)

【參考題解】

例題 4-2

區分所有權人併購隔壁的專有部分之後，僱工將相鄰牆壁打通，擴大客廳空間。在何種情形下，應認定屬違反公寓大廈管理條例之規定？（20分）

(101 高等考試三級-營建法規#2)

【參考解答】

(一) 建築物之主要構造：（建築法-8）

基礎、主要樑柱、承重牆壁、樓地板及屋頂之構造。

(二) 公寓大廈共用部分不得獨立使用供做專有部分。其為下列各款者，並不得為約定專用部分：（公寓-7）

1. 公寓大廈本身所占之地面。

2. 連通數個專有部分之走廊或樓梯，及其通往室外之通路或門廳；社區內各巷道、防火巷弄。

3. 公寓大廈基礎、主要樑柱、承重牆壁、樓地板及屋頂之構造。

4. 約定專用有違法令使用限制之規定者。

5. 其他有固定使用方法，並屬區分所有權人生活利用上不可或缺之共用部分。

(三) (公寓-16)

住戶為維護、修繕、裝修或其他類似之工作時，未經申請主管建築機關核准，不得破壞或變更建築物之主要構造。

例題 4-3

請依建築法及其相關規定回答下列問題：

(一) 依建築基地法定空地分割辦法，「法定空地併同建築物分割」與「法定空地超過應保留面積部分之分割」二者要件有何不同？（10分）

(二) 何謂建築物之「主要構造」？「建築物興建中」與「已領得使用執照之建築物」之主要構造變更應辦理何種申請？（15分）

(101 高等考試三級-建管行政#4)

【參考解答】

(一) 建築基地法定空地併同建築物分割條件：（建築基地法定空地分割辦法-3）

1. 每一建築基地之法定空地與建築物所占地面應相連接，連接部分寬度不得小於二公尺。

2. 每一建築基地之建蔽率應合於規定。

3. 每一建築基地均應連接建築線並得以單獨申請建築。

4. 每一建築基地之建築物應具獨立之出入口。

法定空地超過應保留面積部分之分割：（建築基地法定空地分割辦法-4）

建築基地空地面積超過依法應保留之法定空地面積者，其超出部分之分割，應以分割後能單獨建築使用或已與其鄰地成立協議調整地形或合併建築使用者為限。

建築法系

(二) 建築物之主要構造：（建築法-8）

基礎、主要樑柱、承重牆壁、樓地板及屋頂之構造。

1. 起造人應依照核定工程圖樣及說明書施工

(1) 須辦理變更設計者：

如於興工前或施工中變更設計時，應依法申請辦理。

(2) 不須辦理變更設計，得於竣工後，備具竣工平面、立面圖，一次報驗：

（建築法-39）

a. 不變更主要構造或位置。

b. 不增加高度或面積。

c. 不變更建築物設備內容或位置者。

2. 須申請變更使用執照之情況：（建築法-73）

建築物應依核定之使用類組使用，其有

(1) 變更使用類組。或

(2) 有第九條建造行為以外主要構造、防火區劃、防火避難設施、消防設備、停車空間
及其他與原核定使用不合之變更者，應申請變更使用執照。

例題 4-4

名詞解釋：（每小題 5 分，共 25 分）

(四) 管理服務人

(102 高等考試三級-營建法規 #1)

【參考解答】

(四) 管理服務人：（公寓-3）

指由區分所有權人會議決議或管理負責人或管理委員會僱傭或委任而執行建築物管理維
護事務之公寓大廈管理服務人員或管理維護公司。

例題 4-5

名詞解釋：（每小題 4 分，共 20 分）

(一)公寓大廈管理條例之「區分所有」

(102 高等考試三級-建管行政 #1)

【參考解答】

(一)區分所有：（公寓-3）

指數人區分一建築物而各有其專有部分，並就其共用部分按其應有部分有所有權。

例題 4-6

名詞解釋：（每小題 4 分，共 20 分）

(三)建築物室內裝修管理辦法之「室內裝修從業者」

(102 高等考試三級-建管行政 #1)

【參考解答】

(三) 室內裝修從業者及其業務範圍：(裝修-4、5)

本辦法所稱室內裝修從業者，指開業建築師、營造業及室內裝修業。

1. 依法登記開業之建築師：得從事室內裝修設計業務。

2. 依法登記開業之營造業：得從事室內裝修施工業務。

3. 室內裝修業：得從事室內裝修設計或施工之業務。

例題 4-7

名詞解釋：(每小題 4 分，共 20 分)

(五)招牌廣告及樹立廣告管理辦法之「樹立廣告」

(102 高等考試三級-建管行政 #1)

【參考解答】

(五) 樹立廣告：(招牌及樹立廣告-2)

指樹立或設置於地面或屋頂之廣告牌（塔）、綵坊、牌樓等廣告。

例題 4-8

請依公寓大廈管理條例及建築法規定回答下列問題：

(一) 何謂公寓大廈？公寓大廈之重建，應經全體區分所有權人及基地所有權人、地上權人或典權人之同意。但有那些情形之一者，不在此限？（12 分）

(二) 建築物非經領得使用執照，不准接水、接電及使用。但直轄市、縣（市）政府認有那些情事之一者，得另定建築物接用水、電相關規定？（8 分）

(102 高等考試三級-建管行政 #2)

【參考解答】

(一) 公寓大廈之重建：(公寓-13、14)

1.應經全體區分所有權人及基地所有權人、地上權人或典權人之同意。

2.例外情況：

(1) 配合都市更新計畫而實施重建者。

(2) 嚴重毀損、傾頹或朽壞，有危害公共安全之虞者。

(3) 因地震、水災、風災、火災或其他重大事變，肇致危害公共安全者。

（※公寓大廈有 B、C 之情況，經區分所有權人會議決議重建時，區分所有權人不同意決議又不出讓區分所有權或同意後不依決議履行其義務者，管理負責人或管理委員會得訴請法院命區分所有權人出讓其區分所有權及其基地所有權應有部分。受讓人視為同意重建。重建之建造執照之申請，其名義以區分所有權人會議之決議為之。）

(二) 建築物接水接電之規定：(建築法-73)

1.建築物非經領得使用執照，不准接水、接電及使用。

2.但直轄市、縣（市）政府認有左列各款情事之一者，得另定建築物接用水、電相關規定：

(1) 偏遠地區且非屬都市計畫地區之建築物。

(2) 因興辦公共設施所需而拆遷具整建需要且無礙都市計畫發展之建築物。

　　　　(3) 天然災害損壞需安置及修復之建築物。

　　3. 其他有迫切民生需要之建築物。

例題 4-9

請依建築物室內裝修管理辦法及建築法規定回答下列問題：

(一) 室內裝修，指除壁紙、壁布、窗簾、家具、活動隔屏、地氈等之黏貼及擺設外之那些行為？（8 分）

(二) 建築物室內裝修應遵守那些規定？（12 分）

(102 高等考試三級-建管行政 #3)

【參考解答】

(一) 室內裝修：（裝修-3）

　　1. 本辦法所稱室內裝修，指除壁紙、壁布、窗簾、家具、活動隔屏、地氈等之黏貼及擺設外之下列行為：

　　2. 固著於建築物構造體之天花板裝修。

　　3. 內部牆面裝修。

　　4. 高度超過地板面以上一點二公尺固定之隔屏或兼作櫥櫃使用之隔屏裝修。

　　5. 分間牆變更。

(二) 建築物室內裝修應遵守下列規定：（建築法-77-2）

　　1. 供公眾使用建築物之室內裝修應申請審查許可，非供公眾使用建築物，經內政部認有必要時，亦同。但中央主管機關得授權建築師公會或其他相關專業技術團體審查。

　　2. 裝修材料應合於建築技術規則之規定。

　　3. 不得妨害或破壞防火避難設施、消防設備、防火區劃及主要構造。

　　4. 不得妨害或破壞保護民眾隱私權設施。

　　5. 建築物室內裝修應由經內政部登記許可之室內裝修從業者辦理。

例題 4-10

依據建築物室內裝修管理辦法規定，何謂「室內裝修」？（5 分）其中第 33 條規定之申請審核程序較第 22 條及第 23 條簡易，試問第 33 條規定之申請範圍與樓層之樓地板面積限制為何？（10 分）又其申請審核程序為何？（10 分）

(103 高等考試三級-營建法規 #1)

【參考解答】

（裝修-33）

申請室內裝修之建築物，其申請範圍用途為住宅或申請樓層之樓地板面積符合下列規定之一，且在裝修範圍內以一小時以上防火時效之防火牆、防火門窗區劃分隔，其未變更防火避難設施、消防安全設備、防火區劃及主要構造者，得檢附經依法登記開業之建築師或室內裝修業專業設計技術人員簽章負責之室內裝修圖說向當地主管建築機關或審查機構申報施工，經主管建築機關核給期限後，准予進行施工。工程完竣後，檢附申請書、建築物權利證明文件及經營造業專任工程人員或室內裝修業專業施工技術人員竣工查驗合格簽章負責之檢查表，向當地主管建築機關或審查機構申請審查許可，經審核其申請文件齊全後，發給室內裝修合格

證明：

十層以下樓層及地下室各層，室內裝修之樓地板面積在三百平方公尺以下者。

十一層以上樓層，室內裝修之樓地板面積在一百平方公尺以下者。

前項裝修範圍貫通二層以上者，應累加合計，且合計值不得超過任一樓層之最小允許值。

例題 4-11

按內政部訂頒建造執照及雜項執照規定項目審查及簽證項目抽查作業要點之規定，「基地符合禁限建規定」乃主管建築機關審查執照應審查項目之一，請就相關法令例舉 10 項原因說明那些情形須禁建或限建？其法令依據、限制內容、主管機關為何？（25 分）

(103 高等考試三級-建管行政 #3)

【參考解答】

建築法之禁限建規定：（建築法-42、43、44、47、102、技則-II-6、262）

(一) 禁建規定：

1. 建築基地與建築線應相連接，但其接連部分寬度小於規定。

2. 建築物基地地面，低於所臨接道路邊界處之路面。

3. 建築基地面積畸零狹小不合規定者，非與鄰接土地協議調整地形或合併使用，達到規定最小面積之寬度及深度，不得建築。

4. 易受海潮、海嘯侵襲、洪水氾濫及土地崩塌之地區，如無確保安全之防護設施者，禁止在該地區範圍內建築。

5. 山坡地之禁建：（技則-II-262）

　(1) 坡度陡峭者。

　(2) 地質結構不良、地層破碎或順向坡有滑動之虞者。

　(3) 活動斷層。

　(4) 有危害安全之礦場、坑道。

　(5) 廢土堆。

　(6) 河岸或向源侵蝕。

　(7) 洪患。

　(8) 斷崖。

(二) 限建規定：

1. 風景區、古蹟保存區及特定區內之建築物。

2. 防火區內之建築物。

例題 4-12
建築法第 56 條規定，建築工程中必須勘驗部分，應由直轄市、縣（市）主管建築機關於核
定建築計畫時，指定由承造人會同監造人按時申報後，方得繼續施工，主管建築機關得隨時
勘驗之。試概要說明建築工程必須勘驗部分及勘驗項目，並探討如主管建築機關勘驗發現建
築物在施工中，主要構造或位置或高度或面積與核定工程圖樣及說明書不符，有危害公共安
全之情事時，應如何處理？（25 分）

(104 高等考試三級-營建法規 #1)

【參考解答】
(一) 申報勘驗：（建築法-56）
　　建築工程中必須勘驗部分，應由直轄市、縣（市）（局）主管建築機關於核定建築計畫
　　時，指定由承造人會同監造人按時申報後，方得繼續施工，主管建築機關得隨時勘驗之。
(二) 建築工程勘驗：（北建管自治條例-19、建築法-58）
　　1. 定期勘驗：
　　　(1) 放樣勘驗：在建築物放樣後，開始挖掘基礎土方一日以前申報。
　　　(2) 基擋土安全維護措施勘驗：經主管建築機關指定地質特殊地區及一定開挖規模之
　　　　　挖土或整地工程，在工程進行期間應分別申報。
　　　(3) 主要構造施工勘驗：在建築物主要構造各部分鋼筋、鋼骨或屋架裝置完畢，澆置
　　　　　混凝土或敷設屋面設施之前申報。
　　　(4) 主要設備勘驗：建築物各主要設備於設置完成後申請使用執照之前或同時申報。
　　　(5) 竣工勘驗：在建築工程主要構造及室內隔間施工完竣，申請使用執照之前或同時
　　　　　申報。
　　2. 非定期勘驗。
(三) 建築物在施工中，直轄市、縣（市）（局）主管建築機關認有必要時，得隨時加以勘驗，
　　發現左列情事之一者，應以書面通知承造人或起造人或監造人，勒令停工或修改；必要
　　時，得強制拆除：（建築法-58）
　　1. 妨礙都市計畫者。
　　2. 妨礙區域計畫者。
　　3. 危害公共安全者。
　　4. 妨礙公共交通者。
　　5. 妨礙公共衛生者。
　　6. 主要構造或位置或高度或面積與核定工程圖樣及說明書不符者。
　　7. 違反本法其他規定或基於本法所發布之命令者。

例題 4-13
隨著建築物規模大型化、樓層立體化與設備複雜化的發展，防火安全備受重視，為提升居住
安全，除了消防法規外，營建法規中對於建築物之防火也有許多規定，試概要說明建築法、
建築技術規則、建築物室內裝修管理辦法中有關建築物防火之規定。（25 分）

(104 高等考試三級-營建法規 #2)

【參考解答】

(一) 建築法（建築法-72、77-1、77-2）

1. 供公眾使用之建築物，依第七十條之規定申請使用執照時，直轄市、縣（市）（局）主管建築機關應會同消防主管機關檢查其消防設備，合格後方得發給使用執照。

2. 為維護公共安全，供公眾使用或經中央主管建築機關認有必要之非供公眾使用之原有合法建築物防火避難設施及消防設備不符現行規定者，應視其實際情形，令其改善或改變其他用途；其申請改善程序、項目、內容及方式等事項之辦法，由中央主管建築機關定之。

3. 建築物室內裝修應遵守左列規定：

   (1) 供公眾使用建築物之室內裝修應申請審查許可，非供公眾使用建築物，經內政部認有必要時，亦同。但中央主管機關得授權建築師公會或其他相關專業技術團體審查。

   (2) 裝修材料應合於建築技術規則之規定。

   (3) 不得妨害或破壞防火避難設施、消防設備、防火區劃及主要構造。

   (4) 不得妨害或破壞保護民眾隱私權設施。

   前項建築物室內裝修應由經內政部登記許可之室內裝修從業者辦理。

   室內裝修從業者應經內政部登記許可，並依其業務範圍及責任執行業務。

   前三項室內裝修申請審查許可程序、室內裝修從業者資格、申請登記許可程序、業務範圍及責任，由內政部定之。

(二) 建築物室內裝修管理辦法（室裝辦法-23、32）

1. 室內裝修不得妨害或破壞消防安全設備，其申請審核之圖說涉及消防安全設備變更者，應依消防法規規定辦理，並應於施工前取得當地消防主管機關審核合格之文件。

2. 室內裝修涉及消防安全設備者，應由消防主管機關於核發室內裝修合格證明前完成消防安全設備竣工查驗。

(三) 建築技術規則之防火避難規定：

1. 建築設計施工篇

   (1) 第一章　用語定義：耐火材料、不燃材料、防火時效、防火構造等。

   (2) 第三章　建築物之防火：

   　　a. 防火區內建築物及其限制。

   　　b. 防火建築物及防火構造。

   　　　(a) 防火時效。

   　　　(b) 防火設備。

   　　c. 防火區劃。

   　　d. 內部裝修限制。

   (3) 第四章　防火避難設施及消防設備：

   　　a. 出入口、樓梯、走廊。

   　　b. 排煙設備。

   　　c. 緊急照明設備。

   　　d. 緊急用昇降機。

   　　e. 緊急進口設備。

　　　　　f. 防火間隔。

　　　　　g. 消防設備。

　　　　　　(a) 滅火設備：室內消防栓、自動撒水設備。

　　　　　　(b) 警報設備：火警自動警報設備、手動報警設備、廣播設備。

　　　　　　(c) 標示設備：出口標示燈、避難方向指標。

　　2. 建築設備篇：

　　　　(1) 第三章　消防設備：

　　　　　a. 消防栓設備。

　　　　　b. 自動撒水設備。

　　　　　c. 火警自動警報器設備：自動火警探測設備、手動報警機、報警標示燈、火警警鈴、火警受信機總機、緊急電源。

例題 4-14

為減少因開發山坡地而造成公共災害，山坡地建築涉及土方開挖、邊坡穩定等項目，須先行申請雜項執照。試依山坡地建築管理辦法及加強山坡地雜項執照審查及施工查驗執行要點，概要說明有關山坡地建築雜項工程施工管理與維護公共安全之規定。（25 分）

(104 高等考試三級-營建法規 #4)

【參考解答】

雜項工程進行時，應為下列之安全防護措施：（山坡建築-7）

(一) 毗鄰土地及改良物之安全維護。

(二) 施工場所之防護圍籬、擋土設備、施工架、工作臺、防洪、防火等安全防護措施。

(三) 危石、險坡、坍方、落盤、倒樹、毒蛇、落塵等防範。

(四) 挖土、填土或裸地表部分臨時坡面之防止沖刷設施。

(五) 使用炸藥作業時，應依有關規定辦理申請手續，並妥擬安全措施。

(六) 颱風、豪雨等天然災害來臨前之必要防護措施。

例題 4-15

請簡要回答下列問題：（每小題 10 分，共 30 分）

(一) 有關公寓大廈專用部分之管理，區分所有權人併購同樓層相鄰兩戶之專有部分後，若欲僱工將相鄰牆壁打通，擴大室內使用空間，其規定如何？

(二) 有關公寓大廈共用部分之管理，區分所有權人購買頂樓房屋，於購屋時所簽訂的買賣契約書約定：「屋頂平台除由建商統一劃出之公共設施範圍外，歸頂樓住戶共同保管使用」。此屋頂平台專用使用範圍有何限制？

(104 高等考試三級-建管行政 #1)

【參考解答】

(一) 相鄰兩戶之專有部分，若欲將相鄰牆壁打通須申請變更使用執照：（建築法-73）

　　建築物應依核定之使用類組使用，其有

　　1. 變更使用類組。或

2. 有第九條建造行為以外主要構造、防火區劃、防火避難設施、消防設備、停車空間及其他與原核定使用不合之變更者，應申請變更使用執照。

(二) 可將將屋頂平台做為約定專用部分使用：（公寓-3）

1. 公寓大廈共用部分經約定供特定區分所有權人使用者。

2. 住戶應依使用執照所載用途及規約使用專有部分、約定專用部分，不得擅自變更。（※住戶違反規定，管理負責人或管理委員會應予制止，經制止而不遵從者，報請直轄市、縣（市）主管機關處理，並要求其回復原狀。）

例題 4-16

繼 921 震災後，本年初又發生 0206 地震，造成建築物倒塌與百餘人傷亡及財物損失。初步調查除結構體受損外，尚有土壤液化引發之問題。請依建築法及建築技術規則構造篇等相關法規，回答下列問題：

(一) 請說明建築行為人就大樓倒塌可能應負之責任。（10 分）

(二) 請說明供公眾使用建築物之地基調查應辦理地下探勘，其方法有那些？若位於砂土層有液化之虞者，其地基調查應如何分析？（5 分）

(三) 並請試擬對既有及未來新建之建築物如何提升其耐震安全。（10 分）

(105 高等考試三級-營建法規 #4)

【參考解答】

(一) 本題所稱之建築行為人：

1. 擅自變更使用者

2. 建築物所有權人、使用人未維護建築物合法使用與其構造及設備安全。

應負責任：

行政罰

處建築物所有權人、使用人、機械遊樂設施經營者新臺幣六萬元以上三十萬元以下罰鍰，並限期改善或補辦手續，逾期仍未改善或補辦手續者得連續處罰，並停止其使用。必要時並停止供水、供電或封閉或命其限期自行拆除、恢復原狀、強制拆除

刑罰

有供營業使用事實之建築物，其所有權人、使用人違反維護建築物合法使用與其構造及設備安全規定致人於死者，處一年以上七年以下有期徒刑，得併科新臺幣一百萬元以上五百萬元以下罰金；致重傷者，處六個月以上五年以下有期徒刑，得併科新臺幣五十萬元以上二百五十萬元以下罰金

(二) 相關辦理方式：

1. 地基調查方式：（技則 III-64）

(1) 資料蒐集。

(2) 現地踏勘。

(3) 地下探勘：包含鑽孔、圓錐貫入孔、探查坑及基礎構造設計規範中所規定之方法。

2. 地基調查規定：（III-64）

(1) 五層以上或供公眾使用建築物之地基調查，應進行地下探勘。

(2) 四層以下非供公眾使用建築物之基地，且基礎開挖深度為五公尺以內者，得引用

鄰地既有可靠之地下探勘資料設計基礎。無可靠地下探勘資料可資引用之基地仍應依第三調查方式規定進行調查。但建築面積六百平方公尺以上者，應進行地下探勘。

(3) 基礎施工期間，實際地層狀況與原設計條件不一致或有基礎安全性不足之虞，應依實際情形辦理補充調查作業，並採取適當對策。

(4) 建築基地有下列情形之一者，應分別增加調查內容：

    a. 五層以上建築物或供公眾使用之建築物位於砂土層有土壤液化之虞者，應辦理基地地層之液化潛能分析。

    b. 位於坡地之基地，應配合整地計畫，辦理基地之穩定性調查。位於坡腳平地之基地，應視需要調查基地地層之不均勻性。

    c. 位於谷地堆積地形之基地，應調查地下水文、山洪或土石流對基地之影響。

    d. 位於其他特殊地質構造區之基地，應辦理特殊地層條件影響之調查。

(三) 建築物構造耐震設計、地震力及結構系統規定：（技則-III-42、43-1）

1. 耐震設計之基本原則，係使建築物結構體在中小度地震時保持在彈性限度內，設計地震時得容許產生塑性變形，其韌性需求不得超過容許韌性容量，最大考量地震時使用之韌性可以達其韌性容量。

2. 建築物結構體、非結構構材與設備及非建築結構物，應設計、建造使其能抵禦任何方向之地震力。

3. 地震力應假設橫向作用於基面以上各層樓板及屋頂。

4. 建築物應進行韌性設計，構材之韌性設計依本編各章相關規定辦理。

5. 風力或其他載重之載重組合大於地震力之載重組合時，建築物之構材應按風力或其他載重組合產生之內力設計，其耐震之韌性設計依規範規定。

6. 抵抗地震力之結構系統分左列六種：

    (1) 承重牆系統：結構系統無完整承受垂直載重立體構架，承重牆或斜撐系統須承受全部或大部分垂直載重，並以剪力牆或斜撐構架抵禦地震力者。

    (2) 構架系統：具承受垂直載重完整立體構架，以剪力牆或斜撐構架抵禦地震力者。

    (3) 抗彎矩構架系統：具承受垂直載重完整立體構架，以抗彎矩構架抵禦地震力者。

    (4) 二元系統：具有左列特性者。

        a. 完整立體構架以承受垂直載重。

        b. 以剪力牆、斜撐構架及韌性抗彎矩構架或混凝土部分韌性抗彎矩構架抵禦地震水平力，其中抗彎矩構架應設計能單獨抵禦百分之二十五以上的總橫力。

        c. 抗彎矩構架與剪力牆或抗彎矩構架與斜撐構架應設計使其能抵禦依相對勁度所分配之地震力。

    (5) 未定義之結構系統：不屬於前四目之建築結構系統者。

    (6) 非建築結構物系統：建築物以外自行承擔垂直載重與地震力之結構物系統者。

7. 建築物之耐震分析可採用靜力分析方法或動力分析方法，其適用範圍由規範規定之。

（※基面係指地震輸入於建築物構造之水平面，或可使其上方之構造視為振動體之水平面。）

例題 4-17

名詞解釋：（每小題 5 分，共 25 分）

(二)建築師法之「懲戒處分」

【參考解答】

(二) 建築師之懲戒處分：（建築師-45）

　　1.警告。

　　2.申誡。

　　3.停止執行業務二月以上二年以下。

　　4.撤銷或廢止開業證書。

　　（※建築師受申誡處分三次以上者，應另受停止執行業務時限之處分；受停止執行業務處分累計滿五年者，應撤銷其開業證書。）

例題 4-18

提升居住品質，使全體國民居住於適宜之住宅且享有尊嚴之居住環境，是全民的心願。請依法令說明：

(四)為了加強公寓大廈之管理維護，如果住戶於公寓大廈內依法經營餐飲、瓦斯、電焊或其他危險營業或存放有爆炸性或易燃性物品者，在公共意外責任保險金額有何規定？（5 分）

【參考解答】

(四) 公寓保險補償-4

　　依本條例投保之公共意外責任保險，其最低保險金額如下：

　　1.每一個人身體傷亡：新臺幣三百萬元。

　　2.第二條附表之下列場所，每一事故身體傷亡為新臺幣三千萬元，其餘場所為新臺幣一千五百萬元：

　　(1) 類序一之電影院。

　　(2) 類序二樓地板面積在五百平方公尺以上之場所。

　　(3) 類序三之場所。

　　(4) 類序四客房數超過一百間之場所。

　　3.每一事故財產損失：新臺幣二百萬元。

　　4.第二條附表之下列場所，保險期間總保險金額為新臺幣六千四百萬元，其餘場所為新臺幣三千四百萬元：

　　(1) 類序一之電影院。

　　(2) 類序二樓地板面積在五百平方公尺以上之場所。

　　(3) 類序三之場所。

　　(4) 類序四客房數超過一百間之場所。

例題 4-19

試依建築法規定，詳述實施建築物室內裝修時，應委由何資格者辦理，及在執行中應遵守那些規定？（25 分）

(101 地方特考三等-營建法規 #1)

【參考解答】

原使用或原建築物不合土地使用分區（非都市土地管制-5、8）

(一) 非都市土地使用分區劃定及使用地編定後，由直轄市或縣 (市) 政府管制其使用，並由當地鄉 (鎮、市、區) 公所隨時檢查，其有違反土地使用管制者，應即報請直轄市或縣 (市) 政府處理。

(二) 鄉 (鎮、市、區) 公所辦理前項檢查，應指定人員負責辦理。

(三) 直轄市或縣 (市) 政府為處理第一項違反土地使用管制之案件，應成立聯合取締小組定期查處。

(四) 前項直轄市或縣 (市) 聯合取締小組得請目的事業主管機關定期檢查是否依原核定計畫使用。

(五) 土地使用編定後，其原有使用或原有建築物不合土地使用分區規定者，在政府令其變更使用或拆除建築物前，得為從來之使用。原有建築物除准修繕外，不得增建或改建。

(六) 前項土地或建築物，對公眾安全、衛生及福利有重大妨礙者，該管直轄市或縣 (市) 政府應限期令其變更或停止使用、遷移、拆除或改建，所受損害應予適當補償。

例題 4-20

老舊的公寓大廈，住戶之間常因專有部分之共同壁及樓地板或其內之管線的維護修繕費用分擔而爭執衝突，或重建與否也會引發區分所有權人的爭議。試依公寓大廈管理條例規定，回答下列問題：

(一) 何謂專有部分？並申論上述維修費用負擔責任歸屬。（10 分）

(二) 何謂區分所有？在那些情況之下，公寓大廈之重建，不需經全體區分所有權人及基地所有權人、地上權人或典權人之同意？試申述之（15 分）

(101 地方特考三等-建管行政 #1)

【參考解答】

(一) 專有部分：（公寓-3）

指公寓大廈之全部或一部分，具有使用上之獨立性，且為區分所有之標的者。

1. （公寓-6）

他住戶因維護、修繕專有部分、約定專用部分或設置管線，必須進入其專有部分或約定專用部分時，不得拒絕。

2. （公寓-10）

專有部分、約定專用部分：由各該區分所有權人或約定專用部分之使用人為之，並負擔其費用。

3. （公寓-12）

專有部分之共同壁及樓地板或其內之管線：維修費用由該共同壁雙方或樓地板上下方之區分所有權人共同負擔。但修繕費係因可歸責於區分所有權人之事由所致者，由該

區分所有權人負擔。

(二) 區分所有：（公寓-3）

指數人區分一建築物而各有其專有部分，並就其共用部分按其應有部分有所有權。

公寓大廈之重建：

1. 應經全體區分所有權人及基地所有權人、地上權人或典權人之同意。

2. 例外情況：

　　(1) 配合都市更新計畫而實施重建者。

　　(2) 嚴重毀損、傾頹或朽壞，有危害公共安全之虞者。

　　(3) 因地震、水災、風災、火災或其他重大事變，肇致危害公共安全者。

　　（※公寓大廈有 B、C 之情況，經區分所有權人會議決議重建時，區分所有權人不同意決議又不出讓區分所有權或同意後不依決議履行其義務者，管理負責人或管理委員會得訴請法院命區分所有權人出讓其區分所有權及其基地所有權應有部分。受讓人視為同意重建。重建之建造執照之申請，其名義以區分所有權人會議之決議為之。）

例題 4-21

維護公共安全為建築法立法的重要旨意之一，試依建築法及建築物公共安全檢查簽證及申報辦法之規定，回答下列問題：

(一) 建築物公共安全檢查應由那些行為人負責申報？試申述之。（10 分）

(二) 經中央主管建築機關認可之專業機構或人員，應檢查簽證之有關建築物公共安全有那些項目？（15 分）

(101 地方特考三等-建管行政 #2)

【參考解答】

(一) 建築物公共安全檢查申報人：（公安檢查-2）

　　稱建築物公共安全檢查申報人，為建築物所有權人、使用人。建築物為公寓大廈者，得由其管理委員會主任委員或管理負責人代為申報。

(二) 建築物公共安全檢查簽證項目：（公安檢查-3）

　　1.防火避難設施類：

　　　(1) 防火區劃。

　　　(2) 非防火區劃分間牆。

　　　(3) 內部裝修材料。

　　　(4) 避難層出入口。

　　　(5) 避難層以外樓層出入口。

　　　(6) 走廊（室內通路）。

　　　(7) 直通樓梯。

　　　(8) 安全梯。

　　　(9) 特別安全梯。

　　　(10)屋頂避難平台。

　　　(11)緊急進口。

　　2.設備安全類：

(1) 昇降設備。

(2) 避難設備。

(3) 緊急供電系統。

(4) 特殊供電。

(5) 空調風管。

(6) 燃氣設備。

例題 4-22

請依建築法第 28 條及第 29 條，說明建築執照種類及其規費或工本費之規定。（25 分）

(102 地方特考三等-營建法規 #3)

【參考解答】

(一) 建築執照分左列四種：（建築法-28）

1. 建造執照：建築物之新建、增建、改建及修建，應請領建造執照。

2. 雜項執照：雜項工作物之建築，應請領雜項執照。

3. 使用執照：建築物建造完成後之使用或變更使用，應請領使用執照。

4. 拆除執照：建築物之拆除，應請領拆除執照。

(二) 建築執照規費或工本費：（建築法-29）

直轄市、縣（市）（局）主管建築機關核發執照時，應依左列規定，向建築物之起造人或所有人收取規費或工本費：

1. 建造執照及雜項執照：按建築物造價或雜項工作物造價收取千分之一以下之規費，如有變更設計時，應按變更部分收取千分之一以下之規費。

2. 使用執照：收取執照工本費。

3. 拆除執照：免費發給。

例題 4-23

試說明建築法第 32 條申請建築許可之工程圖樣及說明書應包括那些項目。（25 分）

(102 地方特考三等-建管行政 #4)

【參考解答】

(一) 一般建築：起造人申請建造執照或雜項執照時，應備具

1. 申請書：（應載明下列事項）

(1) 起造人之姓名、年齡、住址。起造人為法人者，其名稱及事務所。

(2) 設計人之姓名、住址、所領證書字號及簽章。

(3) 建築地址。

(4) 基地面積、建築面積、基地面積與建築面積之百分比。

(5) 建築物用途。

(6) 工程概算。

(7) 建築期限。

2. 土地權利證明文件：

(1) 土地登記簿謄本。

(2)地籍圖謄本。

(3)土地使用同意書（限土地非自有者）。

3. 工程圖樣及說明書：

(1) 基地位置圖。

(2) 地盤圖，其比例尺不得小於一千二百分之一。

(3) 建築物之平面、立面、剖面圖，其比例尺不得小於二百分之一。

(4) 建築物各部之尺寸構造及材料，其比例尺不得小於三十分之一。

(5) 省（市）主管建築機關規定之必要結構計算書。

(6) 省（市）主管建築機關規定之必要建築物設備圖說及設備計算書。

(7) 新舊溝渠與出水方向。

(8) 施工說明書。

(9) 其他。

例題 4-24

請依山坡地建築管理辦法第 4 條之規定，說明起造人申請雜項執照時，應檢附那些規定之文件？（25 分）

(103 地方特考三等-營建法規 #2)

【參考解答】

從事山坡地建築，應向直轄市、縣（市）主管建築機關依下列順序申請辦理：（山坡建築-3、4）

(一) 申請雜項執照。

　　1. 申請書。

　　2. 土地權利證明文件。

　　3. 工程圖樣及說明書。

　　4. 水土保持計畫核定證明文件或免擬具水土保持計畫之證明文件。

　　5. 依環境影響評估法相關規定應實施環境影響評估者，檢附審查通過之文件。

(二) 領得雜項工程使用執照。

(三) 申請建造執照。

　　1. 申請書。

　　2. 土地權利證明文件。

　　3. 工程圖樣及說明書。

　　4. 雜項使用執照。

（※建築農舍及其他經直轄市、縣（市）政府認定雜項工程必需與建築物一併施工者，其雜項執照得併同於建造執照中申請之。）

例題 4-25

請依建築法第 32 條之規定，說明工程圖樣及說明書應包括那些規定之內容？（25 分）

(103 地方特考三等-營建法規 #4)

【參考解答】

一般建築：起造人申請建造執照或雜項執照時，應備具

(一) 申請書：（應載明下列事項）

　　1. 起造人之姓名、年齡、住址。起造人為法人者，其名稱及事務所。

　　2. 設計人之姓名、住址、所領證書字號及簽章。

　　3. 建築地址。

　　4. 基地面積、建築面積、基地面積與建築面積之百分比。

　　5. 建築物用途。

　　6. 工程概算。

　　7. 建築期限。

(二) 土地權利證明文件：

　　1. 土地登記簿謄本。

　　2. 地籍圖謄本。

　　3. 土地使用同意書（限土地非自有者）。

(三) 工程圖樣及說明書：

　　1. 基地位置圖。

　　2. 地盤圖，其比例尺不得小於一千二百分之一。

　　3. 建築物之平面、立面、剖面圖，其比例尺不得小於二百分之一。

　　4. 建築物各部之尺寸構造及材料，其比例尺不得小於三十分之一。

　　5. 省（市）主管建築機關規定之必要結構計算書。

　　6. 省（市）主管建築機關規定之必要建築物設備圖說及設備計算書。

　　7. 新舊溝渠與出水方向。

　　8. 施工說明書。

　　9. 其他。

例題 4-26

請以流程圖說明申請建造執照的標準作業為何？（25分）

(103 地方特考三等-建管行政 #2)

【參考解答】

規費或工本費：
一、 建造執照及雜項執照：按建築
物造價或雜項工作物造價收
取千分之一以下之規費。變更
設計時，應按變更部分收取千
分之一以下之規費。
二、 使用執照：收取執照工本費。
三、 拆除執照：免費發給。

起造人檢具相關文件申請
建造執照或雜項執照

↓

主管機關審查
（應於十日內審查完竣；必
要時予以延長，最長不得超
過三十日）

↓

取得建造執照
自接到通知領取執照之日
起三個月不來領取者，得將
該執照予以註銷。

↓

申報開工
起造人自領得建造執照或
雜項執照之日起，應於六個
月內開工；因故得申請展期
一次。但展期不得超過三個
月，逾期執照作廢。

↓

申報勘驗

↓

申報使用執照
十日內派員查驗完竣。

承造人因故未能於建築期限
內完工時，得申請展期一年，
並以一次為限。

↓

**接水、接電或申請營業登記
及使用**

圖 申請建築執照流程

例題 4-27

請依據建築師法，說明建築師於法律上的主要權利與責任應該為何？（25 分）

(103 地方特考三等-建管行政 #3)

【參考解答】

(一) 建築師之業務：（建築師-16）

建築師受委託人之委託，辦理建築物及其實質環境之調查、測量、設計、監造、估價、檢查、鑑定等各項業務，並得代委託人辦理申請建築許可、招商投標、擬定施工契約及其他工程上之接洽事項。

(二) 建築師之責任：（建築師-17~27）

1. 受委託設計之圖樣、說明書及其他書件：
   (1) 應合於建築法及基於建築法所發布之建築技術規則、建築管理規則及其他有關法令之規定。
   (2) 設計內容應能使營造業及其他設備廠商，得以正確估價，按照施工。

2. 受委託辦理建築物監造時，應遵守下列各款之規定：
   (1) 監督營造業依照前條設計之圖說施工。
   (2) 遵守建築法令所規定監造人應辦事項。（配合申報開工、申報勘驗、申請使用執照）
   (3) 查核建築材料之規格及品質。
   (4) 其他約定之監造事項。

3. 建築師受委託辦理建築物之設計，應負該工程設計之責任；其受委託監造者，應負監督該工程施工之責任。但有關建築物結構與設備等專業工程部份，除五層以下非供公眾使用之建築物外，應由承辦建築師交由依法登記開業之專業技師負責辦理，建築師並負連帶責任。

4. 建築師受委託辦理各項業務，應遵守誠實信用之原則。

5. 建築師對於承辦業務所為之行為，應負法律責任。

6. 建築師對於公共安全、社會福利及預防災害等有關建築事項，經主管機關之指定，應襄助辦理。

7. 建築師不得兼任或兼營左列職業：
   (1) 依公務人員任用法任用之公務人員。
   (2) 營造業、營造業之主任技師或技師，或為營造業承攬工程之保證人。
   (3) 建築材料商。

8. 建築師不得允諾他人假借其名義執行業務。

9. 建築師對於因業務知悉他人之秘密，不得洩漏。

例題 4-28

請依建築法第 71 條說明，申請建築物使用執照時，應檢附那些文件？（25 分）

(104 地方特考三等-營建法規 #1)

【參考解答】

申請建築物使用執照時應備文件：

(一) 原領之建造執照或雜項執照。

(二) 建築物竣工平面圖及立面圖。

（※建築物與核定工程圖樣完全相符者，免附竣工平面圖及立面圖。）

例題 4-29

試說明建築法第 58 條規定，建築物在施工中，直轄市、縣（市）（局）主管建築機關認有必要時，得隨時加以勘驗，發現那些情事，應以書面通知承造人或起造人或監造人，勒令停工或修改；必要時，得強制拆除？（25 分）

(104 地方特考三等-建管行政 #3)

【參考解答】

得勒令強制拆除之建築物：（區計-21、都計-79、建築法-58、81、82、86、88、90、91、93）

(一) 違反非都市土地分區及編定使用者。

(二) 違反都市計畫法及其命令者。

(三) 隨時加以勘驗，發現下列情況：

    1. 妨礙都市計畫者。

    2. 妨礙區域計畫者。

    3. 危害公共安全者。

    4. 妨礙公共交通者。

    5. 妨礙公共衛生者。

    6. 主要構造或位置或高度或面積與核定工程圖樣及說明書不符者。

    7. 違反本法其他規定或基於本法所發布之命令者。

(四) 直轄市、縣（市）（局）主管建築機關對傾頹或朽壞而有危害公共安全之建築物，應通知所有權人或占有人停止使用，並限期命所有人拆除；逾期未拆者，得強制拆除之。

(五) 因地震、水災、風災、火災或其他重大事變，致建築物發生危險不及通知其所有人或占有人予以拆除時，得由該管主管建築機關逕予強制拆除。

(六) 擅自建造、擅自使用者。

(七) 建築物突出建築線或未退讓建築線者。

(八) 擅自變更使用者。

(九) 建築物所有權人、使用人未維護建築物合法使用與其構造及設備安全。

(十) 供公眾使用及經內政部認為有必要之非供公眾使用建築物，建築物所有權人、使用人規避或妨礙主管建築機關複查者。

(十一) 勒令停工之建築物，擅自復工。

（※拆除建築物時，應有維護施工及行人安全之設施，並不得妨礙公眾交通。）

例題 4-30

試說明建築法第 77 條建築物室內裝修應遵守之規定。（25 分）

(104 地方特考三等-建管行政 #4)

【參考解答】

建築物室內裝修應遵守下列規定：（建築法-77-2）

(一) 供公眾使用建築物之室內裝修應申請審查許可，非供公眾使用建築物，經內政部認有必

要時，亦同。但中央主管機關得授權建築師公會或其他相關專業技術團體審查。

(二) 裝修材料應合於建築技術規則之規定。

(三) 不得妨害或破壞防火避難設施、消防設備、防火區劃及主要構造。

(四) 不得妨害或破壞保護民眾隱私權設施。

(五) 建築物室內裝修應由經內政部登記許可之室內裝修從業者辦理。

例題 4-31

建築法第 77 條規定，建築物所有權人、使用人應維護建築物合法使用與其構造及設備安全。試依「建築法」、「建築物室內裝修管理辦法」與「建築物公共安全檢查簽證及申報辦法」等營建法規，說明有關維護建築物安全應符合之規定內容要項。(25 分)

(105 地方特考三等-營建法規 #1)

【參考解答】

(一) 建築物所有權人、使用人及主管建築機關對於維護建築物合法使用與其構造及設備安全之職責：(建築法-77)

　　1. 建築物所有權人、使用人：

　　　　(1) 應維護建築物合法使用與其構造及設備安全。

　　　　(2) 供公眾使用之建築物，應由建築物所有權人、使用人定期委託中央主管建築機關認可之專業機構或人員檢查簽證，其檢查簽證結果應向當地主管建築機關申報。非供公眾使用之建築物，經內政部認有必要時亦同。

　　2. 直轄市、縣（市）（局）主管建築機關：

　　　　(1) 對於建築物得隨時派員檢查其有關公共安全與公共衛生之構造與設備。

　　　　(2) 對於檢查簽證結果，主管建築機關得隨時派員或定期會同各有關機關複查。

(二) 為維護公共安全，供公眾使用或經中央主管建築機關認有必要之非供公眾使用之原有合法建築物防火避難設施及消防設備不符現行規定者之處理：(建築法-77-1)應視其實際情形，令其改善或改變其他用途。

(三) 建築物室內裝修應遵守下列規定：(建築法-77-2)

　　1. 供公眾使用建築物之室內裝修應申請審查許可，非供公眾使用建築物，經內政部認有必要時，亦同。但中央主管機關得授權建築師公會或其他相關專業技術團體審查。

　　2. 裝修材料應合於建築技術規則之規定。

　　3. 不得妨害或破壞防火避難設施、消防設備、防火區劃及主要構造。

　　4. 不得妨害或破壞保護民眾隱私權設施。

　　5. 建築物室內裝修應由經內政部登記許可之室內裝修從業者辦理。

例題 4-32

建築法第 54 條規定，起造人自領得建造執照或雜項執照之日起，應於 6 個月內開工；並應於開工前，會同承造人及監造人將開工日期，連同姓名或名稱、住址、證書字號及承造人施工計畫書，申請該管主管建築機關備查。試依建築施工管理相關規定，說明建築工程施工計畫書應包括之內容。（25 分）

(105 地方特考三等-營建法規 #4)

【參考解答】

施工計畫書內容：（北建管自治條例-15）

(一) 承造人之專任工程人員、工地負責人、勞工安全衛生管理人員及相關工程人員之姓名、地址、連絡電話等編組資料。

(二) 建築基地及其四週二十公尺範圍內現況實測圖，比例尺不得小於五百分之一，應包括範圍內各項公共設施、地下管線位置、鄰房位置與必要之構造概況及其他特殊之現況等內容。

(三) 工程概要。

(四) 施工程序及預定進度。

(五) 特殊或變更施工方法必要之檢討分析資料。

(六) 品質管理計畫。

(七) 施工場所佈置、各項安全措施、工寮材料堆置及加工場之圖說及配置。

(八) 施工安全衛生防火措施及設備、工地環境之維護、廢棄物處理及剩餘土石方處理。

（※前項施工計畫書之製作，應經承造人之專任工程人員簽章後申請備查。但屬技師法第三章技師業務及責任部分，應由技師簽證。）

例題 4-33

請回答下列問題：（每小題 5 分，共 25 分）

(一)建築師之開業要件為何？

(105 地方特考三等-建管行政#1)

【參考解答】

(一) 申請開業證書：（建築師-7）

領有建築師證書，具有二年以上建築工程經驗者，得申請發給開業證書。

細則-5※本法第七條所稱具有二年以上建築工程經驗者，指下列情形之一：

1. 在開業建築師事務所從事建築工程實際工作累計二年以上。

2. 在政府機關、機構、公營或登記有案之民營事業機構從事建築工程實際工作累計二年以上。

3. 任專科以上學校教授、副教授、助理教授、講師講授建築學科二門主科累計各二年以上。

例題 4-34

試以表列說明建築物公共安全檢查簽證及申報項目？其與「消防安全設備檢修申報」有何不同？（25 分）

(105 地方特考三等-建管行政#3)

【參考解答】

(一) 建築物公共安全檢查簽證項目：（公安檢查-4）

　　1.防火避難設施類：

　　　(1) 防火區劃。

　　　(2) 非防火區劃分間牆。

　　　(3) 內部裝修材料。

　　　(4) 避難層出入口。

　　　(5) 避難層以外樓層出入口。

　　　(6) 走廊（室內通路）。

　　　(7) 直通樓梯。

　　　(8) 安全梯。

　　　(9) 特別安全梯。

　　　(10) 屋頂避難平台。

　　　(11) 緊急進口。

　　2.設備安全類：

　　　(1) 昇降設備。

　　　(2) 避難設備。

　　　(3) 緊急供電系統。

　　　(4) 特殊供電。

　　　(5) 空調風管。

　　　(6) 燃氣設備。

(二) 建築物公安檢查申報與消防設備檢修申報係屬二事，兩者的法令依據、主管機關、檢查項目、申報時間及專業人員資格等均不相同，茲就兩者比較整理如下表：（台北市建築物公共安全檢查簽證及申報指導手冊）

	建築物公安檢查申報	消防安全設備檢修申報
法令依據	建築法第 77 條、第 91 條 建築物公共安全檢查簽證及申報辦法	消防法第 9 條、第 38 條 各類場所消防安全設備檢修及申報作業基準
主管機關	建築主管機關	消防主管機關
申報義務人	建物所有權人、使用人	管理權人
檢查人資格	領有專業檢查人認可證者	消防設備師、消防設備士
檢查項目	防火避難設施類 11 項、設備安全類 6 項，合計 17 項	計有滅火器、消防栓、火警自動警報設備等共 21 項
申報頻率	依用途類組分別每一、二或四年申報一次	甲類場所每半年檢修一次，甲類以外每一年申報一次

例題 4-35

面對環境變化，試論我國建築管理未來之重點目標與發展課題。（25 分）

(105 地方特考三等-建管行政#4)

【參考解答】

(一) 建議可依建築法章節或是執照流程來論述，本題以一百零五年二月六日美濃地震造成臺南市永康區維冠金龍大樓等坍塌，震後建築法第三十四條、第五十六條、第七十條修正草案來說明。

(二) 一百零五年二月六日高雄美濃發生芮氏規模六點四地震，位於臺南市永康區維冠金龍大樓等多處建築物倒 塌造成慘重傷亡，政府為強化現行建築物審查、勘驗及竣工查驗等制度，避免日後震災再次造成相同傷害，藉由第三公正單位辦理審查及現場勘驗及竣工查驗以落實三級品管，並確保建築物設計及施工品質，爰針對導入民間專業機構辦理建築審查、施工勘驗與竣工查驗等修正方向。

　　1. 增列一定規模以上建築物之相關審查項目，得委託或指定經中央主管建築機關認可之機關（構）、公會團體審查，以藉助民間專業能力，提昇建築管理效能。（修正條文第三十四條）

　　2. 為確保建築工程施工品質，增列一定規模以上之建築物應經主管建築機關勘驗合格後，方得繼續施工之規定，並明定其勘驗得委託或指定經中央主管建築機關認可之機關（構）、公會團體辦理之規定，以藉助民間專業能力，提昇建築管理效能。（修正條文第五十六條）

　　3. 增列一定規模以上建築物之竣工查驗，得委託或指定經 中央主管建築機關認可之機關（構）、公會團體辦理，以藉助民間專業能力，提昇建築管理效能。（修正條文第七十條）

例題 4-36

請依建築法及建築物室內裝修管理辦法規定，說明何者為室內裝修從業者及其業務範圍？（10分）並說明其辦理建築物室內裝修應遵守那些規定？（15分）

(101 鐵路高員三級-營建法規 #2)

【參考解答】

(一) 室內裝修從業者及其業務範圍：（裝修-4、5）

　　1. 依法登記開業之建築師：得從事室內裝修設計業務。

　　2. 依法登記開業之營造業：得從事室內裝修施工業務。

　　3. 室內裝修業：得從事室內裝修設計或施工之業務。

(二) 建築物室內裝修應遵守下列規定：（建築法-77-2）

　　1. 供公眾使用建築物之室內裝修應申請審查許可，非供公眾使用建築物，經內政部認有必要時，亦同。但中央主管機關得授權建築師公會或其他相關專業技術團體審查。

　　2. 裝修材料應合於建築技術規則之規定。

　　3. 不得妨害或破壞防火避難設施、消防設備、防火區劃及主要構造。

　　4. 不得妨害或破壞保護民眾隱私權設施。

　　5. 建築物室內裝修應由經內政部登記許可之室內裝修從業者辦理。

例題 4-37

都市計畫法明文規定：都市計畫經發布實施後，應依建築法之規定，實施建築管理。試問實施建築管理的目的？（5分）依建築法立法之旨意建築物的生命週期過程中，政府以執照之許可為建築管理之機制，試問建築執照的種類並申述之？（10分）又未經建築執照許可之違法行為如何處罰？（10分）

【參考解答】

(一) 立法目的：（建築法-1）

為實施建築管理，以維護公共安全、公共交通、公共衛生及增進市容觀瞻。

(二) 建築執照分左列四種：（建築法-28）

1. 建造執照：建築物之新建、增建、改建及修建，應請領建造執照。

2. 雜項執照：雜項工作物之建築，應請領雜項執照。

3. 使用執照：建築物建造完成後之使用或變更使用，應請領使用執照。

4. 拆除執照：建築物之拆除，應請領拆除執照。

(三) 有左列情形之一者，處起造人、承造人或監造人新臺幣九千元以下罰鍰，並勒令補辦手續；必要時，並得勒令停工。（建築法-87）

1. 違反第三十九條規定，未依照核定工程圖樣及說明書施工者。

2. 建築執照遺失未依第四十條規定，登報作廢，申請補發者。

3. 逾建築期限未依第五十三條第二項規定，申請展期者。

4. 逾開工期限未依第五十四條第二項規定，申請展期者。

5. 變更起造人、承造人、監造人或工程中止或廢止未依第五十五條第一項規定，申請備案者。

6. 中止之工程可供使用部分未依第五十五條第二項規定，辦理變更設計，申請使用者。

7. 未依第五十六條規定，按時申報勘驗者。

例題 4-38

依括號內法規解釋下列用語：

(四)建造（建築法）（4分）

【參考解答】

(四) 建造：（建築法-9）

1. 新建：為新建造之建築物或將原建築物全部拆除而重行建築者。

2. 增建：於原建築物增加其面積或高度者。但以過廊與原建築物連接者，應視為新建。

3. 改建：將建築物之一部份拆除，於原建築基地範圍內改造，而不增高或擴大面積者。

4. 修建：建築物之基礎、樑柱、承重牆壁、樓地板、屋架或屋頂、其中任何一種有過半之修理或變更者。

例題 4-39

何謂「建築物公共安全檢查簽證及申報制度」？（5 分）檢查簽證項目為何？（10 分）以火車站為例，其建築物規模、申報期間及申報頻率為何？（5 分）

(102 鐵路高員三級-營建法規 #5)

【參考解答】

(一) 建築物所有權人、使用人級主管建築機關對於維護建築物合法使用與其構造及設備安全之職責：（建築法-77）

　　供公眾使用之建築物，應由建築物所有權人、使用人定期委託中央主管建築機關認可之專業機構或人員檢查簽證，其檢查簽證結果應向當地主管建築機關申報。非供公眾使用之建築物，經內政部認有必要時亦同。

(二) 建築物公共安全檢查簽證項目：（公安檢查-3）

　　1. 防火避難設施類：

　　　　(1) 防火區劃。

　　　　(2) 非防火區劃分間牆。

　　　　(3) 內部裝修材料。

　　　　(4) 避難層出入口。

　　　　(5) 避難層以外樓層出入口。

　　　　(6) 走廊（室內通路）。

　　　　(7) 直通樓梯。

　　　　(8) 安全梯。

　　　　(9) 特別安全梯。

　　　　(10) 屋頂避難平台。

　　　　(11) 緊急進口。

　　2. 設備安全類：

　　　　(1) 昇降設備。

　　　　(2) 避難設備。

　　　　(3) 緊急供電系統。

　　　　(4) 特殊供電。

　　　　(5) 空調風管。

　　　　(6) 燃氣設備。

　　3. 車站屬 A-2 類，樓地板面積一千平方公尺以上每年需檢查乙次；未達一千平方公尺每二年一次。

例題 4-40

為維護公共安全、公共交通、公共衛生及增進市容觀瞻,請問建築法對於建築基地有那些相關規定?（25 分）

(103 鐵路高員三級-營建法規 #1)

【參考解答】

(一) 建築法禁建規定:（建築法-42、43、44、47）

　　1. 建築基地與建築線應相連接,但其接連部分寬度小於規定。

　　2. 建築物基地地面,低於所臨接道路邊界處之路面。

　　3. 建築基地面積畸零狹小不合規定者,非與鄰接土地協議調整地形或合併使用,達到規定最小面積之寬度及深度,不得建築。

　　4. 易受海潮、海嘯侵襲、洪水氾濫及土地崩塌之地區,如無確保安全之防護設施者,禁止在該地區範圍內建築。

(二) 畸零地之處理:（建築法-45）

　　1. 私有地:

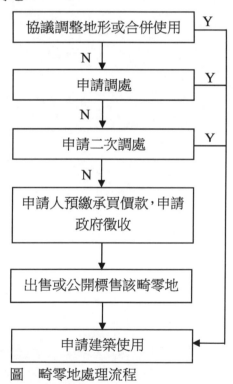

圖　畸零地處理流程

　　2. 公有地:讓售鄰接土地所有權人。

例題 4-41
都市地區之公寓大廈住戶常擔心兒童墜落；而部分老舊公寓建築外觀又因遭受嚴重風化或室內環境品質欠佳，居民亦亟思重建。請依公寓大廈管理條例等相關規定，回答下列問題：
(一) 何謂「公寓大廈」？（5分）
(二) 公寓大廈辦理重建，應符合那些規定？（10分）
(三) 公寓大廈之外牆開口部或陽臺，應如何設置防墜設施？（10分）

(103 鐵路高員三級-建管行政 #3)

【參考解答】
(一) 何謂「公寓大廈」？（公寓-3）
指構造上或使用上或在建築執照設計圖樣標有明確界線，得區分為數部分之建築物及其基地。

(二) 公寓大廈辦理重建，應符合那些規定？（公寓-13）
公寓大廈之重建：
1. 應經全體區分所有權人及基地所有權人、地上權人或典權人之同意。
2. 例外情況：
(1) 配合都市更新計畫而實施重建者。
(2) 嚴重毀損、傾頹或朽壞，有危害公共安全之虞者。
(3) 因地震、水災、風災、火災或其他重大事變，肇致危害公共安全者。

(三) 公寓大廈之外牆開口部或陽臺，應如何設置防墜設施？（公寓-8）(防墜原則)
公寓大廈有十二歲以下兒童之住戶，外牆開口部或陽臺得設置不妨礙逃生且不突出外牆面之防墜設施。防墜設施設置後，設置理由消失且不符前項限制者，區分所有權人應予改善或回復原狀。
1. 外牆開口部依窗戶形式分別得設置鋁窗擋塊、兒童安全鎖等開啟停止裝置，以及固定式防墜格柵或防墜圍籬。
2. 陽臺或露臺則僅得設置防墜圍籬，並應選用鋼索等具有彈性之材料；陽臺或露臺設置有緩降機者，應以不妨礙緩降機操作為原則。
3. 設置防墜設施應妥善固定，並具有易拆卸、易開啟或易破壞的特性。材料及形式選用時，建議以降低立面衝擊為原則，同時應注意材料使用年限、設置開口之位置及面積大小、最大拉寬、抗拉強度等事項。
4. 外牆開口部、陽臺及露臺下方不能配置傢俱，淨高應維持有 1.1 公尺，10 層以上則為 1.2 公尺。

例題 4-42

建築執照之審查核發為建管行政之主要工作之一，請依建築法等相關規定回答下列問題：

(一) 請說明建築執照之種類。(5 分)

(二) 請說明建築主管機關與建築行為人對建築執照之核發，各應負之責任。(5 分)

(三) 何謂 BIM (Building information modeling)？(5 分)

(四) 如何運用 BIM 或其他資訊技術，改進建築管理業務？(10 分)

(103 鐵路高員三級-建管行政 #4)

【參考解答】

(一) 請說明建築執照之種類。

建築執照分左列四種：(建築法-28)

1. 建造執照：建築物之新建、增建、改建及修建，應請領建造執照。

2. 雜項執照：雜項工作物之建築，應請領雜項執照。

3. 使用執照：建築物建造完成後之使用或變更使用，應請領使用執照。

4. 拆除執照：建築物之拆除，應請領拆除執照。

(二) 請說明建築主管機關與建築行為人對建築執照之核發，各應負之責任。

建築師簽證制度：(建築法-34)

直轄市、縣 (市) (局) 主管建築機關審查或鑑定建築物工程圖樣及說明書，應就規定項目為之，其餘項目由建築師或建築師及專業工業技師依本法規定簽證負責。對於特殊結構或設備之建築物並得委託或指定具有該項學識及經驗之專家或機關、團體為之。

(三) 何謂 BIM (Building information modeling)？(公共工程電子報第 38 期)

指的是在各項營建設計 (包括如建築物、橋梁、道路、隧道等) 的生命週期中，創建與維護營建設施產品數位資訊及其工程應用的技術。

BIM 技術是一個在電腦虛擬空間中模擬真實工程作為，以協助營建生命週期規劃、設計、施工、營運、維護工作中之各項管理與工程作業之新技術、新方法。

(四) 如何運用 BIM 或其他資訊技術，改進建築管理業務？(公共工程電子報第 38 期)

BIM 技術就是一個在電腦虛擬空間中模擬真實工程作為，利用這項科技可協助建築生命週期由規劃、設計、施工、營運、維護等工作中之各項管理與工程作業之技術、方法與工期的提升及數量準確。

例題 4-43

公寓大廈之地下室停車位如為共用部分，是否可與公寓大廈之專有部分分別轉讓，請詳述相關規定。(15 分) 又，此種共用部分停車位是否可單獨出租予非公寓大廈住戶之他人？(10 分)

(101 公務人員普考-營建法規概要 #1)

【參考解答】

(一) 公寓-58

公寓大廈之起造人或建築業者，不得將共用部分，包含法定空地、法定停車空間及法定防空避難設備，讓售於特定人或為區分所有權人以外之特定人設定專用使用權或為其他有損害區分所有權人權益之行為。

(二) 公寓-9

　　各區分所有權人按其共有之應有部分比例，對建築物之共用部分及其基地有使用收益之
　　權。

(三) 公寓-16

　　防空避難設備，得為原核准範圍之使用；其兼作停車空間使用者，得依法供公共收費停
　　車使用。

例題 4-44

某建商於興建高層住宅期間，因建築物下部結構深開挖，似造成工地周遭鄰房有受損之情形。
但因各鄰房受損害情形不一，且部分鄰房受損害之舉證亦不夠充實，使得建商與各鄰房所有
人間因損鄰爭議事件紛擾不止。

受損戶送集體向當地建管主管機關陳情，請求主管機關介入處理。該機關依據○○市建築物
施工損鄰爭議事件處理要點，要求建商依據該要點與各受損戶解決損鄰爭議。惟該建商並未
能依據該處理要點與各受損戶達成和解，且在未與所有受損戶達成和解之情形下，工程已達
到完工程度，並向建管主管機關請領使用執照。

(一) 試依中央法規標準法令體系，評述該「○○市建築物施工損鄰爭議事件處理要點」之性
　　質與拘束效果。（10 分）

(二) 國內各縣市政府皆設有類似之損鄰爭議事件處理要點。請列舉此類要點中，解決損鄰爭
　　議之主要手段與機制。（10 分）

(三) 倘該建商無視於建管主管機關之要求，命其依據前開要點與受損戶達成補償或賠償，建
　　管主管機關得否據此理由，而拒發使用執照，請詳述理由。（10 分）

參考法條

建築法第 26 條

直轄市、縣（市）（局）主管機關依本法規定核發之執照，僅為對申請建造、使用或拆除之許
可。建築物起造人、或設計人、或監造人、或承造人，如侵害他人財產，或肇致危險或傷害
他人時，應視其情形，分別依法負其責任。

建築法第 58 條第 3 款

建築在施工中，直轄市、縣（市）（局）主管建築機關認有必要時，得隨時加以勘驗，發現有
危害公共安全者，應以書面通知承造人或起造人或監造人，勒令停工或修改；必要時，得強
制拆除。

(101 公務人員普考-營建法規概要 #2)

【參考解答】

(一)　命令：係各機關發布之命令，得依其性質，稱規程、規則、細則、辦法、綱要、標準或
　　　準則。各機關依其法定職權或基於法律授權訂定之命令，應視其性質分別下達或發布，
　　　並即送立法院。

(二)　法規之適用：（中央法規-11、16、17、18）

　　　1. 法律不得牴觸憲法、命令不得牴觸憲法或法律。

　　　2. 下級機關訂定之命令不得牴觸上級機關之命令。

　　　3. 特別法優於普通法。

新法優於舊法。

(三) 依建築法第 58 條第 3 款

可勒令停工或修改；除經改善完竣，暫緩發給使用執照。

例題 4-45

有關依據建築技術規則建築設計施工編第 2 條規定留設「私設道路」申請核發建造執照並領有使用執照，該「私設道路」遭土地所有權人等設置路障及障礙物等阻塞，導致無法通行時，應依何種法律規範處理？（20 分）

參考法條

建築技術規則建築設計施工編第 2 條（私設通路之寬度）

基地應與建築線相連接，其連接部份之最小長度應在二公尺以上。基地內私設通路之寬度不得小於左列標準：

六、長度未滿十公尺者為二公尺。

一、長度在十公尺以上未滿二十公尺者為三公尺。

二、長度大於二十公尺為五公尺。

三、基地內以私設通路為進出道路之建築物總樓地板面積合計在一、○○○平方公尺以上者，通路寬度為六公尺。

四、前款私設通路為連通建築線，得穿越同一基地建築物之地面層；穿越之深度不得超過十五公尺；該部份淨寬並應依前四款規定，淨高至少三公尺，且不得小於法定騎樓之高度。

前項通路長度，自建築線起算計量至建築物最遠一處之出入口或共同入口。

(101 公務人員普考-營建法規概要 #3)

【參考解答】

(一) 公寓-16：

住戶不得於私設通路、防火間隔、防火巷弄、開放空間、退縮空地、樓梯間、共同走廊、防空避難設備等處所堆置雜物、設置柵欄、門扇或營業使用，或違規設置廣告物或私設路障及停車位侵占巷道妨礙出入。但開放空間及退縮空地，在直轄市、縣(市)政府核准範圍內，得依規約或區分所有權人會議決議供營業使用；防空避難設備，得為原核准範圍之使用；其兼作停車空間使用者，得依法供公共收費停車使用。

(二) 公寓-49：

住戶違反行為者，由直轄市、縣(市)主管機關處新臺幣四萬元以上二十萬元以下罰鍰，並得令其限期改善或履行義務；屆期不改善或不履行者，得連續處罰。

例題 4-46

名詞解釋：（每小題 5 分，共 25 分）

(五) 公寓大廈之住戶

(102 公務人員普考-營建法規概要 #1)

【參考解答】

(五) 住戶：(公寓-3)

住戶：指公寓大廈之區分所有權人、承租人或其他經區分所有權人同意，而為專有部分

之使用者或業經取得停車空間建築物所有權者。

例題 4-47

請試述下列名詞之意涵：（每小題 5 分，共 25 分）

(二) 特種建築物

(103 公務人員普考-營建法規概要 #1)

【參考解答】

(二) 特種建築物。（特種原則-1）

　　1. 涉及國家機密之建築物。

　　2. 因用途特殊，適用建築法確有困難之建築物。

　　3. 因構造特殊，適用建築法確有困難之建築物。

　　4. 因應重大災難後復建需要，具急迫性之建築物。

例題 4-48

請試述下列名詞之意涵：（每小題 5 分，共 25 分）

(五) 公寓大廈共用部分

(103 公務人員普考-營建法規概要 #1)

【參考解答】

(五) 共用部分：（公寓-3）

　　指公寓大廈專有部分以外之其他部分及不屬專有之附屬建築物，而供共同使用者。

例題 4-49

依據建築法規定，建築物所有權人、使用人應維護建築物合法使用與其構造及設備安全，應定期申報並檢查供公眾使用之建築物，請依據建築物公共安全檢查簽證及申報辦法規定，說明建築物公共安全檢查申報客體（10 分）、申報主體（10 分）及申報規模，（10 分）請以建築物之所有權人及建築使用用途之不同說明之。

(103 公務人員普考-營建法規概要 #4)

【參考解答】

附表一、建築物公共安全檢查申報期間及施行日期

(一) 建築物公共安全檢查申報客體：

　　整幢建築物同屬一所有權人，供二種類組以上使用者，其申報客體以整幢為之；申報規模應以該幢各類組樓地板面積分別合計之，其中有二種類組以上達應申報規模時，應以達申報規模之類組中之最高申報頻率為之。至於申報主體，該幢建築物應由建築物所有權人申報，或由使用人共同或個別就其應申報範圍完成檢查後合併申報。

(二) 建築物公共安全檢查申報主體：

　　整幢建築物為同一使用類組，有分屬不同所有權人者，其申報客體以整幢為之；申報規模以整幢建築物之總樓地板面積計之，若達申報規模，應依其申報頻率辦理申報。至於申報主體，該幢建築物各所有權人或使用人得就其應申報範圍採共同或個別方式完成檢

查後合併申報。

(三) 建築物公共安全檢查申報規模依下列規定為之:

整幢建築物有供二種類組以上之用途使用且各類組分屬不同所有權者,以各類組為申報客體;其申報規模應以該幢各類組樓地板面積分別合計之,若有類組達應申報規模者,同類組之所有權人或使用人應依該類組之申報頻率辦理申報;同年度應申報之類組,其所有權人或使用人得就申報範圍,共同以最高申報規模類組之申報期間完成檢查後申報。

例題 4-50

近年來建築物多朝高層化、複合化發展,建築工程施工一有不慎,往往影響公共安全,營建法規中對於施工與維護公共安全管理也有許多規定,試概要說明建築法第 5 章中有關施工管理之規定。(25 分)

(104 公務人員普考-營建法規概要 #1)

【參考解答】

施工安全規定:(建築法-63~69)

(一) 施工場所:應有維護安全、防範危險及預防火災之適當設備或措施。

(二) 建築材料及機具之堆放:不得妨礙交通及公共安全。(※堆積在擋土設備之周圍或支撐上者,不得超過設計荷重。)

(三) 施工機械:

1. 不得作其使用目的以外之用途,並不得超過其性能範圍。

2. 應備有掣動裝置及操作上所必要之信號裝置。

3. 自身不能穩定者,應扶以撐柱或拉索。

(四) 施工圍籬:應於施工場所之周圍,利用鐵板木板等適當材料設置高度在一‧八公尺以上之圍籬或有同等效力之其他防護設施。

(五) 墜落物體之防護:

1. 自地面高度三公尺以上投下垃圾或其他容易飛散之物體時,應用垃圾導管或其他防止飛散之有效設施。

2. 落物防止柵:二層以上建築物施工時,其施工部分距離道路境界線或基地境界線不足二公尺半者,或五層以上建築物施工時,應設置防止物體墜落之適當圍籬。(※所稱之適當圍籬應為設在施工架周圍以鐵絲網或帆布或其他適當材料等設置覆蓋物以防止墜落物體所造成之傷害。)

(六) 施工方法或施工設備:發生激烈震動或噪音及灰塵散播,有妨礙附近之安全或安寧者,得令其作必要之措施或限制其作業時間。

(七) 承造人在建築物施工中,不得損及道路、溝渠等公共設施;如必須損壞時,應先申報各該主管機關核准,並規定施工期間之維護標準與責任,及損壞原因消失後之修復責任與期限,始得進行該部分工程。前項損壞部分,應在損壞原因消失後即予修復。

(八) 鄰房安全:建築物在施工中,鄰接其他建築物施行挖土工程時,對該鄰接建築物應視需要作防護其傾斜或倒壞之措施。挖土深度在一公尺半以上者,其防護措施之設計圖樣及說明書,應於申請建造執照或雜項執照時一併送審。

例題 4-51

近年來由於住宅供需問題引起諸多討論，公私部門相繼投入住宅興建。請依中央法規標準法、建築法、建築技術規則、住宅法及政府採購法等規定，回答下列問題：

(二) 就建築整體生命週期而言，應請領那些建築執照？（5 分）

(105 公務人員普考-營建法規概要 #1)

【參考解答】

(二) 建築執照分左列四種：（建築法-28）

    1. 建造執照：建築物之新建、增建、改建及修建，應請領建造執照。

    2. 雜項執照：雜項工作物之建築，應請領雜項執照。

    3. 使用執照：建築物建造完成後之使用或變更使用，應請領使用執照。

    4. 拆除執照：建築物之拆除，應請領拆除執照。

例題 4-52

就營建業務而言，將涉及建築法之適用範圍，建築師之設計監造與營造業之承造施工，請依建築法、建築師法及營造業法回答下列問題：

(一) 建築法之實施適用於那些地區？（10 分）

(105 公務人員普考-營建法規概要 #3)

【參考解答】

(一) 建築法適用地區（範圍）：（建築法-3）

    1. 實施都市計畫地區。

    2. 實施區域計畫地區。

    3. 經內政部指定地區。

    4. 供公眾使用及公有建築物。

例題 4-53

就營建業務而言，將涉及建築法之適用範圍，建築師之設計監造與營造業之承造施工，請依建築法、建築師法及營造業法回答下列問題：

(二) 建築師不得兼任那些職業？（10 分）

(105 公務人員普考-營建法規概要 #3)

【參考解答】

(二) 建築師不得兼任或兼營左列職業：（建築師-25）

    1. 依公務人員任用法任用之公務人員。

    2. 營造業、營造業之主任技師或技師，或為營造業承攬工程之保證人。

    3. 建築材料商。

例題 4-54

試詳述制定建築法之宗旨及其適用地區。（25 分）

(101 地方特考四等-營建法規概要 #1)

【參考解答】

(一) 立法目的：（建築法-1）

為實施建築管理，以維護公共安全、公共交通、公共衛生及增進市容觀瞻。

(二) 建築法適用地區（範圍）：（建築法-3）

1. 實施都市計畫地區。

2. 實施區域計畫地區。

3. 經內政部指定地區。

供公眾使用及公有建築物。

例題 4-55

建築物之興建，通常都有起造人、承造人、設計人及監造人，請依建築法之規定分別說明之。
（25 分）

(102 地方特考四等-營建法規概要 #4)

【參考解答】

建築行為人：（建築法-12、13、14）

(一) 起造人：為建造該建築物之申請人。（※未成年或受監護宣告之人者，由其法定代理人代
為申請；起造人為政府機關公營事業機構、團體或法人者，由其負責人申請之）

(二) 設計人及監造人：

1. 為依法登記開業之建築師。（※建築物結構與設備等專業工程部分，除五層以下非供
公眾使用之建築物外，應由承辦建築師交由依法登記開業之專業工業技師負責辦理，
建築師並負連帶責任。）

2. 公有建築物之設計人及監造人，得由起造之政府機關、公營事業機構或自治團體內，
依法取得建築師或專業工業技師證書者任之。

(三) 承造人：為依法登記開業之營造廠商。

例題 4-56

依建築法第74條之規定，說明申請變更使用執照，應備具申請書並檢附那些規定之文件？（25
分）

(103 地方特考四等-營建法規概要 #1)

【參考解答】

變更使用執照之申請規定：（建築法-74、76）

(一) 應備具文件：

1. 申請書。

2. 建築物之原使用執照或謄本。

3. 變更用途之說明書。

4. 變更供公眾使用者，其結構計算書及建築物室內裝修及設備圖說。

(二) 非供公眾使用建築物變更為供公眾使用，或原供公眾使用建築物變更為他種公眾使用時，直轄市、縣（市）（局）主管建築機關應檢查其構造、設備及室內裝修。其有關消防安全設備部分應會同消防主管機關檢查。

例題 4-57

請依建築物室內裝修管理辦法第 23 條規定，說明申請室內裝修審核時，應檢附那些圖說文件？（25 分）

(104 地方特考四等-營建法規概要 #4)

【參考解答】

申請室內裝修審核時，應檢附之圖說文件：（裝修-23、24、25）

(一) 申請書。

(二) 建築物權利證明文件。

(三) 前次核准使用執照平面圖或室內裝修平面圖或申請建築執照之平面圖。但經直轄市、縣（市）主管建築機關查明檔案資料確無前次核准使用執照平面圖或室內裝修平面圖屬實者，得以經開業建築師簽證符合規定之現況圖替代之。（現況圖為載明裝修樓層現況之防火避難設施、消防安全設備、防火區劃、主要構造位置之圖說，其比例尺不得小於二百分之一。）

(四) 室內裝修圖說：

　　室內裝修圖說包括下列各款：

　　1. 位置圖：註明裝修地址、樓層及所在位置。

　　2. 裝修平面圖：註明各部分之用途、尺寸及材料使用，其比例尺不得小於一百分之一。

　　3. 裝修立面圖：比例尺不得小於一百分之一。

　　4. 裝修剖面圖：註明裝修各部分高度、內部設施及各部分之材料，其比例尺不得小於一百分之一。

（※室內裝修圖說應由開業建築師或專業設計技術人員署名負責。但建築物之分間牆位置變更、增加或減少經審查機構認定涉及公共安全時，應經開業建築師簽證負責。）

例題 4-58

依據公寓大廈管理條例規定，請詳述那些狀況下公寓大廈之共用部分，依法不得做為約定專用部分。（25 分）

(105 地方特考四等-營建法規概要 #2)

【參考解答】

公寓大廈共用部分不得獨立使用供做專有部分。其為下列各款者，並不得為約定專用部分：

(一) 公寓大廈本身所占之地面。

(二) 連通數個專有部分之走廊或樓梯，及其通往室外之通路或門廳；社區內各巷道、防火巷弄。

(三) 公寓大廈基礎、主要樑柱、承重牆壁、樓地板及屋頂之構造。

(四) 約定專用有違法令使用限制之規定者。

(五) 其他有固定使用方法，並屬區分所有權人生活利用上不可或缺之共用部分。

例題 4-59

請依現行建築法、建築技術規則、區域計畫法、都市計畫法、政府採購法及相關營建法規簡要回答下列問題：

(三)何謂「山坡地保育區」？（5分）

(101 鐵路員級-營建法規概要 #1)

【參考解答】

(三)非都市土地使用分區類別：（區計細則-13）

　　　山坡地保育區：為保護自然生態資源、景觀、環境，與防治沖蝕、崩塌、地滑、土石流失等地質災害，及涵養水源等水土保育，依有關法令，會同有關機關劃定者。

例題 4-60

請依建築法相關規定，說明何謂「建築物」？（5分）應請領建造執照之建築行為有那幾種？（20分）

(101 鐵路員級-營建法規概要 #3)

【參考解答】

(一) 建築物：（建築法-4）

　　　為定著於土地上或地面下具有頂蓋、樑柱或牆壁，供個人或公眾使用之構造物或雜項工作物。

(二) 建造：（建築法-9）

　　1. 新建：為新建造之建築物或將原建築物全部拆除而重行建築者。

　　2. 增建：於原建築物增加其面積或高度者。但以過廊與原建築物連接者，應視為新建。

　　3. 改建：將建築物之一部份拆除，於原建築基地範圍內改造，而不增高或擴大面積者。

　　4. 修建：建築物之基礎、樑柱、承重牆壁、樓地板、屋架或屋頂、其中任何一種有過半之修理或變更者。

例題 4-61

山坡地應於雜項工程完工查驗合格後，領得雜項工程使用執照，始得申請建造執照。

試問：雜項工程進行時，依規定應做好那些安全防護措施？（25 分）

(102 鐵路員級-營建法規概要 #1)

【參考解答】

雜項工程進行時，應為下列之安全防護措施：（山坡建築-7）

(一) 毗鄰土地及改良物之安全維護。

(二) 施工場所之防護圍籬、擋土設備、施工架、工作臺、防洪、防火等安全防護措施。

(三) 危石、險坡、坍方、落盤、倒樹、毒蛇、落塵等防範。

(四) 挖土、填土或裸地表部分臨時坡面之防止沖刷設施。

(五) 使用炸藥作業時，應依有關規定辦理申請手續，並妥擬安全措施。

(六) 颱風、豪雨等天然災害來臨前之必要防護措施。

例題 4-62
依建築法規定，涉及建造行為以外主要構造、防火區劃、防火避難設施、消防設備、停車空間及其他與原核定使用不合之變更者，應申請變更使用執照。請就「建築物使用類組及變更使用辦法」之規定詳細說明那些設施或設備之變更須申請變更使用執照？（25 分）

(102 鐵路員級-營建法規概要 #4)

【參考解答】

本法第七十三條第二項所定有本法第九條建造行為以外主要構造、防火區劃、防火避難設施、消防設備、停車空間及其他與原核定使用不合之變更者，應申請變更使用執照之規定如下：（建築物使用類組及變更使用辦法-8）

(一) 建築物之基礎、樑柱、承重牆壁、樓地板等之變更。

(二) 防火區劃範圍、構造或設備之調整或變更。

(三) 防火避難設施：

　　1. 直通樓梯、安全梯或特別安全梯之構造、數量、步行距離、總寬度、避難層出入口數量、寬度及高度、避難層以外樓層出入口之寬度、樓梯及平臺淨寬等之變更。

　　2. 走廊構造及寬度之變更。

　　3. 緊急進口構造、排煙設備、緊急照明設備、緊急用昇降機、屋頂避難平臺、防火間隔之變更。

(四) 供公眾使用建築物或經中央主管建築機關認有必要之非供公眾使用建築物之消防設備之變更。

(五) 建築物或法定空地停車空間之汽車或機車車位之變更。

(六) 建築物獎勵增設營業使用停車空間之變更。

(七) 建築物於原核定建築面積及各層樓地板範圍內設置或變更之昇降設備。

(八) 建築物之共同壁、分戶牆、外牆、防空避難設備、機械停車設備、中央系統空氣調節設備及開放空間，或其他經中央主管建築機關認定項目之變更。

例題 4-63
依據建築物無障礙設施設計規範及建築技術規則之規定，請試述下列用辭之意涵：（每小題 5 分，共 25 分）
(二) 建築面積

(103 鐵路員級-營建法規概要 #1)

【參考解答】

(二) 建築面積（技則-II-1）

　　建築面積：建築物外牆中心線或其代替柱中心線以內之最大水平投影面積。但

　　1. 電業單位規定之配電設備及其防護設施。

　　2. 地下層突出基地地面未超過一·二公尺，不計入建築面積。

　　3. 遮陽板有二分之一以上為透空者，不計入建築面積。

　　4. 陽臺、屋簷及建築物出入口雨遮突出建築物外牆中心線或其代替柱中心線超過二·〇公尺，或雨遮、花臺突出超過一公尺者，應自其外緣分別扣除二·〇公尺或一公尺作為中心線。

5. 每層陽臺面積之和，以不超過建築面積八分之一為限，其未達八平方公尺者，得建築八平方公尺。

例題 4-64
依據建築物無障礙設施設計規範及建築技術規則之規定，請試述下列用辭之意涵：（每小題 5 分，共 25 分）
(三) 基地地面

(103 鐵路員級-營建法規概要 #1)

【參考解答】

(三) 基地地面（技則-II-1）

基地地面：基地整地完竣後，建築物外牆與地面接觸最低一側之水平面；基地地面高低相差超過三公尺，以每相差三公尺之水平面為該部分基地地面。

單元五、建築技術規則

📖重點內容摘要

建築技術規則雖為建築法系的子法，但歷年考試來占分比例高，故編者將其分開，方便應試者閱讀，近幾年來由於專技建築師考試的題型由申論題轉變為測驗題，本章節的重要性大幅度提升，由原本配分約為一題(20 分)到現在測驗題型的的百分之四十(40 分)，幾乎成長一倍。應試者須注意，應試的題型若為測驗題型，本章節是最值得準備的一章節。

近五年來，第五章部分除設計施工篇外，構造篇及設備篇亦須配合近幾年地震發生憾事的時事題準備。

【歷屆試題】

例題5-1

(A) 1. 有關高層建築物之防火避難之敘述，下列何者錯誤？
    (A) 通達高度 50 公尺以上或 16 層以上樓層之直通樓梯均應為特別安全梯或戶外梯
    (B) 通達地面以上樓層與通達地面以下樓層之梯間不得直通
    (C) 連接昇降機間之走廊，應為具 1 小時以上防火時效之獨立防火區劃
    (D) 高層住宅使用燃氣設備之廚房應為具 1 小時以上防火時效之獨立防火區劃

(101 建築師-營建法規與實務#1)

(C) 2. 有關天花板淨高之敘述，下列何者錯誤？
    (A) 作業廠房不得小於 2.7 公尺
    (B) 學校教室不得小於 3 公尺
    (C) 辦公室空間不得小於 2.4 公尺
    (D) 停車空間不得小於 2.1 公尺

(101 建築師-營建法規與實務#2)

(B) 3. 有關排煙設備規定之敘述，下列何者錯誤？
    (A) 每層樓地板面積 500 平方公尺以內者，得以防煙壁區劃
    (B) 區劃範圍任一部分至排煙口之水平距離，不得超過 30 公尺
    (C) 排煙口之開口面積不得小於防煙區劃樓地板面積之 2%
    (D) 排煙口應放在天花板或天花板下 80 公分範圍之外牆，或直接與排煙風道相接

(101 建築師-營建法規與實務#3)

(D) 4. 防火門應朝避難方向開啟，但下列何種空間使用不在此限？①住宅 ②宿舍寢室
    ③旅館客房 ④補習班教室 ⑤演藝廳
    (A) ①②④   (B)③④⑤   (C)②③⑤   (D)①②③

(101 建築師-營建法規與實務#4)

(B) 5. 建築技術規則之那一部分得因性能設計計畫書及評定書經主管機關認可，得不適用
    之？
    (A) 建築技術規則的全部
    (B) 設計施工編有關建築物之防火避難
    (C) 設計施工編的全部
    (D) 設計施工編及建築設備編的全部

(101 建築師-營建法規與實務#5)

(B) 6. 有關建築技術規則內對緊急用昇降機規定之敘述，下列何者錯誤？
    (A) 機間應設置排煙室
    (B) 昇降速度每分鐘不得小於 90 公尺
    (C) 緊急電梯應連接至緊急電源
    (D) 機道每 2 部昇降機以具有 1 小時以上防火時效之牆壁隔開

(101 建築師-營建法規與實務#7)

(A)　7.　依建築技術規則之相關規定，圖示樓梯之寬度為何？

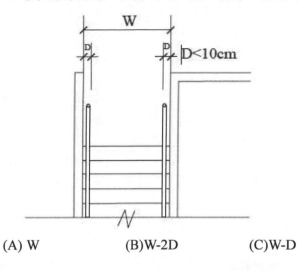

(A) W　　　　　(B)W-2D　　　　(C)W-D　　　　(D)W-(2×10)

(101 建築師-營建法規與實務#8)

(B)　8.　無障礙設施之室內通路走廊寬度依規定至少不得小於多少公分？
(A) 100　　　　　(B)120　　　　　(C)130　　　　　(D)150

(101 建築師-營建法規與實務#10)

(C)　9.　有關何種樓梯應通達屋頂避難平台之規定，下列何者正確？
(A) 地面層以上之各種安全梯
(B) 通達 15 層以上或地下 3 層以下各樓層，應設備之戶外安全梯或特別安全梯
(C) 通達 5 層以上供集會表演、娛樂場所及商場百貨等使用組別使用之樓層之戶外
安全梯或特別安全梯
(D) 樓梯應通達屋頂避難平台之規定，業已取消

(101 建築師-營建法規與實務#14)

(C)　10.　依建築技術規則之規定，在法定上限內，下列何者應計入容積樓地板面積？
(A) 共同使用之電梯廳
(B) 機電設備空間
(C) 浴廁及儲藏等非居室空間
(D) 緊急昇降機之機道

(101 建築師-營建法規與實務#16)

(#)　11.　依建築技術規則之規定，達何種條件就必須設置緊急用昇降機？(送分)
(A) 高度 36 公尺以上之建築物
(B) 高度超過 10 層樓之建築物
(C) 危險物品類建築
(D) 住商混合大樓

(101 建築師-營建法規與實務#17)

(A)　12.　有關走廊寬度之規定，下列何者錯誤？

(A) 補習班兩側有居室者——1.8 公尺以上

(B) 醫院走廊兩側有病房者——1.6 公尺以上

(C) 學校建築單邊走廊——1.8 公尺以上

(D) 觀眾席 300 平方公尺以下集會堂之走廊——1.2 公尺以上

(101 建築師-營建法規與實務#18)

(B)　13.　自基地境界線所退縮之防火間隔，不得作為下列何種用途使用？

(A) 花台、雨遮　　(B)陽台、露台　　(C)汽車坡道　　(D)採光井

(101 建築師-營建法規與實務#19)

(C)　14.　有關無障礙馬桶之敘述，除醫療或療養機構有特殊需求外，下列何者錯誤？

(A) 馬桶至少有一側邊之淨空間不得小於 70 公分

(B) 應使用一般形式之馬桶

(C) 座位之高度為 50～55 公分

(D) 馬桶不可有蓋，且應設置靠背

(101 建築師-營建法規與實務#21)

(B)　15.　依建築技術規則建築設計施工編第 1 條用語定義，20 層樓之集合住宅每層樓地板為 200 平方公尺，下列何空間不視為居室？

(A) 20 平方公尺之客廳

(B) 30 平方公尺之門廳

(C) 30 平方公尺之廚房

(D) 15 平方公尺之臥室

(101 建築師-營建法規與實務#22)

(A)　16.　若於安全梯牆壁開設對外採光用窗戶，應與同幢建物其他窗戶至少相距多少公分？

(A) 90　　　　　　(B)120　　　　　　(C)180　　　　　　(D)200

(101 建築師-營建法規與實務#23)

(C)　17.　有關防空避難設備規定之敘述，下列何者正確？

(A) 學校建築之防空避難設備之步行距離為 200 公尺

(B) 機械式立體停車塔，依停車數量換算使用人數設置防空避難設備

(C) 集中附建防空避難設備，其步行距離最大不得超過 300 公尺

(D) 防空避難設備之樓層達 200 平方公尺以上者，可兼停車空間及他種無固定設備用途之使用

(101 建築師-營建法規與實務#24)

(B)　18.　有關無障礙樓梯之敘述，下列何者錯誤？

(A) 樓梯兩側應裝設距梯級鼻端高度 75～85 公分之扶手

(B) 梯級級高須為 18 公分以下

(C) 梯級突沿的彎曲半徑不得大於 1.3 公分

(D) 樓梯兩端扶手應水平延伸 30 公分以上

(101 建築師-營建法規與實務#25)

(#) 19. 有關防火構造建築物必須設置兩座以上之直通樓梯之規定，下列何者錯誤？(送力)
    (A) 8 層以上之建築物
    (B) 供集合住宅使用該樓層之樓地板面積超過 240 平方公尺者
    (C) 醫療照護場所其病房樓地板面積超過 200 平方公尺者
    (D) 有觀眾席及舞台之集會場所

(101 建築師-營建法規與實務#26)

(A) 20. 有關安全梯設置規定之敘述，下列何者錯誤？
    (A) 通達地上 6 層以上，15 層以下，應設置安全梯
    (B) 通達地下 2 層，應設置安全梯
    (C) 高層建築物不得以戶外梯取代特別安全梯
    (D) 通達地下 3 層，視面積規模可不設特別安全梯

(101 建築師-營建法規與實務#27)

(B) 21. 有關停車空間規定之敘述，下列何者錯誤？
    (A) 室內停車位，四分之一車位數可規劃寬 2.25 公尺、長 5.75 公尺及淨高 2.1 公尺
    (B) 機械停車設備，每輛為寬 2.20 公尺、長 5.70 公尺及淨高至少 1.9 公尺
    (C) 地下室停車空間汽車坡道出入口留設深度 2 公尺以上之緩衝車道
    (D) 設置汽車昇降機設備者，按車庫樓地板面積每 1200 平方公尺以內裝置昇降機一台

(101 建築師-營建法規與實務#31)

(C) 22. 依建築技術規則建築設計施工編第 1 條用語定義，總樓地板面積得不包括下列何者的面積？
    (A) 地下室   (B)屋頂突出物   (C)陽台   (D)電梯廳

(101 建築師-營建法規與實務#34)

(C) 23. 高層建築物之總樓地板面積與留設空地之比，於住宅區最大不得大於多少倍？
    (A) 5   (B)10   (C)15   (D)20

(101 建築師-營建法規與實務#35)

(A) 24. 山坡地之建築許可高度，除另有規定外，依何種方式計算？
    (A) 依法定容積率與法定建蔽率之比
    (B) 依道路寬度及退縮空地深度
    (C) 依地質鑽探調查之地耐力計算
    (D) 依設計容積率與設計建蔽率之比

(101 建築師-營建法規與實務#36)

(D) 25. 建築技術規則所要求設置之設施，下列何者係針對火災時提供消防隊救火之需要？
    ①特別安全梯 ②戶外安全梯 ③緊急昇降機 ④緊急入口
    (A) ①②   (B)①③   (C)②③   (D)③④

(101 建築師-營建法規與實務#37)

(C) 26. 有關建築技術規則防火區劃規定之敘述，下列何者錯誤？

    (A) 連跨樓層數在三層以下，樓地板 1,500 m² 以下之挑空，可不予區劃

    (B) 工廠建築之生產線，得以自成一區劃而免再分隔區劃

    (C) 建築物十一層以上之樓層，室內裝修均為耐燃一級者，防火區劃面積為 1,000 m²

    (D) 非防火構造之建築物，主要構造以不燃材料建造者，防火區劃面積為 1,000 m²

(102 建築師-營建法規與實務#1)

(D) 27. 有關防火門性能之敘述，下列何者錯誤？

    (A) 戶外安全梯之出入口應有具一小時以上防火時效及半小時以上阻熱性之防火門

    (B) 室內進入排煙室之出入口，應有具一小時以上防火時效及半小時以上阻熱性之防火門

    (C) 自排煙室進入樓梯間之出入口，應有具半小時以上防火時效之防火門

    (D) 以室外走廊連接安全梯者，戶外安全梯出入口應有具一小時以上防火時效之防火門

(102 建築師-營建法規與實務#2)

(C) 28. 依建築技術規則，有關緊急昇降機之規定，下列何者錯誤？

    (A) 防火構造建築物超過 10 層樓之各樓層地板面積之和未達 500 m² 者，得不設置緊急昇降機

    (B) 每座緊急昇降機間之樓地板面積不得小於 10 m²，且應設置排煙設備

    (C) 緊急昇降機之機間出入口，應為具有一小時以上防火時效之防火門，直接連接居室

    (D) 機間在避難層之位置，自機間出入口至通往戶外出入口之步行距離不得大於 30 m

(102 建築師-營建法規與實務#3)

(C) 29. 有關需設置二座以上之直通樓梯達避難層或地面之使用組別之敘述，下列何者錯誤？

    (A) 三層集會堂樓地板面積 500 平方公尺

    (B) 病房樓地板面積 200 平方公尺之七層醫療照護機構

    (C) 七層集合住宅單層樓地板面積 200 平方公尺

    (D) 七層旅館單層之樓地板面積 500 平方公尺

(102 建築師-營建法規與實務#4)

(#) 30. 依建築技術規則之規定，六層以上集合住宅應設置的行動不便者使用設施最少須包含之項目為何？①室外通路 ②避難層坡道及扶手 ③避難層出入口 ④室內出入口 ⑤室內通路走廊 ⑥樓梯 ⑦昇降設備 ⑧停車空間（送分）

    (A) ②③④⑤   (B)①②③⑦   (C)③④⑥⑦   (D)②⑥⑦⑧

(102 建築師-營建法規與實務#6)

(B) 31. 建築物之居室應設置採光用窗或開口，有關其採光面積之規定敘述，下列何者錯誤？

    (A) 幼稚園及學校教室不得小於樓地板面積 $\frac{1}{5}$

(B) 住宅之居室、醫院之病房不得小於樓地板面積 $\frac{1}{6}$

(C) 托兒所、養老院等居室不得小於樓地板面積 $\frac{1}{8}$

(D) 位於地板面以上 50 公分範圍內之窗或開口面積不得計入採光面積試算

(102 建築師-營建法規與實務#8)

(C)　32. 依建築技術規則建築設計施工編第 92 條規定，走廊地板面有高低時，其坡度不得超過幾分之一，並不得設置臺階：

(A) $\frac{1}{6}$　　　　(B) $\frac{1}{8}$　　　　(C) $\frac{1}{10}$　　　　(D) $\frac{1}{12}$

(102 建築師-營建法規與實務#9)

(D)　33. 為強化及維護使用安全，供公眾使用建築物之公共空間，依規定下列何者至少必須設置一處監視攝影裝置？

(A) 安全梯間　　　(B)公共廁所　　　(C)避難層門廳　　　(D)電梯車廂內

(102 建築師-營建法規與實務#10)

(C)　34. 依建築技術規則建築設計施工編第四章之規定，下列何者必須設置緊急用昇降機？

(A) 六層之建築物

(B) 建築物高度 20 公尺

(C) 十一層之建築物

(D) 八層之建築物

(102 建築師-營建法規與實務#11)

(D)　35. 非防火構造物自基地境界線退縮留設之防火間隔，至少應超過多少公尺以上距離，其建築物之外牆及屋頂得不受不燃材料建造或覆蓋之限制？

(A) 3　　　　(B)4　　　　(C)5　　　　(D)6

(102 建築師-營建法規與實務#13)

(B)　36. 依建築技術規則規定，緊急用昇降機之昇降速度每分鐘至少應大於多少公尺？

(A) 50　　　　(B)60　　　　(C)70　　　　(D)90

(102 建築師-營建法規與實務#14)

(B)　37. 下列何種防火設備不需要阻熱性？

(A) 面積區劃之鐵捲門

(B) 挑空部分垂直區劃之鐵捲門

(C) 進入特別安全梯排煙室之防火門

(D) 進入安全梯之防火門

(102 建築師-營建法規與實務#18)

(D)　38. 住宅區內建築深度至少超過幾公尺，應檢討各樓層背面或側面之採光用窗或開口，是否在有效採光範圍內？

(A) 5　　　　(B)6　　　　(C)8　　　　(D)10

(102 建築師-營建法規與實務#24)

(D) 39. 依建築技術規則建築設計施工編第一條用語之定義，避難層是指：
    (A) 屋頂
    (B) 可避難之樓層
    (C) 有排煙室的空間
    (D) 可到基地地面之樓層

(102 建築師-營建法規與實務#26)

(D) 40. 依建築技術規則綠建築基準中建築物節約能源之規定，下列何者不會影響其建築外殼節約能源之設計？
    (A) 氣候分區
    (B) 使用類別
    (C) 立面開窗率及窗面平均日射取得量
    (D) 植栽喬木數量

(102 建築師-營建法規與實務#27)

(B) 41. 依建築技術規則之規定，女兒牆高度最高在幾公尺以內，不用計入建築物高度？
    (A) 2.0   (B)1.5   (C)1.8   (D)1.2

(102 建築師-營建法規與實務#28)

(C) 42. 依據「建築物無障礙設施設計規範」，廁所盥洗室空間內應設置迴轉空間，直徑至少不得小於多少公分？
    (A) 105   (B)120   (C)150   (D)180

(102 建築師-營建法規與實務#29)

(C) 43. 有關居室任一點至直通樓梯口之步行距離之規定，下列何者錯誤？
    (A) 商場不得超過 30 公尺
    (B) 工廠不得超過 70 公尺
    (C) 高層建築物之辦公室不得超過 50 公尺
    (D) 地下停車場無步行距離之規定

(102 建築師-營建法規與實務#30)

(B) 44. 供行動不便者使用之室內出入口之淨寬不得小於多少公分？
    (A) 100   (B)90   (C)110   (D)120

(102 建築師-營建法規與實務#31)

(C) 45. 居室內斜面天花板淨高之計算，其最低處至多不得小於多少公尺？
    (A) 2.1   (B)1.8   (C)1.7   (D)1.5

(102 建築師-營建法規與實務#32)

(A) 46. 建物所有權狀中，所指建物下列何者歸屬為附屬建物？
    (A)陽台、花台   (B)公共梯間   (C)屋頂突出物   (D)防空避難室

(102 建築師-營建法規與實務#47)

(B) 47. 供行動不便者使用之室內出入口，門框間淨寬度至少不得小於幾 cm？
    (A) 80   (B)90   (C)100   (D)120

(103 建築師-營建法規與實務#1)

(B) 48. 下列那些建築物用途組別設置於室外走廊之欄杆,不得設有可供直徑 10 cm 物體穿越之鏤空或可供攀爬之水平橫條?①商場百貨 ②國小校舍 ③住宅 ④旅館 ⑤辦公場所 ⑥醫療照護
(A) ①②③④　　　(B)①②③⑤　　　(C)①③④⑥　　　(D)②④⑤⑥

(D) 49. 下列何者不適用建築技術規則特定建築物章所稱特定建築物之適用範圍?
(A) 超級市場總樓地板面積之和達 250 m²
(B) 展覽場總樓地板面積之和達 250m²
(C) 批發市場總樓地板面積之和達 200 m²
(D) 公私團體辦公廳總樓地板面積之和達 800 m²

(A) 50. 建築物在第十一層以上之樓層,各層之樓地板面積至少在多少 m² 以上者,應按規定設置自動撒水設備?
(A) 100　　　(B)150　　　(C)200　　　(D)300

(D) 51. 建築技術規則中綠建築基準有關水資源之規定,下列敘述何者正確?
(A) 新建之供公眾使用建築物,均應設置雨水貯留利用系統及生活雜排水回收再利用系統
(B) 設置生活雜排水回收利用系統者,其生活雜排水回收再利用率應大於百分之四
(C) 設置雨水貯留利用系統者,其雨水貯留利用率應大於百分之三十
(D) 基地保水指標應大於 0.5 與基地內應保留法定空地比率之乘積

(B) 52. 依建築技術規則規定,防空避難設備之附建標準,下列何者正確?
(A) 五層以上非供公眾使用之建築物,按建築面積全部附建
(B) 二層供演藝場使用之建築物,按建築面積全部附建
(C) 四層供工廠使用之建築物,按建築面積全部附建
(D) 三層供圖書館使用之建築物,按建築面積全部附建

(D) 53. 依建築技術規則中有關高層建築物之規定,下列何者正確?
(A) 高層建築物應設置二座以上特別安全梯,其排煙室得共同使用
(B) 高層建築物之特別安全梯,通達地面以上樓層與地面以下樓層之梯間應直通
(C) 高層建築物之防災中心得設於地下二層
(D) 高層建築物之防災中心應以具有二小時以上防火時效之牆壁、防火門窗等防火設備予以區劃分隔

(A) 54. 山坡地基地所謂之平均坡度(S)計算方式,係指實測地形圖上區劃正方格坵塊,其每邊長(L)不大於 25 m。假設等高線首曲線間距(h)為 1 m,請問當等高線及方格線交點數為 11 時,平均坡度(%)約為多少?
(A) 17　　　(B)9　　　(C)28　　　(D)34

(B) 55. 下列何種建築物不須要提送防火避難綜合檢討報告書？

(A) 30 層之辦公大樓

(B) 30 層之集合住宅

(C) 3 層之百貨商場總樓地板面積 33,000 m²

(D) 與捷運車站連接之地下商場

(103 建築師-營建法規與實務#9)

(B) 56. 建築技術規則有關高層建築物限制之敘述，下列何者正確？①限制總樓地板面積與留設空地之比 ②限制地下各層最大樓地板面積 ③須設置防災中心 ④不論高度依落物曲線距離退縮建築

(A) ②③④　　　(B)①②③　　　(C)①②④　　　(D)①③④

(103 建築師-營建法規與實務#10)

(D) 57. 下列何者為無窗戶居室？

(A) 50 m² 以下之居室，天花板下方 80 cm 內，有效通風面積達百分之三

(B) 100 m² 以上之居室，天花板下方 50 cm 內，有效通風面積達百分之二

(C) 100 m² 之居室，有效採光面積為 5 m²

(D) 200 m² 之居室，有效採光面積為 6 m²

(103 建築師-營建法規與實務#11)

(B) 58. 依建築技術規則規定，工廠類建築物之「作業廠房」，其單層樓地板面積不得小於多少 m²？

(A) 100　　　(B)150　　　(C)200　　　(D)250

(103 建築師-營建法規與實務#12)

(D) 59. 一基地內二幢防火構造建築物間之防火間隔至少應超過多少 m 以上，該建築物外牆開口門窗免檢討防火性能？

(A) 3　　　(B)4　　　(C)5　　　(D)6

(103 建築師-營建法規與實務#13)

(C) 60. 防火構造建築物之管道間應有多少（X）小時以上防火時效之牆壁，多少（Y）小時防火時效之維修門？

(A) （X）= 1，（Y）= 0.5

(B) （X）= 2，（Y）= 1

(C) （X）= 1，（Y）= 1

(D) （X）= 2，（Y）= 2

(103 建築師-營建法規與實務#14)

(D) 61. 建築物自避難層以外之樓層，不會因下列何者而應設置二座以上之直通樓梯通達避難層或地面？

(A) 樓層數

(B) 自樓面居室之任一點至樓梯口之步行距離

(C) 樓地板面積

(D) 樓層高度

(103 建築師-營建法規與實務#16)

(D) 62. 依建築技術規則建築設計施工編第 12 章「高層建築物」之規定，必須設置之排煙室可以由那些空間共同使用？
(A) 安全梯與機電空間
(B) 安全梯與管道間
(C) 安全梯與安全梯
(D) 安全梯與緊急昇降機

(103 建築師-營建法規與實務#17)

(A) 63. 無障礙坡道高低差大於多少公分，其兩側皆應設置符合規定之連續性扶手？
(A) 20 　　　　(B)30 　　　　(C)45 　　　　(D)60

(103 建築師-營建法規與實務#18)

(B) 64. 依建築技術規則建築設計施工編第 9 章之規定，實施容積管制前已申請或領有建造執照，在建造執照有效期限內，依申請變更時之法令辦理變更設計，以不增加原核准總樓地板面積及地下各層樓地板面積不移到地面以上樓層者，建築物樓層高度為何？
(A) 地面一層樓高不超過 6 m，其餘各樓層之高度不超過 4.2 m
(B) 地面一層樓高不超過 4.2 m，其餘各樓層之高度不超過 3.6 m
(C) 所有樓層高度不得超過 4.2 m
(D) 地面一層樓高不超過 6 m，其餘各樓層之高度不超過 3.6 m

(103 建築師-營建法規與實務#21)

(C) 65. 突出屋面之透空遮牆、透空立體構架供景觀造型，如果要不計入建築物高度，透空至少應分別達多少？
(A) 1/3 以上透空遮牆、1/2 以上透空立體構架
(B) 1/2 以上透空遮牆、1/2 以上透空立體構架
(C) 1/3 以上透空遮牆、2/3 以上透空立體構架
(D) 2/3 以上透空遮牆、1/3 以上透空立體構架

(103 建築師-營建法規與實務#26)

(A) 66. 一基地內之二幢防火構造建築物間留設 2 m 防火間隔時，其外牆之防火性能，下列敘述何者正確？
(A) 外牆與開口門窗最少均具有 1 小時以上防火時效
(B) 外牆與開口門窗最少均具有半小時以上防火時效
(C) 外牆最少具有半小時防火時效，開口門窗無規定
(D) 同一居室開口面積在 3 m² 以下，且以具半小時防火時效之牆壁（不包括裝設於該牆壁上之門窗）與樓版區劃分隔者，其外牆開口的防火性能不予限制

(103 建築師-營建法規與實務#27)

(B) 67. 下列供公眾使用建築物的那些空間至少應設置一處監視攝影裝置？①基地內通路②車道出入口③停車空間④避難層出入口⑤排煙室
(A) ①⑤ 　　　(B)②③ 　　　(C)②④ 　　　(D)④⑤

(103 建築師-營建法規與實務#28)

(D) 68. 依建築技術規則規定，下列何者應全部計入容積總樓地板面積？

(A) 安全梯之梯間

(B) 管理委員會使用空間

(C) 自行增設之停車空間

(D) 昇降機之機道

(103 建築師-營建法規與實務#30)

(C) 69. 依山坡地保育利用條例第 3 條之規定劃定，報請行政院核定公告之山坡地建築基地，臨建築線的第一進擋土牆，最大可建高度為多少 m？

(A) 3.6 　　　　(B)4.5 　　　　(C)6 　　　　(D)9

(103 建築師-營建法規與實務#31)

(D) 70. 有關山坡地建築設計之退縮原則，下列何者錯誤？

(A) 人行步道退縮

(B) 自擋土牆坡腳退縮

(C) 自高度 1.5 m 以上之擋土設施退縮

(D) 自地界線退縮

(103 建築師-營建法規與實務#58)

(C) 71. 按建築技術規則山坡地建築專章，砂礫層河岸高度超過 5 m 的山坡地，在退讓不得開發建築的範圍後，下列何者在有適當的邊坡穩定之處理，得有條件開發建築？

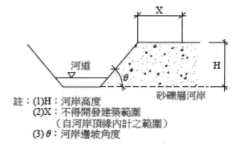

　　註：(1)H：河岸高度
　　　　(2)X：不得開發建築範圍
　　　　　　（自河岸頂緣內計之範圍）
　　　　(3)θ：河岸邊坡角度

(A) 45°≦θ＜60° 　X＞1/2 H

(B) 45°≦θ＜60° 　X＞1/3 H

(C) 30°≦θ＜45° 　X＞1/2 H

(D) 30°≦θ＜45° 　X＞1/4 H

(103 建築師-營建法規與實務#61)

(#) 72. 各類空間屋頂平均熱傳透率應低於多少瓦／（平方公尺·度）？(送分)

(A) 1.0 　　　　(B)1.2 　　　　(C)1.5 　　　　(D)1.7

(103 建築師-營建法規與實務#64)

(B) 73. 山坡地供農業使用者,「山坡地土地可利用限度分類標準」以坡度、土壤有效深度、土壤沖蝕程度、母岩性質等項目為基準。下列敘述何者錯誤?
    (A) 土地可利用限度分為宜農、牧地、宜林地、加強保育地等類別
    (B) 坡度分為六級,一級坡為加強保育地,六級坡為宜農牧地
    (C) 土壤有效深度係指從土地表面至有礙植物根系伸展之土層深度,超過 90 cm 為甚深層
    (D) 土壤沖蝕程度由土地表面所呈現之沖蝕徵狀與土壤流失量決定之,表土流失量 25%以下屬於輕微沖蝕

(103 建築師-營建法規與實務#78)

(C) 74. 有關突出於建築物外牆中心線可以不計入建築面積的透空遮陽板,最大的允許深度應小於多少 m,透空至少應大於多少?
    (A) 深度 1 m 以下,透空 1/2 以上
    (B) 深度 1 m 以下,透空 1/3 以上
    (C) 深度 2 m 以下,透空 1/2 以上
    (D) 深度 2 m 以下,透空 1/3 以上

(103 建築師-營建法規與實務#79)

(#) 75. 依建築技術規則規定,無障礙建築物之相關規定與設計規範,下列何者正確?(送分)
    (A) 基地面積 120 m^2 之非公共建築物免設置無障礙設施
    (B) 每層樓地板面積 600 m^2 之辦公大樓,應每層設置無障礙廁所
    (C) 十二層之辦公大樓,其二座安全梯皆應為無障礙樓梯
    (D) 無障礙樓梯之級高最大為 20 cm,級深最小為 26 cm

(104 建築師-營建法規與實務#1)

(D) 76. 關於無障礙機車停車位的出入口及通達無障礙機車位的車道寬度各不得小於多少 cm?
    (A) 出入口寬度 150 cm、車道寬度 150 cm
    (B) 出入口寬度 150 cm、車道寬度 180 cm
    (C) 出入口寬度 180 cm、車道寬度 150 cm
    (D) 出入口寬度 180 cm、車道寬度 180 cm

(104 建築師-營建法規與實務#2)

(B) 77. 依據建築技術規則,有關「建築物層數」之敘述,下列何者正確?
    (A) 為基地地面以上以下所有樓層數之和
    (B) 為基地地面以上樓層數之和
    (C) 建築物內層數不同者,以平均層數作為該建築物層數
    (D) 建築物層數應計入屋突各層

(104 建築師-營建法規與實務#3)

(#) 78. 依建築技術規則規定,某住宅區之基地臨接 12 m 與 8 m 道路,其基地面積為 2,000 m²,符合建築基地綜合設計規定,法定建蔽率為 50%,法定容積率為 200%,設計之沿街步道式開放空間之實際面積為 400 m²,其中有頂蓋部分為 100 m²,設計之廣場式開放空間之實際面積為 600 m²,其中有頂蓋部分為 100 m²,另外,設計之公共服務空間面積地面層為 300 m²,二層為 100 m²,其開放空間有效面積為多少 m²?(送分)

(A) 1,000 (B)1,150 (C)1,250 (D)1,350

(104 建築師-營建法規與實務#5)

(#) 79. 承上題,依規定本案增加之最大樓地板面積為多少 m²?

(A) 1,120 (B)1,220 (C)1,320 (D)1,520

(104 建築師-營建法規與實務#6)

(B) 80. 下列何者不是建築物室內裝修管理辦法所稱室內裝修範疇項目?

(A) 固著於建築物構造體之天花板
(B) 高度超過 1 m 固定於地板之隔屏
(C) 內部牆面,分間牆之變更
(D) 兼作櫥櫃使用之隔屏

(104 建築師-營建法規與實務#7)

(D) 81. 無障礙設施之室外通路淨高依規定至少要多少 cm 以上?

(A) 170 (B)180 (C)190 (D)200

(104 建築師-營建法規與實務#13)

(A) 82. 依建築技術規則建築設計施工編第 1 條用語定義,觀眾席樓地板面積必須包括下列何者的面積?

(A) 觀眾席縱、橫通道
(B) 觀眾席前之舞台
(C) 觀眾席外面二側之走廊
(D) 觀眾席外面後側之走廊

(104 建築師-營建法規與實務#17)

(D) 83. 為確定所設計之建築物使用類組是否應為防火構造,應依下列何者之規定?

(A) 各類場所消防安全設備設置標準
(B) 建築技術規則「建築設備編」第三章「消防設備」
(C) 建築技術規則「建築構造編」
(D) 建築技術規則「建築設計施工編」

(104 建築師-營建法規與實務#18)

(C) 84. 依下圖，建築物 2 層以上 10 層以下之各樓層，各層外牆於面臨道路或寬度 4 公尺以上之通路，每 10 公尺設有窗戶者，可免設置緊急進口，其外牆長度之計算為何？

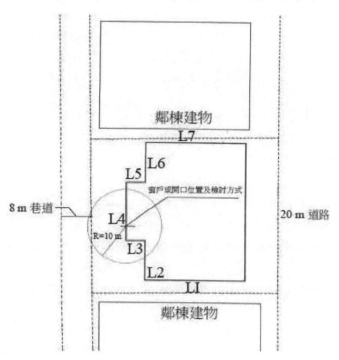

(A) LI+L2+L3+L4+L5+L6+L7
(B) L2+L6
(C) L2+L3+L4+L5+L6
(D) L2+L4+L6

(104 建築師-營建法規與實務#20)

(B) 85. 下列何種空間不屬於工廠類建築物之廠房附屬空間？
(A) 守衛室　　　　(B)物料倉庫　　　(C)辦公室　　　　(D)員工餐廳、廚房

(104 建築師-營建法規與實務#21)

(C) 86. 依建築物公共安全檢查簽證及申報辦法，500 m² 以上之何種建物應每一年按規定期限內檢查申報？
(A) 一般工廠　　　(B)會議廳　　　(C)補習班教室　　(D)一般辦公室

(104 建築師-營建法規與實務#22)

(C) 87. 住宅區建築基地之綠化，其二氧化碳固定量基準值為多少(kg/m²)？
(A) 200　　　　　(B)300　　　　　(C)400　　　　　(D)500

(104 建築師-營建法規與實務#24)

(A) 88. 依建築技術規則之規定，有關屋頂避難平臺設置之敘述，下列何者錯誤？
(B)
(D)
(A) 設置於五層以上之樓層，邊長至少為 6 m，面積至少 200 m²
(B) 可分層設置，每處面積不得小於五層以上最大樓地板面積 1/3
(C) 通達特別安全梯之最小寬度不得小於 4 m
(D) 連接之外牆及開設之門窗至少具有一小時以上防火時效

(104 建築師-營建法規與實務#25)

(A) 89. 建築物在第十一層以上的樓層，各層的樓地板面積至少達到多少 m² 以上時即應設置自動撒水設備？

(A) 100   (B)200   (C)300   (D)500

(104 建築師-營建法規與實務#26)

(C) 90. 有關防火建築物由室內經陽台再進入樓梯間的特別安全梯，自室內通往該陽台的出入口門扇，距地界大於 3 m，此門扇至少應設置何種以上的防火性能？

(A) 具有半小時以上防火時效之防火門

(B) 具一小時以上防火時效，無阻熱性能之防火門

(C) 具一小時以上防火時效及半小時以上阻熱性能之防火門

(D) 免具防火時效的不燃材料門

(104 建築師-營建法規與實務#27)

(D) 91. 依建築技術規則山坡地建築規定，下列何者錯誤？

(A) 在地形圖上區劃正方格垧塊計算山坡地之平均坡度，其每邊長不大於 25 m

(B) 建築基地應自建築線或基地內通路邊退縮設置人行步道，其退縮距離不得小於 1.5 m

(C) 建築物外牆距離高度 1.5 m 以上之擋土設施者，其建築物外牆與擋土設施間應有 2 m 以上之距離

(D) 山坡地垧塊圖上其平均坡度超過 30% 未逾 55% 者，不得計入法定空地面積

(104 建築師-營建法規與實務#28)

(D) 92. 下列那些構造或設備不需具有 2 小時以上的防火時效？

(A) 防火構造建築物自頂層起算超過第四層至第十四層的各層樓地板

(B) 地下建築物設備管路貫通防火區劃，貫穿部位與防火區劃合成之構造

(C) 高層建築物防災中心的外牆及防火門

(D) 高層建築物區劃分隔設有燃氣設備空間的牆壁與防火門窗

(104 建築師-營建法規與實務#30)

(C) 93. 建築技術規則之綠建築基準不包括下列何者？①建築基地綠化 ②建築基地保水 ③建築物節約能源 ④廢棄物處理 ⑤綠建材 ⑥生物多樣性

(A)①③   (B)②④   (C)④⑥   (D)⑤⑥

(104 建築師-營建法規與實務#31)

(A)
(B) 94. 依建築技術規則規定，某位於商業區地上 18 層地下 4 層，樓高 81 m 之辦公大樓，其法定建蔽率為 50%，法定容積率為 200%，下列何者錯誤？

(A) 總樓地板面積與留設空地之比不得大於 30%

(B) 建築物高度 50 m 以上部分，應自建築線及地界線退縮建築之最小落物曲線距離為 4 m

(C) 地下室最大開挖率為基地面積之 75%

(D) 出入口緩衝空間最小為寬 6 m，長 12 m

(104 建築師-營建法規與實務#32)

(B) 95. 依建築技術規則工廠類建築物之規定，廠房附屬空間設置面積，下列何者錯誤？

(A) 辦公室及研究室之合計面積不得超過作業廠房面積 1/5

(B) 作業廠房面積 150 m² 以上之工廠，得附設單身員工宿舍，其合計面積不得超過

作業廠房面積 1/3

(C) 員工餐廳及其他相關勞工福利設施之合計面積不得超過作業廠房面積 1/4

(D) 所有廠房附屬空間合計樓地板面積不得超過作業廠房面積之 2/5

(104 建築師-營建法規與實務#33)

(D)　96. 一基地內之二幢防火構造建築物間留設 5 m 防火間隔,面臨該防火間隔同一居室外牆開口不具防火時效時,此外牆允許最大開口面積為多少?該居室分間牆壁最少應具多少防火時效?

(A) 2 m^2,一小時防火時效

(B) 2 m^2,半小時防火時效

(C) 3 m^2,一小時防火時效

(D) 3 m^2,半小時防火時效

(104 建築師-營建法規與實務#34)

(#)　97. 某十層樓高之企業總部大樓,擬於屋頂上樹立高度達 5 m 高之廣告牌塔,依據招牌廣告及樹立廣告管理辦法應辦理:(送分)

(A) 建築執照　　　(B)雜項執照　　　(C)廣告物設立許可證(D)臨時建築許可證

(104 建築師-營建法規與實務#35)

(B)　98. 地下建築物供地下使用單元使用之總樓地板面積,應按每多少 m^2,以具有一小時以上防火時效之牆壁、防火門窗等防火設備及該處防火構造之樓地板予以區劃分隔?

(A) 500　　　　(B)1,000　　　　(C)1,500　　　　(D)2,000

(104 建築師-營建法規與實務#36)

(B)　99. 有關地下建築物地下通道規定之敘述,下列何者錯誤?

(A) 地下通道之寬度不得小於 6 m

(B) 地下通道有高低差時其坡道應小於 1:8,並有止滑設施

(C) 地下通道之天花板淨高不得小於 3 m,但有防煙壁、廣告物之處除外

(D) 地下通道末端,不與其他地下通道相連者,應設出入口通達地面道路或永久空地

(104 建築師-營建法規與實務#37)

(C)　100 依建築技術規則建築設計施工編第九章之規定,實施容積管制地區之建築物其陽台及梯廳面積之和,至多不超過該層樓地板面積多少%得不計入容積?

(A) 10　　　　(B)12.5　　　　(C)15　　　　(D)25

(104 建築師-營建法規與實務#38)

(C)　101 某公司擬將租得之山坡地範圍內五公頃之土地,申請使用地變更編定為農牧、林業、國土保安或生態保護用地以外之使用時,下列何者屬應檢附的文件?①擬具興辦事業之計畫書 ②土地使用計畫配置圖及位置圖 ③申請變更編定同意書 ④非都市土地變更編定申請書 ⑤水土保持計畫書

(A) ①③④　　　(B)②④⑤　　　(C)②③④　　　(D)①④⑤

(104 建築師-營建法規與實務#41)

(A) 102 無障礙通路高低差在 0.5 cm 至 3 cm 者，應作何種斜率之斜角處理？

(A) 1/2　　　　(B)2/3　　　　(C)3/4　　　　(D)4/5

(104 建築師-營建法規與實務#71)

(B) 103 有關無障礙坡道之敘述，下列何者錯誤？

(D) 　　(A) 無障礙坡道高低差大於 20 cm 以上者，其坡道之坡度不得大於 1/12

　　(B) 坡道未鄰牆之一側應設置不小於 110 cm 高之護欄，以防使用者往外摔

　　(C) 坡道兩側應設扶手，單道扶手上緣高 75 cm，雙道扶手上緣高 65 cm 及 85 cm

　　(D) 坡道既設有護欄，即可免設高度 5 cm 以上之防護緣

(104 建築師-營建法規與實務#72)

(C) 104 依建築技術規則中建築物高度之規定，20 層樓之集合住宅，當昇降機設備通達屋頂平台時，其樓梯（昇降機）間不計入高度最多不得超過多少公尺？

(A) 3　　　　(B)6　　　　(C)9　　　　(D)12

(105 建築師-營建法規與實務#1)

(B) 105 依建築技術規則建築設計施工編第 1 條所稱無窗戶居室之定義，係指有效採光面積未達該居室樓地板面積的多少％？

(A) 3　　　　(B)5　　　　(C)8　　　　(D)10

(105 建築師-營建法規與實務#2)

(B) 106 至少多少層以上之建築物，即應設置一座以上之昇降機（電梯）通達避難層？

(A) 5　　　　(B)6　　　　(C)7　　　　(D)8

(105 建築師-營建法規與實務#3)

(A) 107 一般防火門的門扇寬度至少應在多少公分以上？

(A) 75　　　　(B)90　　　　(C)100　　　　(D)120

(105 建築師-營建法規與實務#4)

(C) 108 下列何種牆壁不需具 1 小時以上防火時效？

　　(A) 集合住宅之分戶牆

　　(B) 餐飲場所之廚房之分間牆

　　(C) KTV 包廂之分間牆

　　(D) 高層集合住宅防災中心之分間牆

(105 建築師-營建法規與實務#5)

(D) 109 6 層樓的集合住宅大樓，直通樓梯於避難層開向屋外之出入口，寬度不得小於多少（X）公尺，高度不得小於多少（Y）公尺？

　　(A) X＝1.5，Y＝2.1

　　(B) X＝1.2，Y＝1.9

　　(C) X＝1.4，Y＝2.1

　　(D) X＝1.2，Y＝1.8

(105 建築師-營建法規與實務#6)

(B) 110 有關建築技術規則中緊急用昇降機之敘述，下列何者錯誤？

　　(A) 超過 10 層樓之各層樓地板面積之和未達 500 平方公尺者，可免設緊急用昇降機

　　(B) 建築物高度 11 層樓以下，免檢討設置緊急昇降機

(C) 每座昇降機間之樓地板面積不得小於 10 平方公尺

(D) 避難層昇降機出口或昇降機間之出入口至通往戶外出入口之步行距離不得大於 30 公尺

(B) 111 有關緊急進口之敘述，下列何者錯誤？

(A) 緊急進口之間隔不得大於 40 公尺

(B) 緊急進口之下端應距離樓地板面 100 公分範圍以內

(C) 緊急進口之寬度應在 75 公分以上，高度應在 1.2 公尺以上

(D) 緊急進口應設在面臨道路或寬度在 4 公尺以上通路之各層外牆面

(B) 112 依建築技術規則之規定，防火構造建築物自基地境界線退縮留設之防火間隔，至多未達多少公尺範圍內之外牆部分，應具有 1 小時以上之防火時效？

(A) 1   (B)1.5   (C)2   (D)3

(D) 113 依建築技術規則之規定，基地臨接二條以上道路之商場大樓，其中第 2 層設有二個單元之電影院，每一單元之電影院之觀眾席面積各為 1,200 平方公尺，建築物基地之面前道路寬度至少應為多少公尺以上？

(A) 8   (B)10   (C)12   (D)15

(C) 114 學校建築臨接道路應留設法定騎樓之道路時，教室至少應自建築線退縮多少距離？

(A) 1.5 公尺

(B) 騎樓地

(C) 騎樓地再加 1.5 公尺

(D) 依高度比（1/3.6）決定退縮線

(C) 115 某中學校區內有 4 幢建築物，其防空避難室附建標準為何？

(A) 按建築面積全部附建

(B) 按建築面積之 1/2 附建

(C) 依核定人數以每人 0.75 平方公尺計算整體規劃附建

(D) 防空避難室的規定已全面取消

(B) 116 依建築技術規則建築設計施工編第九章「容積設計」之規定，每層共同使用之樓梯間、昇降機間之梯廳得不計入該層樓地板面積者，其面積最大不得超過該層樓地板之多少%？

(A) 5   (B)10   (C)12.5   (D)15

(C) 117 依建築技術規則之規定，實施容積管制地區某住宅區基地臨接 10 公尺道路，基地內某 A 點至建築線之水平距離為 5 公尺，依規定計算其垂直建築線投影於道路之陰影面積，小於基地臨接道路長度與道路寬度乘積之半，依此條件 A 點之最大高度為多少公尺？

(A) 36　　　　　(B)50　　　　　(C)54　　　　　(D)60

(105 建築師-營建法規與實務#14)

(C) 118 依建築技術規則建築設計施工編第九章「容積設計」第 164 條之 1 之規定，20 層樓集合住宅之挑空位置得設於何種空間之上方？

(A) 臥室　　　　(B)廚房　　　　(C)客廳　　　　(D)住宅單位之任一處

(105 建築師-營建法規與實務#15)

(C) 119 建築物應使用綠建材，其適用範圍為供公眾使用建築物及經內政部認定有必要之非供公眾使用建築物，下列敘述何者正確？

(A) 資源回收再利用建材係指經窯燒而回收料摻配比率超過一定比率製成之產品

(B) 建築物室內裝修材料、樓地板面材料及窗，其綠建材使用率應達總面積 15%以上

(C) 資源化磚類建材包括陶、瓷、磚、瓦等需經窯燒之建材，其廢料混合攪配之總和使用比率須等於或超過單一廢料攪配比率

(D) 建築物戶外地面扣除車道、汽車出入緩衝空間、消防車輛救災活動空間及無須鋪設地面材料部分，其地面材料之綠建材使用率應達 5%以上

(105 建築師-營建法規與實務#16)

(B) 120 某企業總部大樓之何種內部設備可以不必接至緊急電源？

(A) 地下室排水、污水抽水幫浦

(B) 辦公室電腦不斷電系統

(C) 出口標示燈

(D) 火警自動警報設備

(105 建築師-營建法規與實務#17)

(C) 121 除地面層無障礙通路外，下列何者可免設無障礙設施？

(A) 獨棟建築物，且戶數為 4 戶

(B) 獨棟建築物且整棟為商業使用

(C) 住宅使用之公寓大廈，其約定專用部分

(D) 公共建築，每層樓地板面積均未達 100 平方公尺

(105 建築師-營建法規與實務#71)

(D) 122 無障礙設施之室內通路走廊寬度小於 150 公分時，通路走廊盡頭應有一多少範圍之迴轉空間？

(A) 100 公分×100 公分

(B) 120 公分×120 公分

(C) 130 公分×130 公分

(D) 150 公分×150 公分

(105 建築師-營建法規與實務#72)

(C) 123 建築物無障礙設施避難層出入口前應設置平台,平台淨寬與出入口同寬,且最大不得小於 X 公分,淨深最大不得小於 Y 公分,且坡度不得大於 1/Z,下列敘述何者正確?
(A) X＝90,Y＝90,Z＝12
(B) X＝120,Y＝120,Z＝20
(C) X＝150,Y＝150,Z＝50
(D) X＝180,Y＝150,Z＝30

(105 建築師-營建法規與實務#73)

(#) 124 無障礙坡道之坡度,依規定至大不得大於多少斜率?(送分)
(A) 1：5　　　(B) 1：8　　　(C) 1：10　　　(D) 1：12

(105 建築師-營建法規與實務#74)

(B) 125 無障礙通道之扶手如為圓形,其直徑下列何者正確?
(A) 2.5 公分　　　(B) 3.5 公分　　　(C) 4.5 公分　　　(D) 5.5 公分

(105 建築師-營建法規與實務#75)

(B) 126 有關供行動不便者使用之無障礙昇降機設計規範,下列敘述何者正確?①若供集合住宅使用,昇降機門淨寬最小不得小於 90 公分 ②若供集合住宅使用,昇降機機廂深度不得小於 125 公分 ③機廂內至少兩側牆面需設置扶手 ④若供集合住宅使用,昇降機機廂內可以不設置語音系統
(A) ③④　　　(B) ②③　　　(C) ②④　　　(D) ①③④

(105 建築師-營建法規與實務#76)

(B) 127 有關公共建築物行動不便者使用設施規定之敘述,下列何者正確?
(A) 供行動不便者單獨使用之廁所其深度及寬度均不得小於 2 公尺
(B) 梯級未鄰接牆壁部分,應設置高出梯級 5 公分以上防護緣
(C) 供行動不便者使用之坡道,高低差 21 公分時,其坡度最大不得超過 1：10
(D) 供行動不便者使用之汽車停車位寬度應在 3.3 公尺以上

(105 建築師-營建法規與實務#77)

(D) 128 有關無障礙設施「輪椅觀眾席位」之規定,下列何者錯誤?
(A) 觀眾席地面坡度不得大於 1/50
(B) 單一觀眾席位寬度不得小於 90 公分
(C) 多個觀眾席,每個席位寬度不得小於 85 公分
(D) 建築物設有 55 個固定座椅席位者,應設置輪椅觀眾席位 1 個

(105 建築師-營建法規與實務#78)

(A) 129 有關無障礙機車停車位的設置方式,下列敘述何者正確?
(A) 停車位之出入口寬度不得小於 180 公分
(B) 通達無障礙機車停車位之車道寬度 150 公分
(C) 單一車位之長度為 220 公分,寬度為 200 公分
(D) 停車位地面上應設置無障礙停車位標誌,標誌圖設計尺寸為 60 公分×60 公分

(105 建築師-營建法規與實務#79)

(B) 130 有關無障礙客房規定，下列何者錯誤？

    (A) 建築物使用類組 B-4 旅館類者，客房數 15 間以下者，免設無障礙客房

    (B) 無障礙客房內可免設置衛浴設備

    (C) 客房內通路寬度不得小於 120 公分

    (D) 客房內求助鈴至少應設置兩處

(105 建築師-營建法規與實務#80)

例題5-2

依據建築技術規則建築設計施工編之定義，何謂屋頂突出物？（10 分）如設置太陽能供電系統於屋頂突出物，應注意那些建築管理與再生能源之相關規定？（10 分）

(101 高等考試三級-營建法規 #1)

例題5-3

名詞解釋：（每小題 5 分，共 25 分）

(一) 建築工程部分完竣

(102 高等考試三級-營建法規 #1)

例題5-4

名詞解釋：（每小題 5 分，共 25 分）

(三) 無窗戶居室

(102 高等考試三級-營建法規 #1)

例題5-5

名詞解釋：（每小題 5 分，共 25 分）

(五) 建築基地保水

(102 高等考試三級-營建法規 #1)

例題5-6

醫療照護場所或身心障礙者醫療、復健等場所之使用者，多有行動遲緩，故於檢討建築物防火避難時應更注意此現象，請以建築技術規則規定說明對於這類場所防火避難之特別規定。（25 分）

(102 高等考試三級-營建法規 #4)

例題5-7

名詞解釋：（每小題 4 分，共 20 分）

(二)建築技術規則之「綠化總二氧化碳固定量」

(102 高等考試三級-建管行政 #1)

例題5-8

何謂「綠建材」？（5分）依建築技術規則建築設計施工編第 17 章綠建築基準，除綠建材外，其他應檢討之項目為何？（5分）其中供公眾使用之建築物應檢討使用綠建材之規定為何？（10分）

(103 高等考試三級-營建法規 #3)

例題5-9

內政部於民國 101 年 10 月 1 日以台內營字第 1010808741 號令修正發布「建築技術規則」建築設計施工編部分條文（第 10 章無障礙建築物），並自 102 年 1 月 1 日施行。若某建設公司於 101 年 11 月 20 日，檢附相關圖說文件，向當地主管建築機關掛號申請建造執照，審查結

果發現尚有須修正補件事項，於101年12月10日發文通知改正，請就下列問題加以說明：

(一) 新建或增建建築物，均應依建築技術規則建築設計施工編第10章規定設置無障礙設施，俾利行動不便者進出及使用建築物，但有那些情形得不受限制？（7分）

(二) 依現行建築技術規則建築設計施工編第10章無障礙建築物之規定，有關建築物設置「無障礙車位」之數量有何限制？（6分）

(三) 起造人於接獲主管建築機關通知改正之日起，應於多久期限內改正完竣送請複審？倘因故無法於限期內改正完竣時，主管建築機關如何處理？起造人可否申請展延期限？若可，展延期間及次數有何限制？請就建築法之規定說明之。（6分）

(四) 若起造人於102年3月25日將案件向主管建築機關申請複審，試問本案是否須依新修正之建築技術規則建築設計施工編「第10章無障礙建築物」相關條文檢討？得否適用修正前的舊法規？理由為何？試申述之。（6分）

(103 高等考試三級-建管行政 #1)

例題5-10

隨著建築物規模大型化、樓層立體化與設備複雜化的發展，防火安全備受重視，為提升居住安全，除了消防法規外，營建法規中對於建築物之防火也有許多規定，試概要說明建築法、建築技術規則、建築物室內裝修管理辦法中有關建築物防火之規定。（25分）

(104 高等考試三級-營建法規 #2)

例題5-11

簡要解釋下列名詞：（每小題 5 分，共 15 分）

(三)開放空間有效面積

(104 高等考試三級-建管行政 #4)

例題5-12

請依建築技術規則、政府採購法、國土計畫法及住宅法等法規，回答下列用語定義：

(一) 建築基地面積（5 分）

(105 高等考試三級-營建法規 #1)

例題5-13

名詞解釋：（每小題 5 分，共 25 分）

(一)建築技術規則之「基地地面」

(105 高等考試三級-建管行政 #1)

例題5-14

臺灣即將進入高齡社會，建構無障礙化的都市開放空間，提升其可及性、使用性，以求貼心便利的滿足民眾的休憩需求。請依「內政部主管活動場所無障礙設施設備設計標準」及相關法規說明：(一)何謂「活動場所」；（4 分）(二)應如何規劃其主要出入口；（8 分）(三)因法規競合，在都市公園中設置廁所時，無障礙設計應依照何種法規檢討？（3 分）有關迴轉空間、鏡面高度、求助鈴位置、馬桶扶手及淨空間、洗面盆高度及深度等之規定為何？（10 分）

(105 高等考試三級-建管行政 #2)

例題5-15

簡答題：（每小題 6 分，共 30 分）

(四)依建築技術規則說明，何謂帷幕牆？何謂閣樓？

(101 地方特考三等-建管行政 #4)

例題5-16

高層建築物係指高度在五十公尺或樓層在十六層以上之建築物。請依建築技術規則建築設計施工編第 230 條之規定，說明高層建築物之地下各層最大樓地板面積之計算公式，並說明在何種情況下，得不受此計算公式之限制？（25 分）

(103 地方特考三等-營建法規 #3)

例題5-17

2009 年建築技術規則建築設計施工編綠建築專章更名為「綠建築基準」，請依第 298 條說明那些建築物適用於節約能源的規定範圍？（25 分）

(104 地方特考三等-營建法規 #3)

例題5-18

為便利行動不便者進出及使用，建築物應依「建築技術規則」規定設置無障礙設施，並符合相關規範。試依據「建築物無障礙設施設計規範」，說明無障礙通路之組成內容以及室外通路設計應符合之規定。（25 分）

(105 地方特考三等-營建法規 #2)

例題5-19

「建築技術規則」對於建築物之分間牆、分戶牆規定應設置具有防音效果之隔牆，而為強化建築防音構造，提升建築音環境品質，「建築技術規則」於民國105 年增訂有關置放機械設備空間樓板、分戶樓板及昇降機房之樓板與分間牆、分戶牆之隔音構造與性能規定。試依現行「建築技術規則」說明分間牆與分戶牆之隔音構造與性能規定。（25 分）

(105 地方特考三等-營建法規 #3)

例題5-20

請回答下列問題：（每小題 5 分，共 25 分）

(三)何謂綠建材？

(105 地方特考三等-建管行政 #1)

例題5-21

我國實施「開放空間」其定義與實施目的為何？實施結果有何爭議？試述「實施都市計畫地區建築基地綜合設計」中對於開放空間得增加樓地板面積之規定。（25 分）

(105 地方特考三等-建管行政 #2)

例題5-22

請依現行建築法、建築技術規則、區域計畫法、都市計畫法及政府採購法等相關營建法規簡要回答下列問題：

(五) 何謂「特別安全梯」？（5 分）

(101 鐵路高員三級-營建法規 #1)

例題5-23

近年來由於人口都市化，建築物多朝高層化、複合化發展，其相對之防火安全備受重視，請說明何謂高層建築物？（5 分）並請說明建築技術規則對高層建築物樓梯之座數、防火區劃及直通樓梯等有那些特別規定？（15分）

(101 鐵路高員三級-營建法規 #4)

例題5-24

依括號內法規解釋下列用語：

(二)室外引導通路（建築技術規則）（4 分）

(101 鐵路高員三級-建管行政 #5)

例題5-25

特種建築物得經行政院之許可，不適用建築法全部或一部之規定。試問，向行政院申請核定為特種建築物者，起造人除申請書外，須檢具那些文件圖說？（20 分）

(102 鐵路高員三級-營建法規 #1)

例題5-26

為因應高齡化社會及行動不便者之需求，既有五層以下已領得使用執照之建築物，實有增設昇降設備之需要，請就「建築技術規則」及「既有公共建築物無障礙設施替代改善計畫作業程序及認定原則」說明有何放寬規定，俾利老舊建築物增設昇降設備，以改善建築物之機能？（20 分）

(102 鐵路高員三級-營建法規 #2)

例題5-27

請就建築技術規則綠建築相關設計技術規範，說明下列用語定義：

（每小題 4 分，共20 分）

(一) 綠化總二氧化碳固定量

(二) 集雨面積 Ar（m^2）

(三) 地下貯集滲透

(四) 建築物室內裝修材料

(五) 綠建材

(102 鐵路高員三級-營建法規 #3)

例題5-28

請依中央法規標準法、行政執行法、地方制度法、建築技術規則及政府採購法，簡要回答下列問題：（每小題5 分，共25 分）

(四)就建築構造而言，何者為「靜載重」？

(102 鐵路高員三級-建管行政 #1)

例題5-29

由於建築物空間使用需求日益複雜化，而建築技術發展亦日新月異，為增加設計彈性，避免空間與材料浪費，傳統條文式規格化之法規已難敷實際需要，「性能式法規（performance based codes）」已蔚為世界各先進國家建築法規發展的潮流。試申論何謂性能式法規？（10 分）我國建築技術規則在建築防火安全上亦訂有性能式法規，請說明其具體規定。（15 分）

(102 鐵路高員三級-建管行政 #4)

例題5-30

依據建築技術規則綠建築專章，請說明符合綠化量指標之設計手法（13 分）及基地保水指標之設計手法（12 分）。

(103 鐵路高員三級-營建法規 #2)

例題5-31

請依地方制度法、中央法規標準法、政府採購法、行政訴訟法、建築技術規則等相關規定，回答下列問題：（每小題 5 分，共 25 分）

(五)陽臺與露臺有何異同？

(103 鐵路高員三級-建管行政 #1)

例題5-32

名詞解釋：（每小題 5 分，共 25 分）

(一)「棟」與「幢」

(102 公務人員普考-營建法規概要 #1)

例題5-33

名詞解釋：（每小題 5 分，共 25 分）

(二) 帷幕牆

(102 公務人員普考-營建法規概要 #1)

例題5-34

名詞解釋：（每小題 5 分，共 25 分）

(三) 遮煙性能

(102 公務人員普考-營建法規概要 #1)

例題5-35

名詞解釋：（每小題 5 分，共 25 分）

(四) 新建無障礙住宅

(102 公務人員普考-營建法規概要 #1)

例題5-36

因應地球暖化氣候遽變，建築技術規則於都市計畫地區規定何種情形應設置雨水貯集滯洪設施？（10 分）雨水貯集滯洪設施之設置規定為何？（15 分）

(102 公務人員普考-營建法規概要 #4)

例題5-37

請試述下列名詞之意涵：（每小題 5 分，共 25 分）

(一) 專業營造業

(103 公務人員普考-營建法規概要 #1)

例題5-38

請試述下列名詞之意涵：（每小題 5 分，共 25 分）

(四) 建築物外殼耗能量

(103 公務人員普考-營建法規概要 #1)

例題5-39

為因應性能式建築防火安全設計，依據建築技術規則總則編等相關法令規定，得申請免適用該規則有關建築物防火避難一部或全部之規定，請說明申請人得向中央主管建築機關申請建築物防火避難性能設計之認可程序與應備書件為何？（15分）其採用之性能驗證方法及驗證項目有那些？（10分）請列舉說明。

(103 公務人員普考-營建法規概要 #2)

例題5-40

為使國人有更優質、舒適及健康之居住環境,行政院智慧綠建築推動方案除延續公有新建建築物總工程建造費用達 5 仟萬元以上者應申請綠建築標章及候選證書外,並規定自 102 年 7 月 1 日起,總工程建造費用達 2 億元以上者,同時還必須取得智慧建築標章及候選證書。試依相關規定,概要說明智慧綠建築之定義及其標章各指標之名稱。(25 分)

(104 公務人員普考-營建法規概要 #2)

例題5-41

依據建築技術規則規定,建築物停車空間應留設供汽車進出用之車道,試概要說明對於每輛停車位長寬、車道之寬度、坡度及曲線半徑之規定,並探討於地下室停車空間設計與施工時應注意事項。(25 分)

(104 公務人員普考-營建法規概要 #3)

例題5-42

近年來由於住宅供需問題引起諸多討論,公私部門相繼投入住宅興建。請依中央法規標準法、建築法、建築技術規則、住宅法及政府採購法等規定,回答下列問題:

(三) 何謂集合住宅?(5 分)

(105 公務人員普考-營建法規概要 #1)

例題5-43

內政部近年來大力提倡綠建築,用以建立舒適、健康、環保之居住環境,請說明綠建築之定義,並依建築技術規則建築設計施工編綠建築基準之規定,分別說明綠建材、建築基地綠化及最小綠化面積之意義。(25 分)

(102 地方特考四等-營建法規概要 #1)

例題5-44

依建築技術規則建築設計施工編第154條之規定,凡進行挖土、鑽井及沉箱等工程時,應依那些規定採取必要安全措施,請說明之?(25 分)

(103 地方特考'四等-營建法規概要 #2)

例題5-45

請試述下列名詞之意涵:(每小題 5 分,共 25 分)

(一) 室內空氣品質

(105 地方特考四等-營建法規概要 #1)

例題5-46

請試述下列名詞之意涵:(每小題 5 分,共 25 分)

(一) 活載重

(105 地方特考四等-營建法規概要 #1)

例題5-47

請依現行建築法、建築技術規則、區域計畫法、都市計畫法、政府採購法及相關營建法規簡要回答下列問題:

(二) 何謂「防火時效」?(5 分)

(101 鐵路員級-營建法規概要 #1)

建築技術規則

例題5-48

請依現行建築法、建築技術規則、區域計畫法、都市計畫法、政府採購法及相關營建法規簡
要回答下列問題:

(四) 何謂「再生綠建材」?(5分)

(101 鐵路員級-營建法規概要 #1)

例題5-49

請依建築技術規則規定,說明防火門窗組件包括那些項目?(5分)並說明常時關閉式之防火
門及常時開放式之防火門各有何規定?(20分)

(101 鐵路員級-營建法規概要 #4)

例題5-50

為鼓勵基地之整體規劃與合併使用,獎勵設置公益性開放空間,建築技術規則訂有「實施都
市計畫地區建築基地綜合設計」專章。但為避免建築物於領得使用執照後,未依規定開放供
公眾使用之情形,請就如何「確保開放空間之公益性」及兼顧「建築物之安全私密需求」二
個層面,說明現行建築技術規則有何規定?(25 分)

(102 鐵路員級-營建法規概要 #2)

例題5-51

依據建築物無障礙設施設計規範及建築技術規則之規定,請試述下列用辭之意涵:(每小題 5
分,共 25 分)

(一) 無障礙設施

(103 鐵路員級-營建法規概要 #1)

例題5-52

依據建築物無障礙設施設計規範及建築技術規則之規定,請試述下列用辭之意涵:(每小題 5
分,共 25 分)

(四)退縮建築深度

(103 鐵路員級-營建法規概要 #1)

例題5-53

依據建築物無障礙設施設計規範及建築技術規則之規定,請試述下列用辭之意涵:(每小題 5
分,共 25 分)

(五) 防火時效

(103 鐵路員級-營建法規概要 #1)

【參考題解】

例題 5-2

依據建築技術規則建築設計施工編之定義，何謂屋頂突出物？（10 分）如設置太陽能供電系統於屋頂突出物，應注意那些建築管理與再生能源之相關規定？（10 分）

(101 高等考試三級-營建法規 #1)

【參考解答】

(一) 屋頂突出物：突出於屋面之附屬建築物及雜項工作物：
    1. 樓梯間、昇降機間、無線電塔及機械房。
    2. 水塔、水箱、女兒牆、防火牆。
    3. 雨水貯留利用系統設備、淨水設備、露天機電設備、煙囪、避雷針、風向器、旗竿、無線電桿及屋脊裝飾物。
    4. 突出屋面之管道間、採光換氣或再生能源使用等節能設施。
    5. 突出屋面之三分之一以上透空遮牆、三分之二以上透空立體構架供景觀造型、屋頂綠化等公益及綠建築設施，其投影面積不計入第九款第一目屋頂突出物水平投影面積之和。但本目與第一目及第六目之屋頂突出物水平投影面積之和，以不超過建築面積百分之三十為限。
    6. 其他經中央主管建築機關認可者。

(二) 內政部函 **92.04.22.**台內營字第 **0920085758** 號
    設置太陽能供電系統遭遇建築相關法規限制
    決議：
    為簡化流程，建築物設置太陽光電發電設備高度在一點五公尺以下者免申請雜項執照。致其結構安全部分應由依法登記開業之建築師或土木技師或結構技師簽證負責，並函送該管直轄市、縣（市）政府備查；系統若與電網併聯，並應依經濟部相關併聯技術規範辦理。

例題 5-3

名詞解釋：（每小題 5 分，共 25 分）

(一) 建築工程部分完竣

(102 高等考試三級-營建法規 #1)

【參考解答】

(一) 部分完竣：（部分使照-3）
    1. 二幢以上建築物，其中任一幢業經全部施工完竣。
    2. 連棟式建築物，其中任一棟業經施工完竣。
    3. 高度超過三十六公尺或十二層樓以上，或建築面積超過八○○○平方公尺以上之建築物，其中任一樓層至基地地面間各層業經施工完竣者。

例題 5-4

名詞解釋：（每小題 5 分，共 25 分）

(三) 無窗戶居室

(102 高等考試三級-營建法規 #1)

【參考解答】

(三) 無窗戶居室：（技則-II-1）

　　具有下列情形之一者，稱為無窗戶或無開口之居室：

　　1. 有效採光面積未達該居室樓地板面積百分之五者。

　　2. 可直接開向戶外或可通達戶外之有效防火避難構造開口，其高度未達一‧二公尺，寬度未達七十五公分；如為圓型時直徑未達一公尺者。

　　3. 樓地板面積超過五十平方公尺之居室，其天花板或天花板下方八十公分範圍以之有效通風面積未達樓地板面積百分之二者。

例題 5-5

名詞解釋：（每小題 5 分，共 25 分）

(五) 建築基地保水

(102 高等考試三級-營建法規 #1)

【參考解答】

(五) 建築基地保水規定：（技則-II-299、305）

　　指建築後之土地保水量與建築前自然土地之保水量之相對比值。

　　建築基地應具備原裸露基地涵養或貯留滲透雨水之能力，其建築基地保水指標應大於〇‧五與基地內應保留法定空地比率之乘積。

例題 5-6

醫療照護場所或身心障礙者醫療、復健等場所之使用者，多有行動遲緩，故於檢討建築物防火避難時應更注意此現象，請以建築技術規則規定說明對於這類場所防火避難之特別規定。（25 分）

(102 高等考試三級-營建法規 #4)

【參考解答】

(一) 衛生、福利、更生類，三層以上之樓層應為防火構造。（技則-II-69）

(二) 建築物使用類組為醫療照護場組，走廊二側有居室者走廊寬度需一‧六〇公尺以上、其他走廊寬度需一‧二〇公尺以上。（技則-II-82）

(三) 衛生、福利、更生類建築物之內部裝修材料居室或該使用部分需耐燃三級以上、通達地面之走廊及樓梯耐燃二級以上。（技則-II-88）

(四) 建築物使用類組為醫療照護組，其各防火區劃內之分間牆應以不燃材料建造。但其分間牆上之門窗，不在此限。（技則-II-89）

(五) 建築物使用類組為醫療照護場組樓層，其病房之樓地板面積超過一〇〇平方公尺者。應自各該層設置二座以上之直通樓梯達避難層或地面。（技則-II-95）

(六) 醫療照護場所，除避難層外，各樓層應以具一小時以上防火時效之牆壁及防火設備分隔為二個以上之區劃，各區劃均應以走廊連接安全梯，或分別連接不同安全梯。（技則-II-99-1）

例題 5-7

名詞解釋：（每小題 4 分，共 20 分）

(二)建築技術規則之「綠化總二氧化碳固定量」

(102 高等考試三級-建管行政 #1)

【參考解答】

(二)綠化總二氧化碳固定量：（技則-II-299）

　　指基地綠化栽植之各類植物二氧化碳固定量與其栽植面積乘積之總和。

例題 5-8

何謂「綠建材」？（5 分）依建築技術規則建築設計施工編第 17 章綠建築基準，除綠建材外，其他應檢討之項目為何？（5 分）其中供公眾使用之建築物應檢討使用綠建材之規定為何？（10 分）

(103 高等考試三級-營建法規 #3)

【參考解答】

(一) 綠建材：（技則-II-298）

　　1. 指第二百九十九條第十二款之建材；其適用範圍為供公眾使用建築物及經內政部認定有必要之非供公眾使用建築物。

(二) 其他應檢討項目：（技則-II-298）

　　1. 建築基地綠化：指促進植栽綠化品質之設計，其適用範圍為新建建築物。但個別興建農舍及基地面積三百平方公尺以下者，不在此限。

　　2. 建築基地保水：指促進建築基地涵養、貯留、滲透雨水功能之設計，其適用範圍為新建建築物。但本編第十三章山坡地建築、地下水位小於一公尺之建築基地、個別興建農舍及基地面積三百平方公尺以下者，不在此限。

　　3. 建築物節約能源：指以建築物外殼設計達成節約能源目的之方法，其適用範圍為學校類、大型空間類、住宿類建築物，及同一幢或連棟建築物之新建或增建部分之地面層以上樓層(不含屋頂突出物)之樓地板面積合計超過一千平方公尺之其他各類建築物。但符合下列情形之一者，不在此限：

　　　(1) 機房、作業廠房、非營業用倉庫。

　　　(2) 地面層以上樓層（不含屋頂突出物）之樓地板面積在五百平方公尺以下之農舍。

　　　(3) 經地方主管建築機關認可之農業或研究用溫室、園藝設施、構造特殊之建築物。

　　4. 建築物雨水或生活雜排水回收再利用：指將雨水或生活雜排水貯集、過濾、再利用之設計，其適用範圍為總樓地板面積達一萬平方公尺以上之新建建築物。但衛生醫療類（F-1 組）或經中央主管建築機關認可之建築物，不在此限。

(三) 綠建材使用率：（技則-II-321）

　　建築物應使用綠建材，並符合下列規定：

　　1. 建築物室內裝修材料、樓地板面材料及窗，其綠建材使用率應達總面積百分之四十五

以上。但窗未使用綠建材者，得不計入總面積檢討。

2. 建築物戶外地面扣除車道、汽車出入緩衝空間、消防車輛救災活動空間及無須鋪設地面材料部分，其地面材料之綠建材使用率應達百分之十以上。

例題 5-9

內政部於民國 101 年 10 月 1 日以台內營字第 1010808741 號令修正發布「建築技術規則」建築設計施工編部分條文（第 10 章無障礙建築物），並自 102 年 1 月 1 日施行。若某建設公司於 101 年 11 月 20 日，檢附相關圖說文件，向當地主管建築機關掛號申請建造執照，審查結果發現尚有須修正補件事項，於 101 年 12 月 10 日發文通知改正，請就下列問題加以說明：

(一) 新建或增建建築物，均應依建築技術規則建築設計施工編第 10 章規定設置無障礙設施，俾利行動不便者進出及使用建築物，但有那些情形得不受限制？（7 分）

(二) 依現行建築技術規則建築設計施工編第 10 章無障礙建築物之規定，有關建築物設置「無障礙車位」之數量有何限制？（6 分）

(三) 起造人於接獲主管建築機關通知改正之日起，應於多久期限內改正完竣送請複審？倘因故無法於限期內改正完竣時，主管建築機關如何處理？起造人可否申請展延期限？若可，展延期間及次數有何限制？請就建築法之規定說明之。（6 分）

(四) 若起造人於 102 年 3 月 25 日將案件向主管建築機關申請複審，試問本案是否須依新修正之建築技術規則建築設計施工編「第 10 章無障礙建築物」相關條文檢討？得否適用修正前的舊法規？理由為何？試申述之。（6 分）

(103 高等考試三級-建管行政 #1)

【**參考解答**】

(一) 為便利行動不便者進出及使用建築物，新建或增建建築物，應依本章規定設置無障礙設施。但符合下列情形之一者，不在此限：（技則-II-167）

1. 獨棟或連棟建築物，該棟自地面層至最上層均屬同一住宅單位且第二層以上僅供住宅使用者。

2. 供住宅使用之公寓大廈專有及約定專用部分。

3. 除公共建築物外，建築基地面積未達一百五十平方公尺或每層樓地板面積均未達一百平方公尺。

4. 前項各款之建築物地面層，仍應設置無障礙通路。

前二項建築物因建築基地地形、垂直增建、構造或使用用途特殊，設置無障礙設施確有困難，經當地主管建築機關核准者，得不適用本章一部或全部之規定。建築物無障礙設施設計規範，由中央主管建築機關定之。

(二) 無障礙停車空間：（技則-II-167-6）

1. 至少應設置一處無障礙停車位。

2. 超過五十個停車位者，超過部分每增加五十個停車位及其餘數，應再增加一處無障礙停車位。

3. 但 H2 類住宅或集合住宅停車空間超過五十個停車位者，超過部分每增加一百個停車位及其餘數，應增加一處無障礙停車位。

(三) 建造執照之審核：（建築法-33、35、36）

1. 直轄市、縣（市）（局）主管建築機關收到起造人申請建造執照或雜項執照書件之日起，應於十日內審查完竣，合格者即發給執照。但供公眾使用或構造複雜者，得視需要予以延長，最長不得超過三十日。

2. 直轄市、縣（市）（局）主管建築機關，對於申請建造執照或雜項執照案件，認為不合本法規定或基於本法所發布之命令或妨礙當地都市計畫或區域計畫有關規定者，應將其不合條款之處，詳為列舉，依（一）所規定之期限，一次通知起造人，令其改正。

3. 起造人應於接獲第一次通知改正之日起六個月內，依照通知改正事項改正完竣送請復審；逾期或復審仍不合規定者，主管建築機關得將該申請案件予以註銷。

(四) 法規之適用：（中央法規-11、16、17、18）

1. 法律不得牴觸憲法、命令不得牴觸憲法或法律。

2. 下級機關訂定之命令不得牴觸上級機關之命令。

3. 特別法優於普通法。

4. 新法優於舊法。

例外：各機關受理人民聲請許可案件適用法規時，除依其性質應適用行為時之法規外，如在處理程序終結前，據以准許之法規有變更者，適用新法規。但舊法規有利於當事人而新法規未廢除或禁止所聲請之事項者，適用舊法規。

例題 5-10

隨著建築物規模大型化、樓層立體化與設備複雜化的發展，防火安全備受重視，為提升居住安全，除了消防法規外，營建法規中對於建築物之防火也有許多規定，試概要說明建築法、建築技術規則、建築物室內裝修管理辦法中有關建築物防火之規定。（25 分）

(104 高等考試三級-營建法規 #2)

【參考解答】

(一) 建築法（建築法-72、77-1、77-2）

1. 供公眾使用之建築物，依第七十條之規定申請使用執照時，直轄市、縣（市）（局）主管建築機關應會同消防主管機關檢查其消防設備，合格後方得發給使用執照。

2. 為維護公共安全，供公眾使用或經中央主管建築機關認有必要之非供公眾使用之原有合法建築物防火避難設施及消防設備不符現行規定者，應視其實際情形，令其改善或改變其他用途；其申請改善程序、項目、內容及方式等事項之辦法，由中央主管建築機關定之。

3. 建築物室內裝修應遵守左列規定：

   (1) 供公眾使用建築物之室內裝修應申請審查許可，非供公眾使用建築物，經內政部認有必要時，亦同。但中央主管機關得授權建築師公會或其他相關專業技術團體審查。

   (2) 裝修材料應合於建築技術規則之規定。

   (3) 不得妨害或破壞防火避難設施、消防設備、防火區劃及主要構造。

   (4) 不得妨害或破壞保護民眾隱私權設施。

   前項建築物室內裝修應由經內政部登記許可之室內裝修從業者辦理。

   室內裝修從業者應經內政部登記許可，並依其業務範圍及責任執行業務。

建築技術規則

　　　前三項室內裝修申請審查許可程序、室內裝修從業者資格、申請登記許可程序、業務
　　　範圍及責任，由內政部定之。

(二) 建築物室內裝修管理辦法（室裝辦法-23、32）

　1. 室內裝修不得妨害或破壞消防安全設備，其申請審核之圖說涉及消防安全設備變更者，
　　　應依消防法規規定辦理，並應於施工前取得當地消防主管機關審核合格之文件。

　2. 室內裝修涉及消防安全設備者，應由消防主管機關於核發室內裝修合格證明前完成消
　　　防安全設備竣工查驗。

(三) 建築技術規則之防火避難規定：

　1. 建築設計施工篇

　　(1) 第一章　用語定義：耐火材料、不燃材料、防火時效、防火構造等。

　　(2) 第三章　建築物之防火：

　　　a. 防火區內建築物及其限制。

　　　b. 防火建築物及防火構造。

　　　　(a) 防火時效。

　　　　(b) 防火設備。

　　　c. 防火區劃。

　　　d. 內部裝修限制。

　　(3) 第四章　防火避難設施及消防設備：

　　　a. 出入口、樓梯、走廊。

　　　b. 排煙設備。

　　　c. 緊急照明設備。

　　　d. 緊急用昇降機。

　　　e. 緊急進口設備。

　　　f. 防火間隔。

　　　g. 消防設備。

　　　　(a) 滅火設備：室內消防栓、自動撒水設備。

　　　　(b) 警報設備：火警自動警報設備、手動報警設備、廣播設備。

　　　　(c) 標示設備：出口標示燈、避難方向指標。

　2. 建築設備篇：

　　(1) 第三章　消防設備：

　　　a. 消防栓設備。

　　　b. 自動撒水設備。

　　　c. 火警自動警報器設備：自動火警探測設備、手動報警機、報警標示燈、火警警
　　　　鈴、火警受信機總機、緊急電源。

例題 5-11

簡要解釋下列名詞：（每小題 5 分，共 15 分）

(三)開放空間有效面積

(104 高等考試三級-建管行政 #4)

【參考解答】

(三)開放空間有效面積之有效係數：（技則-II-284）

　　開放空間有效面積，係指開放空間之實際面積與有效係數之乘積。

例題 5-12

請依建築技術規則、政府採購法、國土計畫法及住宅法等法規，回答下列用語定義：

(一) 建築基地面積（5 分）

(105 高等考試三級-營建法規 #1)

【參考解答】

(一) 建築基地：（建築法-11）

　　為供建築物本身所占之地面及其所應留設之法定空地。（※建築基地原為數宗者，於申請建築前應合併為一宗。）

例題 5-13

名詞解釋：（每小題 5 分，共 25 分）

(一)建築技術規則之「基地地面」

(105 高等考試三級-建管行政 #1)

【參考解答】

（技則-1）

(一)基地地面：

　　基地整地完竣後，建築物外牆與地面接觸最低一側之水平面；基地地面高低相差超過三公尺，以每相差三公尺之水平面為該部分基地地面。

例題 5-14

臺灣即將進入高齡社會，建構無障礙化的都市開放空間，提升其可及性、使用性，以求貼心便利的滿足民眾的休憩需求。請依「內政部主管活動場所無障礙設施設備設計標準」及相關法規說明：(一)何謂「活動場所」；（4 分）(二)應如何規劃其主要出入口；（8 分）(三)因法規競合，在都市公園中設置廁所時，無障礙設計應依照何種法規檢討？（3 分）有關迴轉空間、鏡面高度、求助鈴位置、馬桶扶手及淨空間、洗面盆高度及深度等之規定為何？（10 分）

(105 高等考試三級-建管行政 #2)

【參考解答】

(一) 活動場所：（活動場所標準-2）

　　本標準所稱內政部主管活動場所（以下簡稱活動場所），指依都市計畫開闢使用之公園、綠地、廣場及經內政部公告國家公園內之場所。

(二) 應如何規劃其主要出入口：（活動場所標準-3）

　　活動場所應依外部交通動線、停車空間等因素，設置至少一處主要出入口，並視環境條件及場所面積酌予增加，便利行動不便者及身心障礙者進出，其無障礙設施設備規格如下：

1. 人行動線以直線通達為原則,並使輪椅及輔具使用者得雙向同時通行,避免迂迴、設置旋轉門或障礙物;出入口人行淨高不得小於二點一公尺,淨寬不得小於一點五公尺,但因地形限制或管制僅容單向通行者,其淨寬不得小於零點九公尺。

2. 應設置等候轉向平臺,並有適當照明;平臺面積不得小於六平方公尺,各方向長度不得小於一點五公尺,坡度不得大於五十分之一。

3. 鋪面應利於輪椅及輔具使用者行進,其材質應堅硬、平整及具防滑效能;勾縫處應無高度落差,其寬度不得大於八公釐。

4. 設有階梯者,其梯級、扶手、欄杆及警示設施,準用建築物無障礙設施設計規範樓梯規定。

5. 設有坡道者,其傾斜方向應與行進方向一致,坡度不得大於二十分之一。但因地形限制,坡度不得大於十二分之一,並應加設扶手或公示應有輔助人員或輔具協助使用。

6. 禁止汽車、機車或自行車通行或停放者,應設置明顯告示。

(三) 在都市公園中設置廁所時,無障礙設計應依照建築物無障礙設施設計規範

1. 鏡子:鏡子之鏡面底端與地板面距離不得大於 90 公分,鏡面的高度應在 90 公分以上

2. 迴轉空間淨空間:廁所盥洗室空間內應設置迴轉空間,其直徑不得小於 150 公分

3. 求助鈴:廁所盥洗室內應設置兩處緊急求助鈴,一處在距離馬桶前緣往後 15 公分、馬桶座位上 60 公分,另在距地板面高 35 公分範圍內設置一處可供跌倒後使用之求助鈴,且應明確標示,易於操控

4. 洗面盆高度:洗面盆上緣距地板面不得大於 80 公分,且洗面盆下面距面盆邊緣 20 公分之範圍,由地板面量起高 65 公分及水平 30 公分內應淨空,以符合膝蓋淨容納空間規定

5. 馬桶側邊 L 型扶手:馬桶側面牆壁裝置扶手時,應設置 L 型扶手,扶手外緣與馬桶中心線之距離為 35 公分,扶手水平與垂直長度皆不得小於 70 公分,垂直向之扶手外緣與馬桶前緣之距離為 27 公分,水平向扶手上緣與馬桶座面距離為 27 公分

6. 馬桶可動扶手:馬桶至少有一側為可固定之掀起式扶手。使用狀態時,扶手外緣與馬桶中心線之距離為 35 公分,扶手高度與對側之扶手高度相等,扶手長度不得小於馬桶前端且突出部分不得大於 15 公分

例題 5-15

簡答題:(每小題 6 分,共 30 分)

(四)依建築技術規則說明,何謂帷幕牆?何謂閣樓?

(101 地方特考三等-建管行政 #4)

【參考解答】

(四)帷幕牆:構架構造建築物之外牆,除承載本身重量及其所受之地震、風力外,不再承載或傳導其他載重之牆壁。

　　閣樓:在屋頂內之樓層,樓地板面積在該建築物建築面積三分之一以上時,視為另一樓層。

例題 5-16
高層建築物係指高度在五十公尺或樓層在十六層以上之建築物。請依建築技術規則建築設計施工編第 230 條之規定，說明高層建築物之地下各層最大樓地板面積之計算公式，並說明在何種情況下，得不受此計算公式之限制？（25 分）

(103 地方特考三等-營建法規 #3)

【參考解答】

(一) 地下各層最大樓地板面積：

$Ao \leq (1+Q)A／2$

Ao：地下各層最大樓地板面積。

A ：建築基地面積。

Q ：該基地之最大建蔽率。

(二) 高層建築物因施工安全或停車設備等特殊需要，經預審認定有增加地下各層樓地板面積必要者，得不受前項限制。

例題 5-17
2009 年建築技術規則建築設計施工編綠建築專章更名為「綠建築基準」，請依第 298 條說明那些建築物適用於節約能源的規定範圍？（25 分）

(104 地方特考三等-營建法規 #3)

【參考解答】

建築物節約能源：指以建築物外殼設計達成節約能源目的之方法，其適用範圍為學校類、大型空間類、住宿類建築物，及同一幢或連棟建築物之新建或增建部分之地面層以上樓層（不含屋頂突出物）之樓地板面積合計超過一千平方公尺之其他各類建築物。但符合下列情形之一者，不在此限：

(一) 機房、作業廠房、非營業用倉庫。

(二) 地面層以上樓層（不含屋頂突出物）之樓地板面積在五百平方公尺以下之農舍。

(三) 經地方主管建築機關認可之農業或研究用溫室、園藝設施、構造特殊之建築物。

例題 5-18
為便利行動不便者進出及使用，建築物應依「建築技術規則」規定設置無障礙設施，並符合相關規範。試依據「建築物無障礙設施設計規範」，說明無障礙通路之組成內容以及室外通路設計應符合之規定。（25 分）

(105 地方特考三等-營建法規 #2)

【參考解答】

(一) 無障礙通路之組成內容：無障礙通路應由以下符合本規範規定之一個或多個設施組成：室外通路、室內通路走廊、出入口、坡道、扶手、昇降設備、輪椅昇降台等。

(二) 室外通路設計規定：

1. 引導標誌：室外無障礙通路與建築物室外主要通路不同時，必須於室外主要通路入口處標示無障礙通路之方向。

2. 坡度：地面坡度不得大於 1/15；但202.4獨棟或連棟之建築物其地面坡度不得大於 1/10，超過者須依 206 節規定設置坡道。且二不同方向之坡道交會處應設置平台，該平臺之坡度不得大於 1/50。

3. 淨寬：通路淨寬不得小於 130 公分；但 202.4 獨棟或連棟之建築物其通路淨寬不得小於 90 公分。

例題 5-19

「建築技術規則」對於建築物之分間牆、分戶牆規定應設置具有防音效果之隔牆，而為強化建築防音構造，提升建築音環境品質，「建築技術規則」於民國 105 年增訂有關置放機械設備空間樓板、分戶樓板及昇降機房之樓板與分間牆、分戶牆之隔音構造與性能規定。試依現行「建築技術規則」說明分間牆與分戶牆之隔音構造與性能規定。（25 分）

(105 地方特考三等-營建法規 #3)

【參考解答】

(一) 分間牆與分戶牆之隔音構造與性能規定（技則 46-2、46-3、46-4）

分間牆、分戶牆、樓板或屋頂應為無空隙、無害於隔音之構造，牆壁應自樓板建築至上層樓板或屋頂，且整體構造應相同或由具同等以上隔音性能之構造組合而成。

管線貫穿分間牆、分戶牆或樓板造成空隙時，應於空隙處使用軟質填縫材進行密封填塞。

(二) 分間牆之空氣音隔音構造，應符合下列規定之一：

1. 鋼筋混凝土造或密度在二千三百公斤／立方公尺以上之無筋混凝土造，含粉刷總厚度在十公分以上。

2. 紅磚或其他密度在一千六百公斤／立方公尺以上之實心磚造，含粉刷總厚度在十二公分以上。

3. 輕型鋼骨架或木構骨架為底，兩面各覆以石膏板、水泥板、纖維水泥板、纖維強化水泥板、木質系水泥板、氧化鎂板或硬質纖維板，其板材總面密度在四十四公斤／平方公尺以上，板材間以密度在六十公斤／立方公尺以上，厚度在七點五公分以上之玻璃棉、岩棉或陶瓷棉填充，且牆總厚度在十公分以上。

4. 其他經中央主管建築機關認可具有空氣音隔音指標 Rw 在四十五分貝以上之隔音性能。

(三) 分戶牆之空氣音隔音構造，應符合下列規定之一：

1. 鋼筋混凝土造或密度在二千三百公斤／立方公尺以上之無筋混凝土造，含粉刷總厚度在十五公分以上。

2. 紅磚或其他密度在一千六百公斤／立方公尺以上之實心磚造，含粉刷總厚度在二十二公分以上。

3. 輕型鋼骨架或木構骨架為底，兩面各覆以石膏板、水泥板、纖維水泥板、纖維強化水泥板、木質系水泥板、氧化鎂板或硬質纖維板，其板材總面密度在五十五公斤／平方公尺以上，板材間以密度在六十公斤／立方公尺以上，厚度在七點五公分以上之玻璃棉、岩棉或陶瓷棉填充，且牆總厚度在十二公分以上。

4. 其他經中央主管建築機關認可具有空氣音隔音指標 Rw 在五十分貝以上之隔音性能。

例題 5-20
請回答下列問題：（每小題 5 分，共 25 分）
(三)何謂綠建材？

【參考解答】

(三)綠建材：指經中央主管建築機關認可符合生態性、再生性、環保性、健康性及高性能之建材。

例題 5-21
我國實施「開放空間」其定義與實施目的為何？實施結果有何爭議？試述「實施都市計畫地區建築基地綜合設計」中對於開放空間得增加樓地板面積之規定。（25 分）

【參考解答】

(一) 開放空間定義：
   係指建築基地內依規定留設達一定規模且連通道路供通行或休憩之下列空間：
   1.沿街步道式開放空間
   2.廣場式開放空間
(二) 開放空間實施目的：
   可解決政府對公共設施提供之不足，因此以容積獎勵的方式提供建築開發上的誘因，以鼓勵民間設置必要性之公共設施，對都市密集化的發展具有正面意義。
(三) 開放空間所引起的爭議，是因為建築開發商在銷售建物時，沒有明確告知住戶，「開放空間」不是「公設」，應該要開放給一般民眾使用。而且在設計建築物時，建商經常把開放空間與私人空間的進出口，設置在同一區域，故易引起爭議。

例題 5-22
請依現行建築法、建築技術規則、區域計畫法、都市計畫法及政府採購法等相關營建法規簡要回答下列問題：
(五) 何謂「特別安全梯」？（5 分）

【參考解答】

(五) 特別安全梯：自室內經由陽臺或排煙室始得進入之安全梯。

例題 5-23

近年來由於人口都市化，建築物多朝高層化、複合化發展，其相對之防火安全備受重視，請
說明何謂高層建築物？（5 分）並請說明建築技術規則對高層建築物樓梯之座數、防火區劃
及直通樓梯等有那些特別規定？（15 分）

(101 鐵路高員三級-營建法規 #4)

【參考解答】

(一) 高層建築物：（技則-II-227）

　　　係指高度在五十公尺或樓層在十六層以上之建築物。

(二) 防火避難設施：（技則-II-241、242、243）

　　1. 特別安全梯：

　　　(1) 數量：兩座以上之特別安全梯並應符合兩方向避難原則。

　　　(2) 位置：兩座特別安全梯應在不同平面位置，其排煙室並不得共用。

　　　(3) 高層建築物通達地板面高度五十公尺以上或十六層以上樓層之直通樓

　　2. 防火區劃：

　　　(1) 依技則規定。

　　　(2) 昇降機道及梯廳應以具有一小時以上防火時效之牆壁、防火門窗等防火設備及該
　　　　 處防火構造之樓地板自成一個獨立之防火區劃。

例題 5-24

依括號內法規解釋下列用語：

(二)室外引導通路（建築技術規則）（4 分）

(101 鐵路高員三級-建管行政 #5)

【參考解答】

(二)引導標誌：

　　室外無障礙通路與建築物室外主要通路不同時，必須於室外主要通路入口處標示無障礙通
　　路之方向。

例題 5-25

特種建築物得經行政院之許可，不適用建築法全部或一部之規定。試問，向行政院申請核定
為特種建築物者，起造人除申請書外，須檢具那些文件圖說？（20 分）

(102 鐵路高員三級-營建法規 #1)

【參考解答】

特種建築物申請案應具備申請書及下列圖說：（內政部審議行政院交議特種建築物申請案處理
原則-3）

1. 土地權利證明文件。

2. 土地清冊：表列基地地段、地號、面積、權屬及土地使用分區或編定。並檢附土地登記簿
　 謄本或土地使用分區證明文件。

3. 工程興建計畫權責機關核定之相關證明文件。

4. 列明現行建築法令無法適用之條文及事由。

5. 經開業建築師簽證之相關工程圖說。但涉及國家機密之建築物，其相關工程圖說得免交由開業建築師簽證：

(1) 基地位置圖。

(2) 地盤圖，並標示申請特種建築物範圍，其比例尺不得小於一千二百分之一。

(3) 建築物之平面、立面、剖面圖，其比例尺不得小於二百分之一。

6. 供公眾使用建築物應檢具防災計畫（應記載事項如附表二），具危險性建築物應檢具安全防護計畫，並檢附直轄市政府或中央目的事業主管機關會同使用單位審查確認之證明文件。

7. 依建築技術規則建築設計施工編第十章應設置公共建築物行動不便者使用設施之建築物，應檢具行動不便者使用設施設置計畫，並檢附直轄市政府或中央目的事業主管機關會同使用單位審查確認之證明文件。

8. 依規定應辦理環境影響評估、水土保持計畫者，應檢附該管主管機關審查確認之證明文件。

例題 5-26

為因應高齡化社會及行動不便者之需求，既有五層以下已領得使用執照之建築物，實有增設昇降設備之需要，請就「建築技術規則」及「既有公共建築物無障礙設施替代改善計畫作業程序及認定原則」說明有何放寬規定，俾利老舊建築物增設昇降設備，以改善建築物之機能？（20 分）

(102 鐵路高員三級-營建法規 #2)

【參考解答】

(一) 昇降設備：

1. 機廂尺寸：入口不得小於八十公分，機廂深度不得小於一百十公分。

2. 引導：昇降機設有點字之呼叫鈕前方三十公分處之地板，應作三十公分乘以六十公分之不同材質處理。

3. 點字：呼叫鈕及直式操作盤，按鍵左邊應設置點字。

4. 語音：機廂應設置語音設備。

5. 標示：昇降機外部應設置無障礙標誌。現存無障礙標誌與建築物無障礙設施設計規範未完全相同者，無須改善。但採用「殘障電梯」或其他不當用詞者，應予改善。

6. 無須改善情況：

(1) 昇降機廂內扶手。

(2) 免設昇降機入口之觸覺裝置。

(3) 已設置輪椅乘坐者操作盤時。

(二) 公共建築物無障礙設施無法依前條規定改善者，得依下列替代原則或其他替代方案提具替代改善計畫

昇降設備：

1. 已設置昇降設備，機廂入口未達八十公分或機廂深度未達一百十公分，得以可收放式輪椅及機廂內設置活動座椅替代。

2. 受限於建築基地及結構無法設置昇降設備者，得採用專人服務，並設置服務鈴。

例題 5-27
請就建築技術規則綠建築相關設計技術規範，說明下列用語定義：（每小題 4 分，共 20 分）
(一) 綠化總二氧化碳固定量
(二) 集雨面積 Ar（m^2）
(三) 地下貯集滲透
(四) 建築物室內裝修材料
(五) 綠建材

(102 鐵路高員三級-營建法規 #3)

【參考解答】

(一) 綠化總二氧化碳固定量（建築基地綠化設計技術規範-3）
建築基地內所有植栽由小苗至成樹期間，單位綠化面積對大氣二氧化碳之理論固定效果，亦即指基地綠化栽植之各類植物二氧化碳固定量與其栽植面積乘積之總和。

(二) 集雨面積 Ar（m^2）（建築物雨水貯留利用設計技術規範-3）
建築物雨水貯留利用設施所能收集雨水之降雨面積，一般為屋頂或遮雨棚之投影面積，也可納入基地地面集雨面積（透水鋪面有效面積採百分之八十、裸露地或綠地有效面積採百分之三十）及所有外牆面積之百分之三十，但必須設有集雨管路系統及過濾處理設備設計之範圍。

(三) 地下貯集滲透（建築基地保水設計技術規範修正規定-3）
地下貯集滲透
藉由創造地下儲水空間來保水的方法，亦即在空地地下挖掘蓄水空間，填入礫石、廢棄混凝土骨料或組合式蓄水框架，外包不織布，讓雨水暫時貯集於此地下孔隙間，然後再以自然滲透方式入滲至土壤的方法。

(四) 建築物室內裝修材料（綠建材設計技術規範修正規定-3）
係指固著於建築物構造體之天花板、內部牆面或高度超過一點二公尺固定於地板之隔屏或兼作櫥櫃使用之隔屏，使用之材料。

(五) 綠建材（綠建材設計技術規範修正規定-3）
指符合生態性、再生性、環保性、健康性及高性能之建材。

例題 5-28
請依中央法規標準法、行政執行法、地方制度法、建築技術規則及政府採購法，簡要回答下列問題：（每小題 5 分，共 25 分）
(四)就建築構造而言，何者為「靜載重」？

(102 鐵路高員三級-建管行政 #1)

【參考解答】

(四)「靜載重」（技則-III-10、16、32～41）
靜載重為建築物本身各部份之重量及固定於建築物構造上各物之重量，如牆壁、隔牆、樑柱、樓版及屋頂等，可移動隔牆不作為靜載重。

例題 5-29

由於建築物空間使用需求日益複雜化，而建築技術發展亦日新月異，為增加設計彈性，避免空間與材料浪費，傳統條文式規格化之法規已難數實際需要，「性能式法規（performance based codes）」已蔚為世界各先進國家建築法規發展的潮流。試申論何謂性能式法規？（10 分）我國建築技術規則在建築防火安全上亦訂有性能式法規，請說明其具體規定。（15 分）

(102 鐵路高員三級-建管行政 #4)

【參考解答】

(一) 性能式法規（內政部建築研究所）

　　建築技術之法規執行，大致上可以區分為規格式法規及性能性法規兩個領域，早期建築物用途及形式較為單純，過去世界各國家在執行方法及經驗累積考量下均採用強制性規格式的法規，一來是能符合建築使用需求，再者則是便於主管機關查核；但隨著整體環境發展及變異，當建築物發展朝向超高層化、複合化、及特殊需求化趨勢，傳統規格式法規出現適用上的不足，即展出所謂的性能式法規，就是在達成傳統規格式法規要求的功能目標前提下，允許應用各種可達安全對策及方案之設計，提供多元選擇方式。以現行法規的說法，即為可排除規格式法規條文一部分或全部之適用。

(二) 建築防火安全性能式法規（技則-I-3）

　　建築物之防火及避難設施，經檢具申請書、建築物防火避難性能設計計畫書及評定書向中央主管建築機關申請認可者，得不適用本規則建築設計施工編第三章、第四章一部或全部，或第五章、第十一章、第十二章有關建築物防火避難一部或全部之規定。

（※前項之建築物防火避難性能設計評定書，應由中央主管建築機關指定之機關（構）、學校或團體辦理。特別用途之建築物專業法規另有規定者，各該專業主管機關應請中央主管建築機關轉知之。）

例題 5-30

依據建築技術規則綠建築專章，請說明符合綠化量指標之設計手法（13 分）及基地保水指標之設計手法（12 分）。

(103 鐵路高員三級-營建法規 #2)

【參考解答】

(一) 綠化量指標之設計手法

　1. 其綠化總二氧化碳固定量應大於其二分之一最小綠化面積與下表二氧化碳固定量基準值之乘積。

使用分區或用地	二氧化碳固定量基準值(公斤/平方公尺)
學校用地	五百
商業區、工業區	三百
前二類以外之建築基地	四百

　2. 建築基地之綠化檢討規定：（技則-II-303）

　　建築基地之綠化檢討以一宗基地為原則；如單一宗基地內之局部新建執照者，得以整

宗基地綜合檢討或依基地內合理分割範圍單獨檢討。

(二) 基地保水指標之設計手法

1. 建築基地保水規定：（技則-II-305）

建築基地應具備原裸露基地涵養或貯留滲透雨水之能力，其建築基地保水指標應大於○‧五與基地內應保留法定空地比率之乘積。

2. 建築基地保水之檢討規定：（技則-II-306）

建築基地之保水設計檢討以一宗基地為原則；如單一宗基地內之局部新建執照者，得以整宗基地綜合檢討或依基地內道路分割範圍單獨檢討。

例題 5-31

請依地方制度法、中央法規標準法、政府採購法、行政訴訟法、建築技術規則等相關規定，回答下列問題：（每小題 5 分，共 25 分）

(五)陽臺與露臺有何異同？

(103 鐵路高員三級-建管行政 #1)

【參考解答】

(五)陽臺與露臺有何異同？（技則-II-1）

露臺及陽臺：直上方無任何頂遮蓋物之平臺稱為露臺，直上方有遮蓋物者稱為陽臺。

例題 5-32

名詞解釋：（每小題 5 分，共 25 分）

(一)「棟」與「幢」

(102 公務人員普考-營建法規概要 #1)

【參考解答】

(一)「棟」與「幢」（技則-II-1）

1. 幢：建築物地面層以上結構獨立不與其他建築物相連，地面層以上其使用機能可獨立分開者。

2. 棟：以具有單獨或共同之出入口並以無開口之防火牆及防火樓板區劃分開者。

例題 5-33

名詞解釋：（每小題 5 分，共 25 分）

(二) 帷幕牆

(102 公務人員普考-營建法規概要 #1)

【參考解答】

(二) 帷幕牆（技則-II-1）

帷幕牆：構架構造建築物之外牆，除承載本身重量及其所受之地震、風力外，不再承載或傳導其他載重之牆壁。

例題 5-34

名詞解釋：（每小題 5 分，共 25 分）

(三) 遮煙性能

(102 公務人員普考-營建法規概要 #1)

【參考解答】

(三) 遮煙性能（技則-II-1）

遮煙性能：在常溫及中溫標準（200oC）試驗條件下，建築物出入口裝設之一般門或區劃出入口裝設之防火設備，當其構造二側形成火災情境下之壓差時，具有漏煙通氣量不超過規定值之能力。

例題 5-35

名詞解釋：（每小題 5 分，共 25 分）

(四) 新建無障礙住宅

(102 公務人員普考-營建法規概要 #1)

【參考解答】

(四) 新建無障礙住宅（無障礙-2）

新建無障礙住宅：指本法施行後取得建造執照且符合第三條設計基準之住宅。

例題 5-36

因應地球暖化氣候遽變，建築技術規則於都市計畫地區規定何種情形應設置雨水貯集滯洪設施？（10 分）雨水貯集滯洪設施之設置規定為何？（15 分）

(102 公務人員普考-營建法規概要 #4)

【參考解答】

(一) 雨水貯集滯洪設施：（技則-I-4-3）

都市計畫地區新建、增建或改建之建築物，除本編第十三章山坡地建築已依水土保持技術規範規劃設置滯洪設施、個別興建農舍、建築基地面積三百平方公尺以下及未增加建築面積之增建或改建部分者外，應依下列規定，設置雨水貯集滯洪設施。

(二) 設置規定

1. 法定空地、建築物地面層、地下層或筏基內設置水池或儲水槽，以管線或溝渠收集屋頂、外牆面或法定空地之雨水，並連接至建築基地外雨水下水道系統。

2. 採用密閉式水池或儲水槽時，應具備泥砂清除設施。

3. 雨水貯集滯洪設施無法以重力式排放雨水者，應具備抽水泵浦排放，並應於地面層以上及流入水池或儲水槽前之管線或溝渠設置溢流設施。

4. 雨水貯集滯洪設施得於四周或底部設計具有滲透雨水之功能，並得依本編第十七章有關建築基地保水或建築物雨水貯留利用系統之規定，合併設計。

5. 前項設置雨水貯集滯洪設施規定，於都市計畫法令、都市計畫書或直轄市、縣（市）政府另有規定者，從其規定。

例題 5-37

請試述下列名詞之意涵：（每小題 5 分，共 25 分）

(一) 專業營造業

(103 公務人員普考-營建法規概要 #1)

【參考解答】

(一) 專業營造業：（營造業-3）

係指經向中央主管機關辦理許可、登記，從事專業工程之廠商。

例題 5-38

請試述下列名詞之意涵：（每小題 5 分，共 25 分）

(四) 建築物外殼耗能量

(103 公務人員普考-營建法規概要 #1)

【參考解答】

(四) 建築物外殼耗能量：（技則-II-299）

指建築物室內臨接窗、牆、屋面及開口等外周區單位樓地板面積之顯熱熱負荷。

例題 5-39

為因應性能式建築防火安全設計，依據建築技術規則總則編等相關法令規定，得申請免適用該規則有關建築物防火避難一部或全部之規定，請說明申請人得向中央主管建築機關申請建築物防火避難性能設計之認可程序與應備書件為何？（15 分）其採用之性能驗證方法及驗證項目有那些？（10 分）請列舉說明。

(103 公務人員普考-營建法規概要 #2)

【參考解答】

(一) 申請認可：（性能設計-2）

應由申請人備具申請書、建築物防火避難性能設計計畫書及建築物防火避難性能設計評定書〔建築物防火避難性能設計評定書應由申請人檢具建築物防火避難性能設計計畫書向中央主管建築機關指定之機關（構）、學校或團體（以下簡稱評定專業機構）辦理。〕

(二) 性能驗證方法：（性能設計-3）

得依評定專業機構之要求採下列方式進行：

1. 數值模擬。

2. 模型試驗。

3. 全尺寸試驗。

4. 其他。

(三) 驗證項目

1. 結構耐火性能驗證

2. 整棟避難安全性能驗證

3. 火災延燒防止性能驗證

4. 樓層避難安全性能驗證

5. 整棟避難安全性能驗證

例題 5-40

為使國人有更優質、舒適及健康之居住環境，行政院智慧綠建築推動方案除延續公有新建建築物總工程建造費用達 5 仟萬元以上者應申請綠建築標章及候選證書外，並規定自 102 年 7 月 1 日起，總工程建造費用達 2 億元以上者，同時還必須取得智慧建築標章及候選證書。試依相關規定，概要說明智慧綠建築之定義及其標章各指標之名稱。（25 分）

(104 公務人員普考-營建法規概要 #2)

【參考解答】

「智慧建築」是以融合建築設計與資通訊主動感知與主動控制技術，以達到安全、健康、便利、舒適、節能，營造人性化的生活空間為目標。

大指標群	指標 內 容	
	指標名稱	評估要項
基礎設施指標群 (4 項均須通過)	1.綜合佈線	建築物通信佈線系統之規劃設計、可支援之服務、導入時機與流程管制、佈線系統等級與整合度、佈線系統管理機制、佈線新技術導入程度。
	2.資訊通信	建築物廣域網路之接取設計、數位式(含 IP)電話交換、公眾行動通信涵蓋(含共構)、區域網路、視訊會議、公共廣播、公共天線及有線電視、公共資訊顯示及導覽
	3.系統整合	建築物營運資訊系統整合之程度、系統整合之方式、整合管理方式、系統整合平台、整合的安全機制
	4.設施管理	建築物內財產與營運效能之使用管理、建築設備維護管理
功能選項指標群 (至少 1 項通過)	5.安全防災	建築物防災、人身安全
	6.健康舒適	空間環境指標、視環境指標、溫熱環境指標、空氣環境指標、水環境指標、健康照護管理系統
	7.便利貼心	空間輔助系統、資訊服務系統、生活服務系統
	8.節能管理	建築物能源監視系統、能源管理系統、設備效率、節能技術、再生能源設備

例題 5-41

依據建築技術規則規定，建築物停車空間應留設供汽車進出用之車道，試概要說明對於每輛停車位長寬、車道之寬度、坡度及曲線半徑之規定，並探討於地下室停車空間設計與施工時應注意事項。（25 分）

(104 公務人員普考-營建法規概要 #3)

【參考解答】

(一) 停車位尺寸：(技則-II-60)

1. 每輛停車位為寬二點五公尺，長五點五公尺。但停車位角度在三十度以下者，停車位長度為六公尺。大客車每輛停車位為寬四公尺，長十二點四公尺。
2. 設置於室內之停車位，其五分之一車位數，每輛停車位寬度得寬減二十公分。但停車位長邊鄰接牆壁者，不得寬減，且寬度寬減之停車位不得連續設置。
3. 機械停車設備每輛為寬二‧二公尺，長五‧五公尺及淨高一‧八公尺機械停車位每輛

　　　　為寬二點五公尺，長五點五公尺，淨高一點八公尺以上。但不供乘車人進出使用部分，寬得為二點二公尺，淨高為一點六公尺以上。

4. 設置汽車昇降機，應留設寬三點五公尺以上、長五點七公尺以上之昇降機道。

5. 基地面積在一千五百平方公尺以上者，其設於地面層以外樓層之停車空間應設汽車車道（坡道）。

6. 車道供雙向通行且服務車位數未達五十輛者，得為單車道寬度；五十輛以上者，自第五十輛車位至汽車進出口及汽車進出口至道路間之通路寬度，應為雙車道寬度。但汽車進口及出口分別設置且供單向通行者，其進口及出口得為單車道寬度。

7. 實施容積管制地區，每輛停車空間（不含機械式停車空間）換算容積之樓地板面積，最大不得超過四十平方公尺。

8. 前項機械停車設備之規範，由內政部另定之。

(二) 車道：（技則-II-61）

　　1. 車道之寬度：

　　　(1) 單車道寬度應為三點五公尺以上。

　　　(2) 雙車道寬度應為五點五公尺以上。

　　　(3) 停車位角度超過六十度者，其停車位前方應留設深六公尺，寬五公尺以上之空間。

　　2. 車道坡度：

　　　車道坡度不得超過一比六，其表面應用粗面或其他不滑之材料。

　　3. 車道之內側曲線：

　　　半徑應為五‧○公尺以上。

例題 5-42

近年來由於住宅供需問題引起諸多討論，公私部門相繼投入住宅興建。請依中央法規標準法、建築法、建築技術規則、住宅法及政府採購法等規定，回答下列問題：

(三) 何謂集合住宅？（5 分）

(105 公務人員普考-營建法規概要 #1)

【參考解答】

(三) 集合住宅：（技則-II-1）

　　具有共同基地及共同空間或設備。並有三個住宅單位以上之建築物。

例題 5-43

內政部近年來大力提倡綠建築，用以建立舒適、健康、環保之居住環境，請說明綠建築之定義，並依建築技術規則建築設計施工編綠建築基準之規定，分別說明綠建材、建築基地綠化及最小綠化面積之意義。（25 分）

(102 地方特考四等-營建法規概要 #1)

【參考解答】

(一) 綠建材：（技則-II-298）

　　指第二百九十九條第十二款之建材；其適用範圍為供公眾使用建築物及經內政部認定有必要之非供公眾使用建築物。

(二) 建築基地綠化：（技則-II-298）

指促進植栽綠化品質之設計，其適用範圍為新建建築物。但個別興建農舍及基地面積三百平方公尺以下者，不在此限。

(三) 最小綠化面積：（技則-II-299）

為基地面積扣除執行綠化有困難之面積後與基地內應保留法定空地比率之乘積。

例題 5-44

依建築技術規則建築設計施工編第 154 條之規定，凡進行挖土、鑽井及沉箱等工程時，應依那些規定採取必要安全措施，請說明之？（25 分）

(103 地方特考四等-營建法規概要 #2)

【參考解答】

擋土設備：（技術規則-154）

(一) 應設法防止損壞地下埋設物如瓦斯管、電纜，自來水管及下水道管渠等。

(二) 應依據地層分布及地下水位等資料所計算繪製之施工圖施工。

(三) 靠近鄰房挖土，深度超過其基礎時，應依本規則建築構造編中有關規定辦理。

(四) 挖土深度在一‧五公尺以上者，除地質良好，不致發生崩塌或其周圍狀況無安全之慮者外，應有適當之擋土設備。

(五) 施工中應隨時檢查擋土設備，觀察周圍地盤之變化及時予以補強，並採取適當之排水方法，以保持穩定狀態。

(六) 拔取板樁時，應採取適當之措施以防止周圍地盤之沉陷。

（※挖土深度在一公尺半以上者，其防護措施之設計圖樣及說明書，應於申請建造執照或雜項執照時一併送審。）

例題 5-45

請試述下列名詞之意涵：（每小題 5 分，共 25 分）

(四) 室內空氣品質

(105 地方特考四等-營建法規概要 #1)

【參考解答】

(四) 室內空氣品質：（空品法-3）

指室內空氣污染物之濃度、空氣中之溼度及溫度。

例題 5-46

請試述下列名詞之意涵：（每小題 5 分，共 25 分）

(五) 活載重

(105 地方特考四等-營建法規概要 #1)

【參考解答】

(五) 活載重：（技則 II-16）

垂直載重中不屬於靜載重者，均為活載重，活載重包括建築物室內人員、傢俱、設備、

貯藏物品、活動隔間等。工廠建築應包括機器設備及堆置材料等。倉庫建築應包括貯藏物品、搬運車輛及吊裝設備等。積雪地區應包括雪載重。

例題 5-47

請依現行建築法、建築技術規則、區域計畫法、都市計畫法、政府採購法及相關營建法規簡要回答下列問題：

(二) 何謂「防火時效」？（5分）

(101 鐵路員級-營建法規概要 #1)

【參考解答】

(一) 防火時效：建築物主要結構構件、防火設備及防火區劃構造遭受火災時可耐火之時間。

例題 5-48

請依現行建築法、建築技術規則、區域計畫法、都市計畫法、政府採購法及相關營建法規簡要回答下列問題：

(四) 何謂「再生綠建材」？（5分）

(101 鐵路員級-營建法規概要 #1)

【參考解答】

(四) 所謂再生綠建材，就是利用回收之材料經由再製過程，所製成之最終建材產品，且符合廢棄物減量(Reduce)，再利用(Reuse)及再循環(Recycle)等原則之建材。

例題 5-49

請依建築技術規則規定，說明防火門窗組件包括那些項目？（5分）並說明常時關閉式之防火門及常時開放式之防火門各有何規定？（20分）

(101 鐵路員級-營建法規概要 #4)

【參考解答】

(一) 防火門窗：（技則-II-76）

防火門窗係指防火門及防火窗，其組件包括門窗扇、門窗樘、開關五金、嵌裝玻璃、通風百葉等配件或構材。

(二)

1. 常時關閉式之防火門應符合左列規定：

   (1) 免用鑰匙即可開啟，並應裝設經開啟後可自行關閉之裝置。

   (2) 單一門扇面積不得超過三平方公尺。

   (3) 不得裝設門止。

   (4) 門扇或門樘上應標示常時關閉式防火門等文字。

2. 常時開放式之防火門應符合左列規定：

   (1) 可隨時關閉，並應裝設利用煙感應器連動或其他方法控制之自動關閉裝置，使能於火災發生時自動關閉。

   (2) 關閉後免用鑰匙即可開啟，並應裝設經開啟後可自行關閉之裝置。

   採用防火捲門者，應附設門扇寬度在七十五公分以上，高度在一百八十公分以上之防

火門。

例題 5-50

為鼓勵基地之整體規劃與合併使用，獎勵設置公益性開放空間，建築技術規則訂有「實施都市計畫地區建築基地綜合設計」專章。但為避免建築物於領得使用執照後，未依規定開放供公眾使用之情形，請就如何「確保開放空間之公益性」及兼顧「建築物之安全私密需求」二個層面，說明現行建築技術規則有何規定？（25 分）

(102 鐵路員級-營建法規概要 #2)

【參考解答】

(一) 公益性規定：（技則-II-290）

依本章設計之建築物，除依建造執照預審辦法申請預審外，並依下列規定辦理：

1. 直轄市、縣（市）主管建築機關之建造執照預審小組，應就開放空間之植栽綠化及公益性，與其對公共安全、公共交通、公共衛生及市容觀瞻之影響詳予評估。

2. 建築基地臨接永久性空地或已依本章申請建築之基地，其開放空間應配合整體留設。

(二) 安全私密需求：（技則-II-290）

直轄市、縣（市）主管建築機關之建造執照預審小組，應就建築物之私密性與安全管理需求及公共服務空間之位置、面積及服務設施與設備之必要性及公益性詳予評估。

例題 5-51

依據建築物無障礙設施設計規範及建築技術規則之規定，請試述下列用辭之意涵：（每小題 5 分，共 25 分）

(一) 無障礙設施

(103 鐵路員級-營建法規概要 #1)

【參考解答】

(一) 無障礙設施（規範）

無障礙設施：又稱為行動不便者使用設施，係指定著於建築物之建築構件，使建築物、空間為行動不便者可獨立到達、進出及使用，無障礙設施包括室外通路、避難層坡道及扶手、避難層出入口、室內出入口、室內通路走廊、樓梯、昇降設備、廁所盥洗室、浴室、輪椅觀眾席位、停車空間等。

例題 5-52

依據建築物無障礙設施設計規範及建築技術規則之規定，請試述下列用辭之意涵：（每小題 5 分，共 25 分）

(四)退縮建築深度

(103 鐵路員級-營建法規概要 #1)

【參考解答】

(四) 退縮建築深度（技則-II-1）

退縮建築深度：建築物外牆面自建築線退縮之深度；外牆面退縮之深度不等，以最小之

深度為退縮建築深度。但第三款規定,免計入建築面積之陽臺、屋簷、雨遮及遮陽板,不在此限。

例題 5-53
依據建築物無障礙設施設計規範及建築技術規則之規定,請試述下列用辭之意涵:(每小題 5 分,共 25 分)
(五) 防火時效

(103 鐵路員級-營建法規概要 #1)

【參考解答】
(五) 防火時效(技則-II-1)

防火時效:建築物主要結構構件、防火設備及防火區劃構造遭受火災時可耐火之時間。

單元六、其他相關營建法令

📖重點內容摘要

建築法系相關姊妹法(不同主管機關)自 90 年後出題比例升高，包含採購法相關子法、交通建設周遭建築物禁限建的規定、綠建築標章、智慧建築標章、文化資產保存法等常出現在各類型考試。

近五年來，第六章部分最容易由營造業法、文化資產保存法及政府採購法及相關子法中出題。

【歷屆試題】

例題6-1

(#) 1. 有關公有建築物綠建築標章推動使用作業要點之敘述，下列何者錯誤？(送分)

(A) 「綠建築標章」指取得使用執照建築物，經審查合於綠建築評估指標標準，報內政部核定取得之標章

(B) 綠建築分級評估劃分有銅級、銀級、黃金級及鑽石級等共四級

(C) 「候選綠建築證書」指完成設計或尚未完工之建築物，經審查通過合於綠建築評估指標標準，報內政部核定取得之證書

(D) 公有新建建築物且其工程造價大於新臺幣五千萬元以上，適用本作業要點

(101 建築師-營建法規與實務#33)

(A) 2. 下列何種計費方式適用於計畫性質複雜，服務費用不易確實預估或履約成果不確定之服務？

(A) 服務成本加公費法

(B) 建造費用百分比法

(C) 按月、按日或按時計酬法

(D) 比較計算法

(101 建築師-營建法規與實務#49)

(A) 3. 有關公共工程施工品質管理制度之敘述，下列何者正確？

(A) 一級品管是承造人，二級品管是監造人，三級品管是工程督導單位

(B) 一級品管是業主，二級品管是承造人，三級品管是監造人

(C) 一級品管是監造人，二級品管是業主，三級品管是承造人

(D) 一級品管是工程督導單位，二級品管是監造人，三級品管是承造人

(101 建築師-營建法規與實務#55)

(A) 4. 營造業法將營造業分為那三類？

(A) 綜合營造業、專業營造業、土木包工業

(B) 綜合營造業、土木包工業、零星包工業

(C) 建築營造業、土木水利營造業、室內裝修業

(D) 甲級營造業、乙級營造業、丙級營造業

(101 建築師-營建法規與實務#58)

(C) 5. 有關營造業承攬工程規模範圍之敘述，下列何者錯誤？

(A) 丙等綜合營造業可承攬高度21公尺以下，地下室開挖6公尺以下之建築物

(B) 乙等綜合營造業可承攬高度36公尺以下，地下室開挖9公尺以下之建築物

(C) 甲等綜合營造業承攬造價限額為其資本額之20倍

(D) 專業營造業承攬造價限額為其資本額之10倍

(101 建築師-營建法規與實務#59)

(D)　6.　「工地主任」係專有名詞,指受聘於下列何者,擔任其所承攬工程之工地事務及施工管理工作?

(A) 建設公司

(B) 土木結構技師事務所

(C) 建築師事務所

(D) 營造業

(101 建築師-營建法規與實務#60)

(B)　7.　有關營造業法規定承攬工程之敘述,下列何者正確?

(A) 綜合營造業,應將其專業工程項目發包予專業營造業施作

(B) 營造業承攬工程應負責製作工地現場施工製造圖及施工計畫書

(C) 營造業負責人若具資格可兼任專任工程人員

(D) 綜合營造業之專任工程人員具有建築師資格,始得以統包方式承攬

(101 建築師-營建法規與實務#61)

(C)　8.　有關機關得辦理工程部分驗收之敘述,下列何者錯誤?

(A) 已履約之部分有減損滅失之虞時

(B) 有部分先行使用之必要時

(C) 可加速執行機關列管預算時

(D) 相關使用執照可以取得時

(101 建築師-營建法規與實務#62)

(A)　9.　政府採購法第 3 章有關決標之敘述,下列何者錯誤?

(A) 機關辦理採購決標時,決標時應要求投標廠商到場,全部投標廠商到齊始能決標,其結果並應書面通知各投標廠商

(B) 機關辦理訂有底價之採購決標時,以合於招標文件規定,且在底價以內之最低標為得標廠商

(C) 機關辦理未訂有底價之採購決標時,以合於招標文件規定,標價合理且在預算數額以內之最低標為得標廠商

(D) 機關辦理採購採最低標決標時,如最低標廠商之標價偏低不合理,廠商未於通知期限內提出合理之說明或擔保者,得不決標予該廠商,並以次低標廠商為最低標廠商

(101 建築師-營建法規與實務#63)

(B)　10.　依公共工程規劃設計服務廠商評選作業注意事項,採固定費率決標時是否須議減價格?

(A) 仍須　　　　　(B)無須　　　　　(C)依主辦機關規定(D)視預算金額大小

(101 建築師-營建法規與實務#64)

(A) 11. 根據行政院公共工程委員會所訂頒之契約要項之精神,有關工程採購契約所附供廠商投標用之數量清單之敘述,下列何者正確?

    (A) 估計數,不應視為廠商完成履約所須供應或施作之實際數量

    (B) 精確數,廠商必須完成所有數量

    (C) 預算數,得於議價時增減之

    (D) 結算數,作為結算金額之依據

(101 建築師-營建法規與實務#65)

(D) 12. 公共工程施工綱要規範編碼系統中,03 字頭代表那一類工作項目?

    (A) 鋼筋   (B)圬工   (C)金屬   (D)混凝土

(101 建築師-營建法規與實務#66)

(D) 13. 有關政府採購法第 7 條詳述工程、財物及勞務採購定義之敘述,下列何者錯誤?

    (A) 財物採購指各種物品、材料、設備、機具與其他動產、不動產、權利及其他經主管機關認定之財物採購

    (B) 勞務採購指專業服務、技術服務、資訊服務、研究發展及其他經主管機關認定之勞務採購

    (C) 工程採購指地面上下構造物與其所屬設備及改變自然環境之建築行為,泛指建築土木、水利環境、交通等工程之採購

    (D) 採購兼有工程、財物、勞務二種以上性質,難以認定其歸屬者,概以統包方式採購

(101 建築師-營建法規與實務#67)

(C) 14. 有關政府採購之敘述,下列何者正確?

    (A) 底價決標前後,皆應保密

    (B) 得於招標文件中公告底價

    (C) 廠商投標文件,除公務上使用,或法令另有規定外應保守秘密

    (D) 招標文件於公告前,為符合公開公平原則,不應保密

(101 建築師-營建法規與實務#68)

(D) 15. 承包商依據工程契約,經報備於業主後,將部分工程分包於不同之分包廠商,若發生分包商之工作介面有爭議時,下列何者正確?

    (A) 既經報備於業主,業主應同意追加

    (B) 分包廠商應共同負責

    (C) 承包廠商既為簽約者,有權要求追加

    (D) 承包廠商既為簽約者,應自行負責

(101 建築師-營建法規與實務#69)

(C) 16. 建築師受委託辦理公共工程之規劃設計監造,係屬「政府採購法」所稱之何種採購?

    (A) 工程   (B)財物   (C)勞務   (D)技術

(101 建築師-營建法規與實務#70)

(C) 17. 有關政府採購之「上級機關」的敘述,下列何者錯誤?

    (A) 公營事業之上級機關為其所隸屬的政府機關

    (B) 上級機關負責監辦下級主辦單位之採購

    (C) 所有學校單位均得由教育部監辦採購

(D) 國民大會、總統府及國家安全會議無上級機關

(101 建築師-營建法規與實務#71)

(B)　18.　有關「工程分包」之敘述，下列何者正確？

(A) 承包商不得將工程契約內之部分工程分包，以免違約

(B) 承包商不得以不具備履行契約分包事項能力或未依法登記或設立之廠商為分包廠商

(C) 分包廠商的估驗請款，必要時得直接向業主請領

(D) 分包契約既經報於業主，承包商可免除部分契約責任

(101 建築師-營建法規與實務#72)

(C)　19.　依政府採購法規定，借用或冒用他人名義或證件，或以偽造、變造之文件參加投標、訂約或履約者被刊登於政府採購公報之廠商，至少於幾年內不得參加投標或作為決標對象或分包廠商？

(A) 0.5　　　　　　(B)1　　　　　　(C)3　　　　　　(D)5

(101 建築師-營建法規與實務#73)

(D)　20.　有關選擇性招標之敘述，下列何者正確？

(A) 不經公告程序，邀請二家以上廠商比價

(B) 以公告方式邀請不特定廠商投標

(C) 不經公告程序，預先依條件審查廠商資格，再邀請符合者投標

(D) 以公告方式預先依條件審查廠商資格，再邀請符合者投標

(101 建築師-營建法規與實務#74)

(B)　21.　有關機關辦理驗收事項之敘述，下列何者正確？

(A) 機關承辦採購單位之人員，可為所辦採購之檢驗人，但不可擔任主驗人

(B) 採購事項單純者，免會驗人員

(C) 部分驗收不符，但機關認為其他部分能先行使用，仍不得先行使用，並俟完全驗收完竣，付款後方得使用

(D) 驗收結果與規定不符，政府採購法規定並無減價收受之可能，以確保契約及圖說之執行

(101 建築師-營建法規與實務#75)

(B)　22.　有關政府採購法第 8 章附則之敘述，下列何者錯誤？

(A) 機關辦理採購，得以電子化方式為之，其電子化資料並視同正式文件，得免另備書面文件

(B) 機關辦理評選，應成立 5 人至 13 人評選委員會，專家學者人數不得少於四分之一

(C) 第 103 條規定刊登於政府採購公報之廠商，於規定期間內，不得參加投標或作為決標對象或分包廠商

(D) 第 103 條規定刊登於政府採購公報之廠商，但經判決撤銷原處分或無罪確定者，應註銷之

(101 建築師-營建法規與實務#77)

(D) 23. 政府採購法第 8 章第 101 條規定機關勞務採購,下列何種廠商不符合刊登政府採購公報規定?

(A) 因可歸責於廠商之事由,致解除或終止契約者

(B) 偽造、變造投標、契約或履約相關文件者

(C) 得標後無正當理由而不訂約者

(D) 受申誡處分期間仍參加投標者

(101 建築師-營建法規與實務#78)

(C) 24. 某公立大學依照政府採購法之規定,公開徵選建築師,其設計監造費用為新臺幣五千萬元,其等標期最短不得少於多少天?

(A) 14 　　　　(B)21 　　　　(C)28 　　　　(D)30

(101 建築師-營建法規與實務#79)

(B) 25. 有關「古蹟歷史建築及聚落修復或再利用建築管理土地使用消防安全處理辦法」(以下稱本辦法)

之條文敘述,下列何者錯誤?

(A) 本辦法依文化資產保存法第二十二條規定訂定之

(B) 修復或再利用所涉及之土地或建築物,與使用分區管制規定不符者,於都市計畫區內,主管機關得請求古蹟、歷史建築及聚落所在地之都市計畫主管機關迅行變更;前項變更期間,修復或再利用計畫應暫停實施

(C) 修復或再利用,於適用建築消防相關法令有困難時,所有人或管理人除修復或再利用計畫外,應另提出因應計畫

(D) 修復或再利用工程完工時,由主管機關會同所在地之土地使用、建築及消防主管機關依核准計畫完成查驗後,許可其使用

(102 建築師-營建法規與實務#33)

(B) 26. 下列何種工程條件,依法可免設工地主任?

(A) 承攬工程金額新臺幣 8,000 萬元

(B) 建築物高度 21 公尺

(C) 地下室開挖 12 公尺

(D) 柱跨距 30 公尺之橋樑

(102 建築師-營建法規與實務#50)

(A) 27. 依營造業法及其施行細則有關資本額之規定,下列何者錯誤?

(A) 甲等綜合營造業為新臺幣 3600 萬元以上

(B) 乙等綜合營造業為新臺幣 1000 萬元以上

(C) 丙等綜合營造業為新臺幣 300 萬元以上

(D) 土木包工業為新臺幣 80 萬元以上

(102 建築師-營建法規與實務#51)

(D) 28. 依營造業法規定評鑑為優良營造業者,於承攬政府工程時,押標金、工程保證金或工程保留款,至多得降低多少%以下?

(A) 20 　　　　(B)30 　　　　(C)40 　　　　(D)50

(102 建築師-營建法規與實務#52)

(D) 29. 乙等綜合營造業承攬工程除造價限額外,其建築物高度之限制為何?

      (A) 5 樓以下   (B)21m 以下   (C)12 樓以下   (D)36 m 以下

(102 建築師-營建法規與實務#53)

(C) 30. 有關營造業法工地主任規定之敘述,下列何者錯誤?

      (A) 工地主任應負責按日填報施工日誌

      (B) 建築工程管理乙級技術證者亦可能擔任工地主任

      (C) 工地主任每六年應回訓,始得繼續擔任工地主任

      (D) 工地主任執業證由中央主管建築機關核發

(102 建築師-營建法規與實務#55)

(C) 31. 有關政府採購法之法條敘述,下列何者正確?

      (A) 政府採購法所稱選擇性招標,指以機關主動邀請方式預先依一定資格條件辦理廠商資格審查後,再行邀請符合資格之廠商投標

      (B) 機關辦理查核金額以上採購作業,應報請上級機關派員監辦。前述查核金額就勞務採購規定為新臺幣一百萬元

      (C) 投標廠商或其負責人與機關首長本人、配偶、三親等以內血親或姻親,或同財共居親屬涉及利益時者,不得參與該機關之採購

      (D) 機關辦理評選,應成立五人至十三人評選委員會,專家學者人數不得少於四分之一

(102 建築師-營建法規與實務#56)

(A) 32. 依行政院公共工程委員會制定之「公共工程技術服務契約範本」,建造費用百分比法派駐之監造人力,源自下列何者?

      (A) 公共工程品質管理作業要點

      (B) 機關委託技術服務廠商評選及計費辦法

      (C) 採購契約要項

      (D) 政府採購法施行細則

(102 建築師-營建法規與實務#57)

(B) 33. 依據政府採購法第六章爭議處理之規定,廠商與機關間異議、申訴與履約爭議處理之敘述,下列何者錯誤?

      (A) 針對採購申訴,採購申訴審議委員會於完成審議前,必要時得通知招標機關暫停採購程序。審議委員會審議判斷,視同訴願決定

      (B) 機關與廠商因履約爭議未能達成協議者,得向採購申訴審議委員會申請調解。調解不成者始得向仲裁機構提付仲裁

      (C) 履約爭議調解過程中,調解委員得依職權以採購申訴審議委員會名義提出書面調解建議;機關不同意該建議者,應先報請上級機關核定,並以書面向採購申訴審議委員會及廠商說明理由

      (D) 針對審議委員會調解方案,機關提出異議者,應先報請上級機關核定,並以書面向採購申訴審議委員會及廠商說明理由

(102 建築師-營建法規與實務#58)

(C)　34. 服務費用在特殊情況且不可歸責於廠商之事由前提下得予另加，但不包含下列何者？

　　　　(A) 超出契約規定施工期限所須增加之監造及相關費用
　　　　(B) 法律服務費用
　　　　(C) 參與驗收之費用
　　　　(D) 重行招標之服務費用

(102 建築師-營建法規與實務#59)

(B)　35. 依行政院公共工程委員會制定之「公共工程技術服務契約範本」，甲方及乙方因豪雨致未能依時履約者，得展延履約期限，所謂豪雨是指降雨量達何標準？

　　　　(A) 48 小時累積雨量達 130 毫米以上
　　　　(B) 24 小時累積雨量達 130 毫米以上
　　　　(C) 24 小時累積雨量達 100 毫米以上
　　　　(D) 48 小時累積雨量達 200 毫米以上

(102 建築師-營建法規與實務#60)

(B)　36. 有關政府採購法之法條敘述，下列何者正確？

　　　　(A) 採購異議申訴審議委員會委員組成，由主管機關及直轄市、縣（市）政府聘請社會賢達之公正人士擔任
　　　　(B) 履約爭議調解屬廠商申請者，機關不得拒絕；爭議經採購申訴審議委員會提出調解建議或調解方案，因機關不同意致調解不成立者，廠商提付仲裁，機關不得拒絕
　　　　(C) 在查核金額以上之採購，其驗收結果與規定不符，而不妨礙安全及使用需求，經機關檢討不必拆換者，得減價收受，且隨後向上級機關報備之
　　　　(D) 機關辦理查核金額以上採購作業，應報請上級機關派員監辦。前述查核金額就勞務採購規定為新臺幣一百萬元

(102 建築師-營建法規與實務#61)

(A)　37. 建築師參與某公立學校規劃設計之甄選，屬於「政府採購法」中的何種採購？

　　　　(A) 勞務採購　　　(B) 工程採購　　　(C) 財物採購　　　(D) 技術採購

(102 建築師-營建法規與實務#62)

(D)　38. 有關政府採購法第五章有關採購驗收作業規定之敘述，下列何者錯誤？

　　　　(A) 主驗人員為機關首長或其授權人員指派適當人員
　　　　(B) 會驗人員為接管單位或使用單位代表
　　　　(C) 機關承辦採購單位人員不得為主驗人員
　　　　(D) 主辦機關得隨時辦理分段驗收

(102 建築師-營建法規與實務#63)

(A)　39. 依據政府採購法之相關規定，下列敘述何者正確？

　　　　(A) 查核金額應大於公告金額
　　　　(B) 公告金額與查核金額，不存在相對大小關係
　　　　(C) 查核金額等同於公告金額
　　　　(D) 查核金額應小於公告金額

(102 建築師-營建法規與實務#64)

(C) 40. 有關政府採購法之法條敘述，下列何者錯誤？
　　　(A) 採購申訴審議委員會辦理調解之程序及其效力，除政府採購法有特別規定者
　　　　　外，準用民事訴訟法有關調解之規定
　　　(B) 政府採購法所稱廠商，指具備能力滿足供應各類採購之公司、合夥或獨資之工
　　　　　商行號及自然人、法人、機構或團體
　　　(C) 採購申訴審議委員會委員組成，由主管機關及直轄市、縣（市）政府聘請社會
　　　　　賢達之公正人士擔任
　　　(D) 工程驗收結果不符之部分非屬重要，而其他部分能先行使用，並經檢討確有先
　　　　　行使用之必要者，得經機關首長核准，就其他部分辦理驗收並支付部分價金

(102 建築師-營建法規與實務#65)

(D) 41. 建築師經公開客觀評選為優勝者之後得以進入議價程序，這樣的招標方式屬於「政
　　　府採購法」中的那一種招標？
　　　(A) 公開招標　　　　(B)選擇性招標　　　(C)合理性招標　　　(D)限制性招標

(102 建築師-營建法規與實務#66)

(#) 42. 有關政府採購法第三章決標之規定，下列敘述何者錯誤？(送分)
　　　(A) 最有利標決標，應依招標規定之評審項目，就廠商投標標的，作序位或計數之
　　　　　綜合評選
　　　(B) 最有利標評選結果，評選委員會無法達成過半數之決定時，得採行協商措施，
　　　　　若協商仍無結果則予以廢標
　　　(C) 機關辦理採購，依規定通知廠商說明、減價、協商或重新報價，廠商未依通知
　　　　　期限辦理者，視同放棄
　　　(D) 機關辦理採購，決標後一定期間內，將決標結果之公告刊登於政府採購公報，
　　　　　並以書面通知各投標廠商

(102 建築師-營建法規與實務#67)

(C) 43. 採購當兼有工程、財物、勞務中二種以上性質，難以認定其歸屬時，下列認定的方
　　　法，何者為正確？
　　　(A) 以財物、工程、勞務之優先順序認定
　　　(B) 以工程、勞務、財物之優先順序認定
　　　(C) 以採購性質所占預算金額比率最高者認定
　　　(D) 以主管採購機關自行判斷決定

(102 建築師-營建法規與實務#68)

(C) 44. 基於工程特性，將工程規劃、設計、施工及安裝等部分或全部合併辦理招標係指下
　　　列何者？
　　　(A) OT　　　　　　　(B)BOT　　　　　(C)統包　　　　　(D)聯合招標

(102 建築師-營建法規與實務#69)

(C) 45. 依據政府採購法有關最有利標的敘述，下列何者錯誤？

    (A) 最有利標適用於異質之工程、財物或勞務採購

    (B) 最有利標為決標的方式之一

    (C) 最有利標的評審作業與最低標相同

    (D) 最有利標決標時，不一定以最低標為得標廠商

(102 建築師-營建法規與實務#70)

(C) 46. 機關辦理公告金額以上之採購，得採限制性招標的情形，下列何者不符？

    (A) 原採購之後續維修，因相容或互通之需要，必須向原供應廠商採購者

    (B) 屬原型或首次製造，供應之標的，以研究發展實驗或開發性質辦理者

    (C) 辦理設計競賽，非經公開評審為優勝者

    (D) 屬專屬權利，獨家製造或供應藝術品，秘密諮詢，無其他合適之替代標的者

(102 建築師-營建法規與實務#71)

(A) 47. 有關底價於決標後得不予公開之敘述，下列何者錯誤？

    (A) 廠商提出決標爭議，仲裁尚未結束者

    (B) 機密或極機密之與國防目的有關之採購

    (C) 以轉售或供製造成品供轉售之採購，其底價涉及商業機密者

    (D) 採用複數決標方式，尚有相關之未決標部分

(102 建築師-營建法規與實務#72)

(B) 48. 下列何種招標不是政府採購法規定之招標方式？

    (A) 限制性招標   (B)審議性招標   (C)公開招標   (D)選擇性招標

(102 建築師-營建法規與實務#73)

(B) 49. 依據政府採購法第 22 條機關辦理公告金額以上之採購，得採限制性招標之敘述，下列何者錯誤？

    (A) 辦理設計競圖，經公開客觀評選為優勝者

    (B) 原招標目的範圍內必須追加契約以外之工程，如另行招標，確有技術上困難，非洽原發包訂約廠商辦理，不能達契約目的，且追加未逾原主契約金額百分之三十者

    (C) 多次公告開標，無廠商投標或無合格標，且以原定招標內容條件未經重大改變者

    (D) 遇有不可預見之緊急事故，致無法以公開或選擇性招標程序適時辦理，且確有必要者

(102 建築師-營建法規與實務#74)

(C) 50. 有關行政院公共工程委員會頒布之勞務採購契約範本，明訂招標機關及得標廠商雙方共同遵守之條款，下列敘述何者正確？

    (A) 契約包括決標及契約本文各階段文件附件及其變更或補充，而不含招標、投標階段文件及其補充

    (B) 契約所含各種文件之內容如有不一致之處，除另有規定外，原則小比例尺圖者優於大比例尺圖者

    (C) 契約條款優於招標文件內之其他文件所附記之條款。但附記之條款有特別聲明者，不在此限

190

(D) 投標文件之內容優於招標文件之內容。但招標文件之內容經機關審定優於投標文件之內容者，不在此限

(102 建築師-營建法規與實務#75)

(D) 51. 依據政府採購法，下列何者不屬於勞務服務？
    (A) 技術服務   (B)研究發展   (C)資訊服務   (D)施工服務

(102 建築師-營建法規與實務#76)

(D) 52. 公共工程品管制度中所要求的「自主檢查表」是下列何者的工作？
    (A) 工程主管機關   (B)主辦機關   (C)監造單位   (D)承包商

(102 建築師-營建法規與實務#77)

(B) 53. 建築師事務所負責監造工作時與主辦機關同屬於三級品管制度中之何一層級？
    (A) 一   (B)二   (C)三   (B)四

(102 建築師-營建法規與實務#78)

(B) 54. 依勞動檢查法第二十六條及營造工程危險性工作場所修正指定公告之規定，下列那一工程必須申請危險性工程評估？
    (A) 地上八層地下四層，每層 450 平方公尺之辦公大樓
    (B) 地上八層地下四層，每層 500 平方公尺之集合住宅
    (C) 地上四層地下一層，每層樓高 6 公尺，每層 1500 平方公尺之商場
    (D) 地上八層地下三層，每層 800 平方公尺之大學研究教學大樓

(102 建築師-營建法規與實務#79)

(C) 55. 依「觀光旅館事業管理規則」之規定，觀光旅館申請之程序為何？
    (A) 取得建造執照後方得向主管機關申請籌設觀光旅館
    (B) 取得使用執照後方得向主管機關申請籌設觀光旅館
    (C) 向主管機關申請籌設觀光旅館核准後方得申請建造執照
    (D) 申請使用執照時才須向主管機關申請籌設觀光旅館

(102 建築師-營建法規與實務#80)

(D) 56. 依營造業法之相關規定，下列何者錯誤？
    (A) 綜合營造業應結合依法具有規劃、設計資格者，始得以統包方式承攬
    (B) 營造業負責人不得為其他營造業之負責人、專任工程人員或工地主任
    (C) 工地主任每四年應取得回訓證明，始得擔任營造業之工地主任
    (D) 營造業之專任工程人員，得為定期契約勞工

(103 建築師-營建法規與實務#52)

(C) 57. 下列何項非營造業之工地主任應負責辦理的工作？
    (A) 依施工計畫書執行按圖施工
    (B) 工地之人員、機具及材料等管理
    (C) 查驗工程時到場說明，並於工程查驗文件簽名或蓋章
    (D) 工地勞工安全衛生事項之督導、公共環境與安全之維護及其他工地行政事務

(103 建築師-營建法規與實務#53)

(C)　58.　政府採購法規定，有關得標廠商與轉包分包廠商之責任與義務，下列敘述何者錯誤？

(A) 分包廠商就其分包部分，與得標廠商連帶負瑕疵擔保責任

(B) 得標廠商就分包部分設定權利質權予分包廠商後，如得標廠商沒有依約給付分包部分工程款，分包廠商得直接向採購機關請求給付

(C) 轉包廠商就其轉包部分負擔保責任，不與得標廠商負連帶履行及賠償責任

(D) 分包廠商須具備履行契約分包事項能力及依法登記或設立之廠商

(103 建築師-營建法規與實務#54)

(C)　59.　機關委託廠商辦理技術服務採服務成本加公費法者，其服務費用計算所包含的內容，下列何者錯誤？

(A) 服務成本加公費法含直接費用、公費及營業稅

(B) 直接費用含直接薪資、管理費用及其他直接費用

(C) 公費按直接薪資及管理費之金額依一定比率調整

(D) 其他直接費包含執行委辦案件工作時所外聘專家顧問報酬及有關之各項稅捐

(103 建築師-營建法規與實務#55)

(B)　60.　政府採購法第 101 條所稱延誤履約期限情節重大者，機關得於招標文件載明其情形；其未載明者，於巨額工程採購，履約進度落後至少百分之多少以上屬前述情節重大者？

(A) 5　　　　　(B) 10　　　　　(C) 15　　　　　(D) 20

(103 建築師-營建法規與實務#56)

(A)　61.　公共工程施工品質管理制度中「確保施工作業品質符合規範要求」是那一級的責任？

(A) 一　　　　　(B) 二　　　　　(C) 三　　　　　(D) 四

(103 建築師-營建法規與實務#57)

(C)　62.　下列何者須依政府採購法辦理採購？

(A) 300 萬元補助對象之選定

(B) 150 萬元資源回收物品之標售

(C) 200 萬元房地產之買受

(D) 250 萬元機關財物之出租

(103 建築師-營建法規與實務#59)

(D)　63.　依政府採購法第 22 條，機關辦理公告金額以上之採購，符合一定情形者，得採限制性招標，但不包括下列何者？

(A) 以公開方式招標結果，無廠商投標或無合格標，且以原定招標內容及條件未經重大改變者

(B) 屬專屬權利、獨家製造或供應、藝術品、秘密諮詢，無其他合適之替代標的者

(C) 在集中交易或公開競價市場採購財物

(D) 經機關首長依一定程序進行考察評估後，認定符合機關利益之廠商

(103 建築師-營建法規與實務#60)

(A) 64. 有關政府採購法及相關規定中，下列何者非屬巨額採購之認定？
  (A) 技術服務採購金額新臺幣 1800 萬元
  (B) 不動產採購金額新臺幣 1.2 億元
  (C) 新建工程採購金額新臺幣 2.5 億元
  (D) 營運管理採購金額新臺幣 2100 萬元

(103 建築師-營建法規與實務#62)

(D) 65. 機關辦理採購採最低標決標時，如認為最低標廠商之總標價或部分標價偏低顯不合理，有關不合理價格之敘述，下列何者錯誤？
  (A) 廠商之總標價低於底價 80%
  (B) 廠商之總標價低於預算金額或預估需用金額之 70%
  (C) 廠商之總標價經評審或評選委員會認為偏低者
  (D) 廠商之部分標價低於可供參考之一般價格之 60%

(103 建築師-營建法規與實務#63)

(C) 66. 公共工程施工品質管理制度中，「品管計畫書」製作是那一單位的責任？
  (A) 監造　　　　(B)設計　　　　(C)施工　　　　(D)品管督導

(103 建築師-營建法規與實務#66)

(D) 67. 依政府採購法規定，容許他人借用本人名義或證件參加投標者，依規定刊登於政府採購公報之廠商，不得於下列何者期間內參加投標或作為決標對象或分包廠商？
  (A) 6 個月　　　(B)1 年　　　(C)2 年　　　(D)3 年

(103 建築師-營建法規與實務#67)

(D) 68. 下列何者得不適用政府採購法？①颱風受災區之搶修工程②口蹄疫區疫苗之採購案③立法院開議前之整修工程④雙十國慶觀禮台工程
  (A) ①③　　　(B)②④　　　(C)③④　　　(D)①②

(103 建築師-營建法規與實務#70)

(C) 69. 機關委託廠商辦理技術服務，依機關委託技術服務廠商評選及計費辦法其服務費用之計算方式，下列何者錯誤？
  (A) 建造費用百分比法
  (B) 總包價法
  (C) 實支實報法
  (D) 按時計酬法

(103 建築師-營建法規與實務#71)

(D) 70. 依獎勵投資興建國民住宅辦法之規定，下列敘述何者錯誤？
  (A) 基地須位於都市計畫之住宅區內或實施區域計畫地區甲種、乙種或丙種建築用地
  (B) 面積可供集中興建 50 戶以上，350 戶以下之國民住宅
  (C) 每戶自用面積以不超過 112 m^2 為限
  (D) 住宅承購人辦理國民住宅貸款額度之計算基準為售價 80%

(103 建築師-營建法規與實務#73)

(C) 71. 依據住宅法規定,下列敘述何者錯誤?
  (A) 居住為基本人權,任何人不得拒絕或妨礙住宅使用人因視覺功能障礙而飼養導盲犬
  (B) 社會住宅之規劃、興建、獎勵及管理為縣市主管機關之權責
  (C) 社會住宅係指由政府興建或獎勵民間興辦,供出租或出售之用,並應提供至少10%以上比例出租予具特殊情形或身分者之住宅
  (D) 民間興辦之社會住宅,需用公有非公用土地或建築物時,得由公產管理機關以出租,設定地上權提供使用,並予優惠

(103 建築師-營建法規與實務#76)

(D) 72. 依文化資產保存法規定,下列敘述何者正確?
  (A) 文化資產是指具有歷史、文化、藝術、經濟、科學等價值,並經指定或登錄之資產
  (B) 公有之文化資產,由所有或管理機關(構)編列預算,辦理保存、修復、重建及管理維護
  (C) 文化資產所有人對於其財產被主管機關認定為文化資產之行政處分不服時,不得提起訴願及行政訴訟
  (D) 接受政府補助之文化資產,其調查研究、發掘、維護、修復、再利用等相關資料均應予以列冊,並送主管機關妥善收藏

(103 建築師-營建法規與實務#77)

(A) 73. 依營造業法之相關規定,下列何種營造工程依法應於工地設置工地主任?
  (A) 建築物高度 45m
  (B) 建築物總樓地板面積 5,000 m²
  (C) 建築物為公眾使用建築物
  (D) 建築物地下室開挖深度 8 m

(104 建築師-營建法規與實務#9)

(C) 74. 營造業法規定,經營造業評鑑為第幾級之綜合營造業不得承攬依政府採購法辦理之營繕工程?
  (A) 第一級　　　(B)第二級　　　(C)第三級　　　(D)第四級

(104 建築師-營建法規與實務#55)

(C) 75. 建築師應提供機關辦理工程招標之文件包括下列何者?①空白標單 ②施工規範 ③投標須知④工程契約書 ⑤設計詳圖
  (A) ①③④　　　(B)②④⑤　　　(C)①②⑤　　　(D)①②③

(104 建築師-營建法規與實務#56)

(C) 76. 機關委託技術服務,不經公告程序,邀請二家以上廠商比價或僅邀請一家廠商議價的招標方式,是屬於政府採購法中下列何者?
  (A) 公開招標　　　(B)選擇性招標　　　(C)限制性招標　　　(D)最有利標

(104 建築師-營建法規與實務#57)

(B) 77. 為縮短行政流程,機關辦理採購時,可以採下列何種方式執行,以節省時效?
  (A) 為避免公告程序分批辦理公告金額以上的採購
  (B) 上級單位視需要授權機關自行辦理查核金額以上的開標

(C) 機關辦理工程驗收時，主（會）計單位不須會同監辦

(D) 避免國外廠商參加，盡量使開標作業單純化

(C) 78. 依政府採購法之規定，下列何者為其中央主管機關？

(A) 經濟部　　　　(B)國家發展委員會(C)公共工程委員會(D)公平交易委員會

(D) 79. 下列何者屬辦理統包之主要目的？①效率 ②品質 ③促進異業結合 ④產業國際化

(A) ①③　　　　　(B)②④　　　　　(C)③④　　　　　(D)①②

(B) 80. 有關機關委託技術服務廠商評選及計費辦法，對於技術服務之敘述，下列何者錯誤？

(A) 工程技術顧問公司可提供技術相關之可行性研究、規劃、設計、監造、專案管理服務

(B) 建築師事務所是提供與技術有關服務之法人

(C) 技師事務所可提供規劃、設計、監造服務

(D) 技術服務依法令應由專門職業及技術人員或法定機構提供者，不得由其他人員或機構提供

(B) 81. 政府採購法規定，有關轉包之敘述，下列何者錯誤？

(A) 轉包指將原契約中應自行履行之部分，由其他廠商代為履行

(B) 分包得將勞務採購契約之主要部分由其他廠商代為履行

(C) 違反轉包規定並依規定刊登於政府採購公報者，於 1 年內不得參加投標或作為決標對象或分包廠商

(D) 得標廠商違反轉包規定，機關得解除契約、終止契約、沒收保證金、損害賠償

(A) 82. 依政府採購法，機關採最有利標方式決標時，必須符合下列何項條件？

(A) 異質工程　　(B)國防工程　　　(C)災後工程　　　(D)優質工程

(D) 83. 下列何者不是政府採購法所稱採購？

(A) 契約工之僱傭　(B)工程之定作　　(C)財物之承租　　(D)土地之出租

(B) 84. 文化資產保存法中古蹟保存用地因古蹟之指定，致其原依法可建築之基準容積受限制部分，得等值的轉至其他地方建築使用，所稱「其他地方」，下列敘述何者錯誤？

(A) 指同一都市土地主要計畫地區

(B) 區域計畫地區之不同直轄市、縣（市）內之地區

(C) 經內政部都市計畫委員會審議通過後，得移轉至同一直轄市、縣（市）之其他主要計畫地區

(D) 容積一經移轉，古蹟保存用地之管制，不得任意解除

(A) 85. 機關委託技術服務廠商評選及計費辦法所謂服務成本加公費法中,公費是指下列何者?

(A) 廠商所得之報酬 (B)行政規費   (C)測量及鑽探費   (D)差旅公務費用

(104 建築師-營建法規與實務#67)

(A) 86. 機關依政府採購法招標,第一次開標因未滿三家而流標者,第二次招標得以開標之家數最少應達多少家?

(A) 一   (B)二   (C)三   (D)四

(104 建築師-營建法規與實務#68)

(B) 87. 依最有利標評選辦法,評定最有利標價格納入評分時,價格所占總滿分之比率,下列何者錯誤?

(A) 45%   (B)15%   (C)35%   (D)25%

(104 建築師-營建法規與實務#69)

(C) 88. 政府採購法中有關廠商對於公告金額以上採購異議之處理結果不服之申訴,下列何者錯誤?

(A) 採購申訴得僅就書面審議之

(B) 廠商誤向該管採購申訴審議委員會以外之機關申訴者,以該機關收受之日,視為提起申訴之日

(C) 採購申訴審議判斷,視同法院判決

(D) 採購申訴審議委員會應於收受申訴書之次日起 40 日內完成審議

(104 建築師-營建法規與實務#70)

(A) 89. 依據文化資產保存法,下列敘述何者錯誤?

(A) 古蹟保存用地原依法可建築之基準容積受到限制部分,得等值移轉至其他地區建築使用,並將所有權之全部或部分贈與登記為國有、縣市或鄉鎮市有

(B) 政府機關辦理古蹟、歷史建築及聚落之修復或再利用有關之採購,應依中央主管機關訂定之採購辦法辦理,不受政府採購法限制

(C) 為利古蹟、歷史建築及聚落之修復及再利用,有關其建築管理、土地使用及消防安全等事項,不受都市計畫法、建築法、消防法及其相關法規全部或一部分之限制

(D) 私有古蹟、歷史建築及聚落之管理維護、修復再利用所需經費,主管機關得酌予補助

(104 建築師-營建法規與實務#74)

(A) 90. 有關國家公園內之土地利用分區管制,下列敘述何者正確?

(A) 一般管制區內得為纜車等機械化運輸設備之興建

(B) 史蹟保存區內得為廣告、招牌或其他類似物之設置

(C) 特別景觀區內得為溫泉水源之利用

(D) 公有土地內設置之生態保護區,得為採集標本

(104 建築師-營建法規與實務#75)

(D) 91. 文化資產保存法中，針對維護古蹟並保全其環境，使成為古蹟保存用地或保存區，下列何者非屬主管機關所依據之相關法令？

(A) 區域計畫法　　(B)國家公園法　　(C)都市計畫法　　(D)建築法

(104 建築師-營建法規與實務#76)

(D) 92. 有關文化資產保存法內容之敘述，下列何者錯誤？

(A) 因重大災害有辦理古蹟緊急修復之必要者，應於災後 30 日內提報搶修計畫，並於災後 6 個月內提出修復計畫

(B) 古蹟及其所定著土地所有權移轉前，應事先通知主管機關；其屬私有者，除繼承者外，主管機關有依同樣條件優先購買之權

(C) 毀損古蹟之全部、一部或其附屬設施，處 5 年以下有期徒刑、拘役或科或併科新臺幣 20 萬元以上 100 萬元以下罰金

(D) 私有歷史建築、聚落、文化景觀及其所定著土地，免徵房屋稅及地價稅

(104 建築師-營建法規與實務#77)

(B) 93. 有關古蹟管理維護辦法，下列敘述何者錯誤？

(A) 古蹟管理維護計畫除有重大事項發生應立即檢討外，每 5 年應至少檢討一次

(B) 古蹟所有人、使用人或管理人應於古蹟指定公告後 1 年內，擬定管理維護計畫

(C) 古蹟防災計畫之內容應包括災害風險評估、災害預防、災害搶救及防災演練

(D) 古蹟管理維護計畫所稱之定期維修，須包含生物危害之檢測項目

(104 建築師-營建法規與實務#79)

(D) 94. 下列何種工程屬於專業營造業登記之專業工程項目？

(A) 消防　　　　(B)室內裝修　　　　(C)空調　　　　(D)庭園景觀

(105 建築師-營建法規與實務#53)

(B) 95. 取得工地主任執業證者，每逾多少年應再取得回訓證明，始得擔任營造業之工地主任？

(A) 3　　　　　　(B)4　　　　　　(C)5　　　　　　(D)6

(105 建築師-營建法規與實務#54)

(A) 96. 依營造業法規定評鑑為優良營造業者，於承攬政府工程時申領工程預付款，最多得增加多少％？

(A) 10　　　　　(B)15　　　　　(C)20　　　　　(D)25

(105 建築師-營建法規與實務#55)

(A) 97. 營造業有下列情事之一者，處新臺幣 100 萬元以上 500 萬元以下罰鍰，並廢止其許可，下列何者錯誤？

(A) 經許可後未領得營造業登記證或承攬工程手冊而經營營造業業務者

(B) 使用他人之營造業登記證書或承攬工程手冊經營營造業業務者

(C) 將營造業登記證書或承攬工程手冊交由他人使用經營營造業業務者

(D) 停業期間再行承攬工程者

(105 建築師-營建法規與實務#56)

(D) 98. 有關機關辦理公告金額以上之採購,得採選擇性招標情形之敘述,下列何者錯誤?
(A) 經常性採購
(B) 廠商資格條件複雜者
(C) 研究發展事項
(D) 投標文件短時間可完成

(105 建築師-營建法規與實務#57)

(B) 99. 依政府採購法規定,廠商於驗收後不履行保固責任者,並依規定刊登於政府採購公報之廠商,不得於下列期間內參加投標或作為決標對象或分包廠商?
(A) 6 個月 　　(B)1 年 　　(C)2 年 　　(D)3 年

(105 建築師-營建法規與實務#58)

(C) 100 有關政府採購法及相關規定中,對於工程驗收之敘述,下列何者錯誤?
(D)
(A) 廠商於竣工當日將竣工日期書面通知監造單位及機關
(B) 機關收到該書面通知之日起 7 日內會同監造單位及廠商確定是否竣工
(C) 機關應於收受規定資料之日起 30 日內辦理初驗
(D) 有初驗程序者,初驗合格後,除契約另有規定者外,機關應於 30 日內完成驗收工作

(105 建築師-營建法規與實務#59)

(B) 101 政府採購法第 101 條規定,因可歸責於廠商之事由,致延誤履約期限,情節重大者,得依規定及程序將廠商刊登政府採購公報,所謂延誤履約期限情節重大之敘述下列何者正確?
(A) 招標文件未載明者,機關得與廠商協議認定之
(B) 巨額工程採購,履約進度落後 10%以上
(C) 非巨額工程採購,履約進度落後 15%,且日數達 10 日
(D) 已完成履約但逾履約期限 10%以下,且未超過 10 日

(105 建築師-營建法規與實務#60)

(D) 102 依公共工程施工品質管理制度三級品管制度,所謂二級係指下列何者?
(A) 設計單位
(B) 工程主管機關
(C) 承包商
(D) 主辦工程單位

(105 建築師-營建法規與實務#61)

(C) 103 下列何者為機關委託技術服務廠商評選及計費辦法中屬於專案管理之工作?①設計進度之管理及協調 ②施工計畫之擬訂 ③發包預算之審查 ④設計工作之品管及檢核
(A)①②③ 　　(B)②③④ 　　(C)①③④ 　　(D)①②④

(105 建築師-營建法規與實務#62)

(C) 104 依據政府採購法第六章爭議處理有關申訴審議委員會組成之敘述,下列何者錯誤?
(A) 主管機關及直轄市、縣（市）政府為處理機關採購之廠商申訴及機關與廠商間之履約爭議調解,分別設採購申訴審議委員會;置委員 7 人至 35 人
(B) 採購申訴審議委員會委員組成,其中 3 人並得由主管機關及直轄市、縣（市）

政府高級人員派兼之

(C) 採購申訴審議委員會委員組成，由該管地方法院聘請社會賢達之公正人士擔任

(D) 採購申訴審議委員會委員組成其中由政府高級人員派兼人數不得超過全體委員
人數五分之一

(A) 105 依據機關委託技術服務廠商評選及計費辦法，下列何者應另予增加費用？①於設計
核准後須變更者②修改招標文件重行招標之服務費用 ③超過契約內容之設計報告
製圖、送審、審圖等相關費用④辦理都市設計審議費用

(A) ①②③ (B)②③④ (C)①③④ (D)①②④

(D) 106 依行政院公共工程委員會制定之「公共工程技術服務契約範本」，下列何者不符合
履約期限延期條件？

(A) 甲方要求全部或部分暫停履約

(B) 非可歸責於乙方之情形，經甲方認定者

(C) 因辦理契約變更或增加履約標的數量或項目

(D) 乙方應辦事項未及時辦妥

(C) 107 依政府採購法採購評選委員會組織準則，下列何者不是評選委員名單產生方式？

(A) 由主管機關會同相關機關建立之建議名單中列出遴選名單，簽報機關首長核定

(B) 可不受由主管機關會同相關機關建立之建議名單之限制，機關可自行遴選決定

(C) 依個案性質由相關公會依比例推薦委員決定

(D) 依委員能力及表現由機關決定是否遴聘

(D) 108 依據最有利標評選辦法，下列何者不應屬於最有利之評選項目及子項？

(A) 過去履約績效 (B)使用者評價 (C)財務狀況 (D)員工薪資待遇

(C) 109 依政府採購法及其相關子法規定，機關委託廠商辦理技術服務，其服務費用採建造
費用百分比法計算時，若涉及測量、地質調查、水文氣象調查者，其費用由機關依
個案特性及實際需要另行估算，並得按下列何種方式計算？

(A) 廠商報價法

(B) 建造費用百分比法

(C) 服務成本加公費法

(D) 歷史價位法

(B) 110 依機關委託技術服務廠商評選及計費辦法附表一，下列何者應另行計費？

(A) 驗收之協辦

(B) 申請公有建築物候選智慧建築證書或智慧建築標章

(C) 重要分包廠商及設備製造商資格之審查

(D) 營建剩餘土石方處理方案之建議

(C) 111 公共工程施工品質管理制度中,施工計畫之製作是那一個單位的責任?

  (A) 設計   (B)監造   (C)施工   (D)品質督導

(105 建築師-營建法規與實務#70)

例題6-2

名詞解釋:(每小題 5 分,共 25 分)

(一) 地方制度法之「委辦事項」

(二) 政府採購法之「減價收受」

(101 高等考試三級-建管行政 #1)

例題6-3

名詞解釋:(每小題 5 分,共 25 分)

(五) 社會住宅

(101 高等考試三級-建管行政 #1)

例題6-4

名詞解釋:(每小題 5 分,共 25 分)

(二) 專任工程人員

(102 高等考試三級-營建法規 #1)

例題6-5

名詞解釋:(每小題 4 分,共 20 分)

(四)營造業法之「專業營造業」

(102 高等考試三級-建管行政 #1)

例題6-6

為提升公共服務水準,加速社會經濟發展,公共建設採行「政府與民間合作夥伴模式」之政策,引進民間資金與技術,試依促進民間參與公共建設法相關規定,概要說明主辦機關與民間機構簽訂投資契約應記載之事項,及主辦機關辦理促參案件於興建階段履約管理之重點。(25 分)

(104 高等考試三級-營建法規 #3)

例題6-7

營造業法第 25 條明訂「綜合營造業承攬之營繕工程或專業工程項目,除與定作人約定需自行施工者外,得交由專業營造業承攬,…。」。有關「自行施工」之定義:

(一) 綜合營造業依法應設置之人員有那些?(10 分)

(二) 綜合營造業者僱用人力施作工程時,如何判定該受僱人力屬於「自行施工」?(10 分)

(三) 前開規定,有關「交由」專業營造業承攬,此法律關係與一般「分包」有何差異?(5 分)

(104 高等考試三級-建管行政 #3)

例題6-8

請依建築技術規則、政府採購法、國土計畫法及住宅法等法規,回答下列用語定義:

(二) 說明政府採購查核金額之額度(5 分)

(105 高等考試三級-營建法規 #1)

例題6-9

請依建築技術規則、政府採購法、國土計畫法及住宅法等法規，回答下列用語定義：

(四) 社會住宅（5 分）

(105 高等考試三級-營建法規 #1)

例題6-10

為因應全球暖化，維護地球環境之永續發展，行政院陸續於 90 年實施「綠建築推動方案」，97 年起擴大至「生態城市綠建築推動方案」，99 年更導入資通訊等智慧型技術與設備應用，實施「智慧綠建築推動方案」。105 年起並擴大實施至永續智慧城市。請依前述推動方案及現行綠建築評估指標規定，回答以下問題：

(一) 綠建築標章目前共適用那幾種建築類型？（5 分）

(二) 推動智慧綠建築對環境與產業發展有何益處？（10 分）

(三) 請說明我國之綠建築評估指標共有那幾種？並請將各指標歸納於「生態」、「節能」、「減廢」、「健康」四群組。（10 分）

(105 高等考試三級-營建法規 #3)

例題6-11

名詞解釋：（每小題 5 分，共 25 分）

(三)政府採購法之「勞務」

(105 高等考試三級-建管行政 #1)

例題6-12

名詞解釋：（每小題 5 分，共 25 分）

(五)營造業法之「一定期間承攬總額」

(105 高等考試三級-建管行政 #1)

例題6-13

臺灣四面環海，為維繫自然系統、確保自然海岸零損失、因應氣候變遷、防治海岸災害與環境破壞、保護與復育海岸資源、推動海岸整合管理，並促進海岸地區之永續發展，需要有縝密的海岸管理。請依相關法令說明：

(一) 請說明海岸地區的規劃管理原則。（10 分）

(二) 何謂「獨占性使用」？何種情況下得排除「不得為獨占性使用」之規定？（10 分）

(105 高等考試三級-建管行政 #3)

例題6-14

提升居住品質，使全體國民居住於適宜之住宅且享有尊嚴之居住環境，是全民的心願。請依法令說明：

(一) 何謂住宅之基本居住水準？（4 分）相關之樓地板面積規定為何？（2 分）

(二) 為提升住宅社區環境品質，直轄市、縣（市）主管機關應主動辦理那些事項，並納入住宅計畫。（7 分）

(三) 為提升住宅品質及明確標示住宅性能，中央主管機關訂定的「住宅性能評估實施辦法」中，應評估何種性能類別？（8 分）使用管理重點在維護住宅機能，請針對既有住宅中集合住宅部分舉一評估項目簡要說明其評估內容。（4 分）

(105 高等考試三級-建管行政 #4)

例題6-15

試比較營造業法之「統包承攬」、「聯合承攬」,與政府採購法之「統包招標」、「共同投標」用語之定義與重點內容異同。(25分)

(101 地方特考三等-營建法規 #4)

例題6-16

簡答題:(每小題6分,共30分)

(一)何謂營造業?何謂土木包工業?試依營造業法說明之。

(101 地方特考三等-建管行政 #4)

例題6-17

請依政府採購法第46條之規定,說明機關辦理採購時,其底價之訂定及訂定時機為何?(25分)

(102 地方特考三等-營建法規 #1)

例題6-18

在政府採購法及相關法令中定有爭議處理之方式及程序,其中爭議處理之方式包括和解、調解、仲裁及訴訟。相對於訴訟方式,試詳述仲裁方式之優缺點為何?(25分)

(102 地方特考三等-建管行政 #1)

例題6-19

公共工程之主要參與者有主辦機關、設計/監造單位與承包商,三者皆有其參與之時機及其應辦理之工作項目,以建築工程為例,試繪圖說明工程辦理流程與訂約時機。(25分)

(102 地方特考三等-建管行政 #2)

例題6-20

當工程契約文件之間有相互矛盾衝突之內容產生時,建築師須依據契約內容及相關法令提出說明,試說明工程契約中契約文件之效力及優先順序。(25分)

(102 地方特考三等-建管行政 #3)

例題6-21

政府採購法之目的為建立政府採購制度,依公平、公開之採購程序,提升採購效率與功能,以確保採購品質,為一重要之營建相關法規。請依政府採購法第105條之規定,說明不適用本政府採購法招標決標規定之採購為何?(25分)

(103 地方特考三等-營建法規 #1)

例題6-22

政府採購法第6章規定「爭議處理」,是參考國際及先進國家的採購法令及標準,以有效處理採購事件的爭端,有助於我國採購法令與國際同步發展。當發生廠商:對招標文件提出異議時;對招標文件規定之釋疑、後續說明、變更或補充提出異議時;對採購之過程、結果提出異議時;請說明政府採購機關的處理期間、依據法條及處理方式為何?(25分)

(103 地方特考三等-建管行政 #4)

例題6-23

請說明政府與投資廠商簽訂的BOT(興建-營運-移轉)投資契約,於契約履行期間若發生爭議,依促進民間參與公共建設法之規定,得採取那些程序解決?(25分)

(104 地方特考三等-營建法規 #2)

例題6-24

在政府採購法中訂有相關之利益迴避，試詳述其規定之內容。（25 分）

(104 地方特考三等-建管行政 #1)

例題6-25

一般而言大型之工程，工期相對較長，為避免物價急劇波動，造成包商工程成本之大幅增加而導致無法順利履約之情事，工程價款是否隨物價指數而作合理之調整，亦屬十分重要之條款，其重點之項目有那些？（25 分）

(104 地方特考三等-建管行政 #2)

例題6-26

請回答下列問題：（每小題 5 分，共 25 分）

(二)各級營造業審議委員會之職掌為何？

(105 地方特考三等-建管行政 #1)

例題6-27

請回答下列問題：（每小題 5 分，共 25 分）

(四)何謂準用最有利標？

(五)何謂統包？

(105 地方特考三等-建管行政 #1)

例題6-28

請依現行建築法、建築技術規則、區域計畫法、都市計畫法及政府採購法等相關營建法規簡要回答下列問題：

(六) 政府採購之招標方式有那幾種？（5 分）

(101 鐵路高員三級-營建法規 #1)

例題6-29

為因應全球暖化，達成節能減碳之目標，政府次第積極推展綠建築推動方案、生態城市綠建築推動方案與智慧綠建築推動方案，對辦理都市更新計畫亦訂有相關之容積獎勵辦法。請依都市計畫法及都市更新建築容積獎勵辦法，說明辦理都市更新之處理方式有那幾種？（10 分）綠建築標章可分為那幾個等級？（5 分）對配合辦理綠建築設計獎勵有那些規定？（10 分）

(101 鐵路高員三級-營建法規 #3)

例題6-30

依括號內法規解釋下列用語：

(五)採購（政府採購法）（4 分）

(101 鐵路高員三級-建管行政 #5)

例題6-31

為保障營繕工程承攬人與定作人雙方之合理法定權益，減少工程糾紛，營造業法明定承攬契約至少應載明那些事項？（15 分）又營造業聯合承攬工程時，應共同具名簽約，並檢附聯合承攬協議書，共負工程契約之責。其聯合承攬協議書之內容應包含那些事項？（5 分）

(102 鐵路高員三級-營建法規 #4)

例題6-32

請依中央法規標準法、行政執行法、地方制度法、建築技術規則及政府採購法，簡要回答下列問題：（每小題 5 分，共 25 分）

(三)就地方制度而言,何者為「地方自治團體」?

(102 鐵路高員三級-建管行政 #1)

例題6-33

請依中央法規標準法、行政執行法、地方制度法、建築技術規則及政府採購法,簡要回答下列問題:(每小題 5 分,共 25 分)

(五)何謂「限制性招標」?

(102 鐵路高員三級-建管行政 #1)

例題6-34

請依建築師法、營造業法等回答下列問題:

(一) 請說明監造人、專任工程人員及工地主任等三者在「按圖施工」方面之職責與其法令依據?(15 分)

(二) 請說明當營造業負責人或專任工程人員於施工中發現顯有立即公共危險之虞時,應如何處置?(10 分)

(102 鐵路高員三級-建管行政 #2)

例題6-35

為因應全球暖化,節能減碳已成為政府施政重要措施之一,因此陸續推展綠建築推動方案、生態城市綠建築推動方案、智慧綠建築推動方案。試說明:

(一) 適用於臺灣地區之「綠建築」定義。(10 分)

(二) 申請綠建築標章之評估指標與評估等級。(10 分)

(三) 辦理公有建築物新建工程,有那些規定可落實該方案之執行?(5 分)

(102 鐵路高員三級-建管行政 #3)

例題6-36

為避免「促進民間參與公共建設法」與「政府採購法」被混淆誤用或錯置程序等情形,請比較說明兩者之立法目的與適用範圍的異同。(25 分)

(103 鐵路高員三級-營建法規 #4)

例題6-37

請依地方制度法、中央法規標準法、政府採購法、行政訴訟法、建築技術規則等相關規定,回答下列問題:(每小題 5 分,共 25 分)

(一) 請說明院轄市在都市計畫及營建事項之自治事項。

(二) 轉包與分包有何不同?

(103 鐵路高員三級-建管行政 #1)

例題6-38

請比較政府採購法規定之「專案管理」(第 39 條)及「機關代辦」(第 40 條)於工程實務執行上之差異。(15 分)對於不具備工程專業之採購機關,欲推動複雜之大型工程專案時,應選擇機關代辦或專案管理為妥,請詳述理由。(10 分)

參考法條

政府採購法第 39 條第 1 項

機關辦理採購,得依本法將其對規劃、設計、供應或履約業務之專案管理,委託廠商為之。

政府採購法第 40 條第 1 項機關之採購,得洽由其他具有專業能力之機關代辦。

(101 公務人員普考-營建法規概要 #4)

例題6-39

請依住宅法說明下列事項：

(一) 除法令另有規定外，該法施行前政府已辦理之各類住宅補貼或尚未完成配售之政府直接
　　興建之國民住宅應如何處理？（5 分）

(二) 該法施行前政府已辦理之出租國民住宅應如何處理？（5 分）

(三) 該法施行前政府直接興建之國民住宅社區內商業、服務設施及其他建築物之標售、標租
　　可否繼續辦理？（5 分）

(四) 該法施行後未依公寓大廈管理條例成立管理委員會或推選管理負責人及完成報備之原由
　　政府直接興建之國民住宅社區應如何辦理？（5 分）

(五) 該法施行後國民住宅社區之管理維護基金結算有賸餘或未提撥者應如何處理？（5 分）

(102 公務人員普考-營建法規概要 #2)

例題6-40

為落實政府採購法第 70 條工程採購品質管理及行政院頒「公共工程施工品質管理制度」之
規定，機關辦理查核金額以上之工程，其委託監造者，應於招標文件內訂定監造單位應提報
監造計畫、設置監造組織。試依相關規定，概要說明監造計畫之內容及對於監造現場人員之
資格、每一標案最低人數之要求。（25 分）

(104 公務人員普考-營建法規概要 #4)

例題6-41

近年來由於住宅供需問題引起諸多討論，公私部門相繼投入住宅興建。請依中央法規標準法、
建築法、建築技術規則、住宅法及政府採購法等規定，回答下列問題：

(四) 請說明制定住宅法之目的。（5 分）

(105 公務人員普考-營建法規概要 #1)

例題6-42

近年來由於住宅供需問題引起諸多討論，公私部門相繼投入住宅興建。請依中央法規標準法、
建築法、建築技術規則、住宅法及政府採購法等規定，回答下列問題：

(五) 請說明工程採購查核金額之額度。（5 分）

(105 公務人員普考-營建法規概要 #1)

例題6-43

就營建業務而言，將涉及建築法之適用範圍，建築師之設計監造與營造業之承造施工，請依
建築法、建築師法及營造業法回答下列問題：

(三) 何謂工地主任？（5 分）

(105 公務人員普考-營建法規概要 #1)

例題6-44

為降低全球暖化與極端氣候對環境造成之衝擊，我國政府積極推行以節能環保為導向之綠建
築，除已完成綠建築標章及其評估系統外，亦已完成綠建築法制化工作。請依歷年來推動綠
建築及智慧綠建築相關方案內容及建築技術規則等相關法規，回答下列問題：

(一) 何謂「候選綠建築證書」？其有效期有何規定？（15 分）

(二) 我國政府如何完成綠建築之法制化工作？（10 分）

(105 公務人員普考-營建法規概要 #4)

例題6-45

試依營造業法規定，詳述營造業需於工地現場設置「工地主任」之條件。（25 分）

(101 地方特考四等-營建法規概要 #3)

例題6-46

依政府採購法之規定，機關辦理公告金額以上之採購，若符合某些情形之一者，得採選擇性招標。請說明選擇性招標之定義，並條列說明那些情形下得採用選擇性招標？（25 分）

(102 地方特考四等-營建法規概要 #2)

例題6-47

營造業分綜合營造業、專業營造業及土木包工業。請依營造業法之規定，說明專業營造業之定義，並說明專業營造業登記之專業工程項目為何？（25 分）

(102 地方特考四等-營建法規概要 #3)

例題6-48

依政府採購法之規定，請說明主管機關、限制性招標及分段開標之意義為何？（25 分）

(103 地方特考四等-營建法規概要 #3)

例題6-49

依營造業法第 3 條及第 32 條之規定，請說明工地主任之意義，及營造業之工地主任應負責辦理之工作為何？（25 分）

(103 地方特考四等-營建法規概要 #4)

例題6-50

某公立學校要興建一棟教學大樓，經費約 1 億元，請依政府採購法說明遴選建築師規劃設計及對於施工營造廠的發包招標有那幾種方式？（25 分）

(104 地方特考四等-營建法規概要 #1)

例題6-51

請試述下列名詞之意涵：（每小題 5 分，共 25 分）

(一) 聚落建築群

(105 地方特考四等-營建法規概要 #1)

例題6-52

當機關辦理驗收而驗收結果與契約、圖說、貨樣規定不符時，請依政府採購法之規定詳述應如何處理。（25 分）

(105 地方特考四等-營建法規概要 #3)

例題6-53

請依營造業法說明營繕工程之承攬契約應記載那些規定事項。（25 分）

(105 地方特考四等-營建法規概要 #4)

例題6-54

請依現行建築法、建築技術規則、區域計畫法、都市計畫法、政府採購法及相關營建法規簡要回答下列問題：

(五) 驗收不符契約規定時，何種情況下得辦理減價驗收？（5 分）

(101 鐵路員級-營建法規概要 #1)

例題6-55
推動智慧綠建築發展,是期望促使建築物結合各類先進智慧化產品與服務,進而帶動關聯產業,達到綠建築效能升級之目的。請分析現階段推動智慧綠建築面臨那些問題?(25分)

(103 鐵路員級-營建法規概要 #2)

例題6-56
依據政府採購法之規定,請分別說明採購之招標方式及其定義?(12分)另機關辦理招標時,應於招標文件中規定投標廠商須繳納押標金;得標廠商須繳納保證金或提供或併提供其他擔保。但在那些情形下,得免收押標金、保證金?(13分)

(103 鐵路員級-營建法規概要 #4)

【參考題解】

例題 6-2

名詞解釋：（每小題 5 分，共 25 分）

(一) 地方制度法之「委辦事項」

(二) 政府採購法之「減價收受」

【參考解答】

(一) 委辦事項：（地方制度-2）

指地方自治團體依法律、上級法規或規章規定，在上級政府指揮監督下，執行上級政府交付辦理之非屬該團體事務，而負其行政執行責任之事項。

(二) 減價收受：（採購法-72）

驗收結果與規定不符，而不妨礙安全及使用需求，亦無減少通常效用或契約預定效用，經機關檢討不必拆換或拆換確有困難者，得於必要時減價收受。其在查核金額以上之採購，應先報經上級機關核准；未達查核金額之採購，應經機關首長或其授權人員核准。

例題 6-3

名詞解釋：（每小題 5 分，共 25 分）

(五) 社會住宅

【參考解答】

(五) 社會住宅(social housing)，在歐洲又稱「社會出租住宅」(Social Rented Housing，更強調其「只租不賣」的精神)，簡單的說是指政府（直接或補助）興建或民間擁有之合於居住標準的房屋，採只租不賣模式，以低於市場租金或免費出租給所得較低的家戶或特殊的弱勢對象的住宅。

例題 6-4

名詞解釋：（每小題 5 分，共 25 分）

(二) 專任工程人員

【參考解答】

(二) 專任工程人員：（營造業-3）

係指受聘於營造業之技師或建築師，擔任其所承攬工程之施工技術指導及施工安全之人員。

例題 6-5

名詞解釋：（每小題 4 分，共 20 分）

(四)營造業法之「專業營造業」

(102 高等考試三級-建管行政 #1)

【參考解答】

(四) 專業營造業：（營造業-3）

係指經向中央主管機關辦理許可、登記，從事專業工程之廠商。

例題 6-6

為提升公共服務水準，加速社會經濟發展，公共建設採行「政府與民間合作夥伴模式」之政策，引進民間資金與技術，試依促進民間參與公共建設法相關規定，概要說明主辦機關與民間機構簽訂投資契約應記載之事項，及主辦機關辦理促參案件於興建階段履約管理之重點。（25 分）

(104 高等考試三級-營建法規 #3)

【參考解答】

(一) 主辦機關與民間機構簽訂投資契約，應依個案特性，記載下列事項：（促參法-11）

  1. 公共建設之規劃、興建、營運及移轉。

  2. 權利金及費用之負擔。

  3. 費率及費率變更。

  4. 營運期間屆滿之續約。

  5. 風險分擔。

  6. 施工或經營不善之處置及關係人介入。

  7. 稽核及工程控管。

  8. 爭議處理及仲裁條款。

  9. 其他約定事項。

(二) 興建階段履約管理（促參法-52、53）

  1. 民間機構於興建或營運期間，如有施工進度嚴重落後、工程品質重大違失、經營不善或其他重大情事發生，主辦機關依投資契約得為下列處理，並以書面通知民間機構：

    (1) 要求定期改善。

    (2) 屆期不改善或改善無效者，中止其興建、營運一部或全部。但主辦機關依第三項規定同意融資機構、保證人或其指定之其他機構接管者，不在此限。

    (3) 因前款中止興建或營運，或經融資機構、保證人或其指定之其他機構接管後，持續相當期間仍未改善者，終止投資契約。

    主辦機關依前項規定辦理時，應通知融資機構、保證人及政府有關機關。

    民間機構有第一項之情形者，融資機構、保證人得經主辦機關同意，於一定期限內自行或擇定符合法令規定之其他機構，暫時接管該民間機構或繼續辦理興建、營運。

  2. 公共建設之興建、營運如有施工進度嚴重落後、工程品質重大違失、經營不善或其他重大情事發生，於情況緊急，遲延即有損害重大公共利益或造成緊急危難之虞時，中央目的事業主管機關得令民間機構停止興建或營運之一部或全部，並通知政府有關機

關。

依前條第一項中止及前項停止其營運一部、全部或終止投資契約時，主辦機關得採取適當措施，繼續維持該公共建設之營運。必要時，並得予以強制接管營運；其接管營運辦法，由中央目的事業主管機關於本法公布後一年內訂定之。

例題 6-7

營造業法第 25 條明訂「綜合營造業承攬之營繕工程或專業工程項目，除與定作人約定需自行施工者外，得交由專業營造業承攬，…。」有關「自行施工」之定義：

(一) 綜合營造業依法應設置之人員有那些？（10 分）

(二) 綜合營造業者僱用人力施作工程時，如何判定該受僱人力屬於「自行施工」？（10 分）

(三) 前開規定，有關「交由」專業營造業承攬，此法律關係與一般「分包」有何差異？（5 分）

(104 高等考試三級-建管行政 #3)

【參考解答】

(一) 營造業依法應設置之人員：（營造業-6、7、8、9、10、11）

　　1. 綜合營造業：分為甲、乙、丙三等。

　　2. 置領有土木、水利、測量、環工、結構、大地或水土保持工程科技師證書或建築師證書，並於考試取得技師證書前修習土木建築相關課程一定學分以上，具二年以上土木建築工程（從事營繕工程測量、規劃、設計、監造、施工或專案管理工作二年以上）經驗之專任工程人員一人以上。

(二) 內政部 103.12.15 台內營字第 1030813771 號令訂定

　　關於「營造業法」第二十五條之自行施工定義及相關事宜，其規定如下：

　　1. 綜合營造業在綜理營繕工程施工及管理等整體性之工作時，如係其自行履行原契約之全部或主要部分，固屬本法第二十五條規定之「自行施工」。

　　2. 如廠商履約需具有相當設備、機具，其以租賃設備機具代替自有者，因尚符合政府採購法第六十五條規定所稱之「自行履行」，故與本法第二十五條所定之「自行施工」無違。

　　3. 營造業從業人員僱用部分，除營造業法所規定應設置之人員（負責人、專任工程人員、工地主任、專業工程特定施工項目應置之技術士）外，其他人員之設置尚無明定；惟綜合營造業者僱用人力施作時，應依個案事實判定雙方關係究係屬「承攬」或「僱傭」關係；若屬「僱傭」關係，則應可認定其為「自行施工」

(三)

　　1. 轉包及分包（採購法-65、66、67；採購法細則-87、89）

　　　分包：

　　　(1) 定義：謂非轉包而將契約之部分由其他廠商代為履行。

　　　(2) 得標廠商得將採購分包予其他廠商。

　　　(3) 機關得視需要於招標文件中訂明得標廠商應將專業部分或達一定數量或金額之分包情形送機關備查。

　　　(4) 分包契約報備於採購機關，並經得標廠商就分包部分設定權利質權予分包廠商者，民法第五百十三條之抵押權及第八百十六條因添附而生之請求權，及於得標廠商對

於機關之價金或報酬請求權。分包廠商就其分包部分，與得標廠商連帶負瑕疵擔保責任。

2. 轉交責任：（營造業-25）

(1) 綜合營造業承攬之營繕工程或專業工程項目，除與定作人約定需自行施工者外，得交由專業營造業承攬，其轉交工程之施工責任，由原承攬之綜合營造業負責，受轉交之專業營造業並就轉交部分，負連帶責任。

(2) 轉交工程之契約報備於定作人且受轉交之專業營造業已申請記載於工程承攬手冊，並經綜合營造業就轉交部分設定權利質權予受轉交專業營造業者，民法第五百十三條之抵押權及第八百十六條因添附而生之請求權，及於綜合營造業對於定作人之價金或報酬請求權。

結論：分包及轉交(交由)對於分包部分與轉交部分均分別負連帶責任及瑕疵擔保責任，其依民法部分亦具有第五百十三條之抵押權及第八百十六條因添附而生之請求權，故分包與轉交在法令上本質相當；僅適用範圍不同，如公共工程採購方有分包程序之產生。

例題 6-8

請依建築技術規則、政府採購法、國土計畫法及住宅法等法規，回答下列用語定義：

(二) 說明政府採購查核金額之額度（5 分）

(105 高等考試三級-營建法規 #1)

【參考解答】

(二) 查核金額：（政府採購法-12）

　　政府採購法第 12 條所稱之「查核金額」如下：

1. 工程採購：新台幣五千萬元。

2. 財物採購：新台幣五千萬元。

3. 勞務採購：新台幣一千萬元。

例題 6-9

請依建築技術規則、政府採購法、國土計畫法及住宅法等法規，回答下列用語定義：

(四) 社會住宅（5 分）

(105 高等考試三級-營建法規 #1)

【參考解答】

(四) 社會住宅：（住宅法-3）

　　指由政府興辦或獎勵民間興辦，專供出租之用之住宅及其必要附屬設施。

例題 6-10

為因應全球暖化，維護地球環境之永續發展，行政院陸續於 90 年實施「綠建築推動方案」，97 年起擴大至「生態城市綠建築推動方案」，99 年更導入資通訊等智慧型技術與設備應用，實施「智慧綠建築推動方案」。105 年起並擴大實施至永續智慧城市。請依前述推動方案及現行綠建築評估指標規定，回答以下問題：

(一) 綠建築標章目前共適用那幾種建築類型？（5 分）

(二) 推動智慧綠建築對環境與產業發展有何益處？（10 分）

(三) 請說明我國之綠建築評估指標共有那幾種？並請將各指標歸納於「生態」、「節能」、「減廢」、「健康」四群組。（10 分）

(105 高等考試三級-營建法規 #3)

【參考解答】

(一) 綠建築標章分類：（綠建築標章申請審核認可及使用作業要點）

綠建築標章分類評估目前分為基本型、住宿類、廠房類、舊建築改善類、社區類等五種

(二) 智慧綠建築：（智慧綠建築資訊網）

智慧綠建築之發展願景是在既有綠建築基礎上，導入資通訊應用科技，發展「智慧綠建築」產業，成為領先國際之典範，落實台灣建立低碳島之政策目標。而其具體之發展目標則是運用資通訊高科技軟實力的成就與節能減碳之綠建築結合，落實推展智慧綠建築產業，以滿足安全健康、便利舒適與節能減碳之庶民生活需求，全面提昇生活環境品質，開創產業發展新利基。

(三) 綠建築九大指標

大指標群	指標內容	
	指標名稱	評估要項
生態	1.生物多樣性指標	生態綠網、小生物棲地、植物多樣化、土壤生態
	2.綠化量指標	綠化量、CO_2固定量
	3.基地保水指標	保水、儲留滲透、軟性防洪
節能	4.日常節能指標（必要）	外殼、空調、照明節能
減廢	5.CO_2減量指標	建材 CO_2排放量
	6.廢棄物減量指標	土方平衡、廢棄物減量
健康	7.室內環境指標	隔音、採光、通風、建材
	8.水資源指標（必要）	節水器具、雨水、中水再利用
	9.污水垃圾改善指標	雨水污水分流、垃圾分類、堆肥

例題 6-11

名詞解釋：（每小題 5 分，共 25 分）

(三)政府採購法之「勞務」

(105 高等考試三級-建管行政 #1)

【參考解答】

(三)勞務：（採購法-7）

指專業服務、技術服務、資訊服務、研究發展、營運管理、維修、訓練、勞力及其他經主

管機關認定之勞務。

例題 6-12

名詞解釋：（每小題 5 分，共 25 分）

(五)營造業法之「一定期間承攬總額」

(105 高等考試三級-建管行政 #1)

【參考解答】

(五)一定期間承攬總額：（營造業-23）

營造業承攬工程，應依其承攬造價限額及工程規模範圍辦理；其一定期間承攬總額，不得超過淨值二十倍。

例題 6-13

臺灣四面環海，為維繫自然系統、確保自然海岸零損失、因應氣候變遷、防治海岸災害與環境破壞、保護與復育海岸資源、推動海岸整合管理，並促進海岸地區之永續發展，需要有縝密的海岸管理。請依相關法令說明：

(一) 請說明海岸地區的規劃管理原則。（10 分）

(二) 何謂「獨占性使用」？何種情況下得排除「不得為獨占性使用」之規定？（10 分）

(105 高等考試三級-建管行政 #3)

【參考解答】

(一) 海岸地區的規劃管理原則：（海岸管理法-2）

　　1.海岸地區：指中央主管機關依環境特性、生態完整性及管理需要，依下列原則，劃定公告之陸地、水體、海床及底土；必要時，得以坐標點連接劃設直線之海域界線。

　　2.海岸地區之規劃管理原則如下：（海岸管理法-7）

　　　(1) 優先保護自然海岸，並維繫海岸之自然動態平衡。

　　　(2) 保護海岸自然與文化資產，保全海岸景觀與視域，並規劃功能調和之土地使用。

　　　(3) 保育珊瑚礁、藻礁、海草床、河口、潟湖、沙洲、沙丘、沙灘、泥灘、崖岸、岬頭、紅樹林、海岸林等及其他敏感地區，維護其棲地與環境完整性，並規範人為活動，以兼顧生態保育及維護海岸地形。

　　　(4) 因應氣候變遷與海岸災害風險，易致災害之海岸地區應採退縮建築或調適其土地使用。

　　　(5) 海岸地區應避免新建廢棄物掩埋場，原有場址應納入整體海岸管理計畫檢討，必要時應編列預算逐年移除或採行其他改善措施，以維護公共安全與海岸環境品質。

　　　(6) 海岸地區應維護公共通行與公共使用之權益，避免獨占性之使用，並應兼顧原合法權益之保障。

　　　(7) 海岸地區之建設應整體考量毗鄰地區之衝擊與發展，以降低其對海岸地區之破壞。

　　　(8) 保存原住民族傳統智慧，保護濱海陸地傳統聚落紋理、文化遺址及慶典儀式等活動空間，以永續利用資源與保存人文資產。

　　　(9) 建立海岸規劃決策之民眾參與制度，以提升海岸保護管理績效。

(二) 近岸海域及公有自然沙灘獨占性使用管理辦法：

1. （海岸管理法-31）

    為保障公共通行及公共水域之使用，近岸海域及公有自然沙灘不得為獨占性使用，並禁止設置人為設施。但符合整體海岸管理計畫，並依其他法律規定允許使用、設置者；或為國土保安、國家安全、公共運輸、環境保護、學術研究及公共福祉之必要，專案向主管機關申請許可者，不在此限。

2. 上述所稱獨占性使用，指於特定範圍之陸地、水面、水體、海床或底上，設置或未設置人為設施，進行一定期間或經常性，管制或禁止人員、車輛、船舶或其他行為進入或通過之排他性使用。

    前項所稱人為設施，指以人造方式施設之浮動式或固定式構造物及工作物。

    第一項獨占性使用，除本法另有規定外，應優先保障原有之合法使用。

例題6-14

提升居住品質，使全體國民居住於適宜之住宅且享有尊嚴之居住環境，是全民的心願。請依法令說明：

(一) 何謂住宅之基本居住水準？（4 分）相關之樓地板面積規定為何？（2 分）

(二) 為提升住宅社區環境品質，直轄市、縣（市）主管機關應主動辦理那些事項，並納入住宅計畫。（7 分）

(三) 為提升住宅品質及明確標示住宅性能，中央主管機關訂定的「住宅性能評估實施辦法」中，應評估何種性能類別？（8 分）使用管理重點在維護住宅機能，請針對既有住宅中集合住宅部分舉一評估項目簡要說明其評估內容。（4 分）

(105 高等考試三級-建管行政 #4)

【參考解答】

(一)

1. 內政部 101.12.28 台內營字第 1010811800 號令訂定，自 101 年 12 月 30 日生效住宅之基本居住水準，應符合下列規定：

    (1) 居住面積達家戶人口平均每人最小居住樓地板面積之和。

    (2) 具備住宅重要設施設備項目及數量。

2. 內政部 101.12.28 台內營字第 1010811800 號

    家戶人口平均每人最小居住樓地板面積，依下表規定計算之：

家戶人口	平均每人最小居住樓地板面積
一人	十三點零七平方公尺
二人	八點七一平方公尺
三人	七點二六平方公尺
四人	七點五三平方公尺
五人	七點三八平方公尺
六人以上	六點八八平方公尺

(二) 居住品質(住宅法-35)

    為提升住宅社區環境品質，直轄市、縣（市）主管機關應主動辦理下列事項，並納入住宅計畫：

1.住宅社區無障礙空間之營造及改善。

2.公寓大廈屋頂、外牆、建築物設備及雜項工作物之修繕及美化。

3.住宅社區發展諮詢及技術之提供。

4.社區整體營造、環境改造或環境保育之推動。

5.住宅社區組織團體之教育訓練。

6.配合住宅計畫目標或特定政策之項目。

7.其他經主管機關認有必要之事項。

(三) 住宅性能評估實施辦法-3

1. 住宅性能評估分新建住宅性能評估及既有住宅性能評估，並依下列性能類別，分別評估其性能等級：

(1) 結構安全。

(2) 防火安全。

(3) 無障礙環境。

(4) 空氣環境。

(5) 光環境。

(6) 音環境。

(7) 節能省水。

(8) 住宅維護。

2. 舉例說明：（住宅性能評估實施辦法-3 附表一）

集合住宅新建部分，結構安全評估項目為結構設計，其中評估內容：

(1)基地狀況

(2)結構系統平面不規則性

(3)結構系統立面不規則性

(四) 公寓保險補償-4

依本條例投保之公共意外責任保險，其最低保險金額如下：

1. 每一個人身體傷亡：新臺幣三百萬元。

2. 第二條附表之下列場所，每一事故身體傷亡為新臺幣三千萬元，其餘場所為新臺幣一千五百萬元：

(1) 類序一之電影院。

(2) 類序二樓地板面積在五百平方公尺以上之場所。

(3) 類序三之場所。

(4) 類序四客房數超過一百間之場所。

3. 每一事故財產損失：新臺幣二百萬元。

4. 第二條附表之下列場所，保險期間總保險金額為新臺幣六千四百萬元，其餘場所為新臺幣三千四百萬元：

(1) 類序一之電影院。

(2) 類序二樓地板面積在五百平方公尺以上之場所。

(3) 類序三之場所。

(4) 類序四客房數超過一百間之場所。

例題 6-15

試比較營造業法之「統包承攬」、「聯合承攬」，與政府採購法之「統包招標」、「共同投標」用語之定義與重點內容異同。（25 分）

(101 地方特考三等-營建法規 #4)

【參考解答】

(一) 綜合營造業之統包承攬：（營造業-22）

綜合營造業應結合依法具有規劃、設計資格者，始得以統包方式承攬。

(二) 聯合承攬：（營造業-24）

營造業聯合承攬工程時，應共同具名簽約，並檢附聯合承攬協議書，共負工程契約之責。

聯合承攬協議書內容包括如下：

1. 工作範圍。
2. 出資比率。
3. 權利義務。

(三) 統包：（採購法-24）

指將工程或財物採購中之設計、施工、供應、安裝或一定期間之維修等併於同一採購契約辦理招標。

(四) 共同投標：（採購法-25、共同投標-2、3、4、公平交易-14）

定義：指二家以上之廠商共同具名投標，並於得標後共同具名簽約，連帶負履行採購契約之責，以承攬工程或提供財物、勞務之行為。

例題 6-16

簡答題：（每小題 6 分，共 30 分）

(一)何謂營造業？何謂土木包工業？試依營造業法說明之。

(101 地方特考三等-建管行政 #4)

【參考解答】

(一)

1. 營造業：（營造業-3）

係指經向中央或直轄市、縣（市）主管機關辦理許可、登記，承攬營繕工程之廠商。

2. 綜合營造業：（營造業-3）

係指經向中央主管機關辦理許可、登記，綜理營繕工程施工及管理等整體性工作之廠商。

3. 專業營造業：（營造業-3）

係指經向中央主管機關辦理許可、登記，從事專業工程之廠商。

4. 土木包工業：（營造業-3）

係指經向直轄市、縣（市）主管機關辦理許可、登記，在當地或毗鄰地區承攬小型綜合營繕工程之廠商。

例題 6-17

請依政府採購法第 46 條之規定，說明機關辦理採購時，其底價之訂定及訂定時機為何？（25 分）

(102 地方特考三等-營建法規 #1)

【參考解答】

(一) 底價訂定：（採購法-46、47）

　　1. 參考依據：

　　2. 底價應依圖說、規範、契約並考量成本、市場行情及政府機關決標資料逐項編列，由機關首長或其授權人員核定。

　　　　訂定時機：

　　　　(1) 公開招標應於開標前定之。

　　　　(2) 選擇性招標應於資格審查後之下一階段開標前定之。

　　　　(3) 限制性招標應於議價或比價前定之。

　　3. 不訂底價，但應於招標文件內敘明理由及決標條件與原則之情況：

　　　　(1) 訂定底價確有困難之特殊或複雜案件。

　　　　(2) 以最有利標決標之採購。

　　　　(3) 小額採購。

例題 6-18

在政府採購法及相關法令中定有爭議處理之方式及程序，其中爭議處理之方式包括和解、調解、仲裁及訴訟。相對於訴訟方式，試詳述仲裁方式之優缺點為何？（25 分）

(102 地方特考三等-建管行政 #1)

【參考解答】

(一) 採購法之爭議處理規定：（採購法-74、85-1）

　　1. 廠商與機關間關於招標、審標、決標之爭議，得依規定提出異議及申訴。

　　2. 向採購申訴審議委員會申請調解。

　　3. 向仲裁機構提付仲裁。

(二) 仲裁是基於私法自治、契約自由原則而設立的私法，為私人判決制度，程序上來說先由當事人選定中立仲裁人(仲裁協會上有名冊)，然後選擇是否採行仲裁程序來解決紛爭。

　　仲裁之優點

　　1. 有效：仲裁人之判斷，依仲裁法第 37 條規定，與法院之確定判決，具有同一效力；一經判斷，即告確定，可使當事人減免訟累。

　　2. 快速：仲裁庭應於組成之日起六個月內作成判斷書；必要時，得延長三個月。

　　3. 專家判斷：仲裁人皆具各業專門知識或經驗之專家，可達成辦案之正確性。

　　4. 經濟：仲裁費比訴訟費為低，且仲裁判斷迅速結案，可節省當事人許多時間。

　　5. 保密：依仲裁法第 23 條第 2 項規定仲裁程序不對外公開，可確保工商業之營業秘密。仲裁詢問時仲裁人與當事人均分坐席位上。兼顧雙方顏面與尊嚴。

例題 6-19

公共工程之主要參與者有主辦機關、設計／監造單位與承包商，三者皆有其參與之時機及其應辦理之工作項目，以建築工程為例，試繪圖說明工程辦理流程與訂約時機。（25 分）

(102 地方特考三等-建管行政 #2)

【參考解答】

作業流程圖：逾 10 萬元工程委託建築師設計之採購及驗收

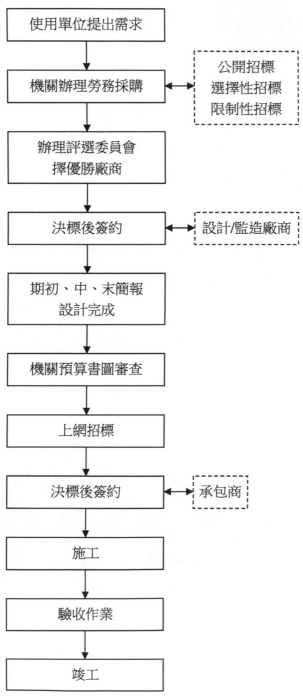

例題 6-20

當工程契約文件之間有相互矛盾衝突之內容產生時，建築師須依據契約內容及相關法令提出說明，試說明工程契約中契約文件之效力及優先順序。（25 分）

(102 地方特考三等-建管行政 #3)

【參考解答】

(一) 契約所含各種文件之內容如有不一致之處，除另有規定外，依下列原則處理：（契約範本 -1，1030122）

1. 招標文件內之投標須知及契約條款優於招標文件內之其他文件所附記之條款。但附記之條款有特別聲明者，不在此限。

2. 招標文件之內容優於投標文件之內容。但投標文件之內容經機關審定優於招標文件之內容者，不在此限。招標文件如允許廠商於投標文件內特別聲明，並經機關於審標時接受者，以投標文件之內容為準。

3. 文件經機關審定之日期較新者優於審定日期較舊者。

4. 大比例尺圖者優於小比例尺圖者。

5. 施工補充說明書優於施工規範。

6. 決標紀錄之內容優於開標或議價紀錄之內容。

7. 同一優先順位之文件，其內容有不一致之處，屬機關文件者，以對廠商有利者為準；屬廠商文件者，以對機關有利者為準。

8. 招標文件內之標價清單，其品項名稱、規格、數量，優於招標文件內其他文件之內容。

例題 6-21

政府採購法之目的為建立政府採購制度，依公平、公開之採購程序，提升採購效率與功能，以確保採購品質，為一重要之營建相關法規。請依政府採購法第 105 條之規定，說明不適用本政府採購法招標決標規定之採購為何？（25 分）

(103 地方特考三等-營建法規 #1)

【參考解答】

得不適用本法招標、決標之規定：（採購法-105）

(一) 國家遇有戰爭、天然災害、癘疫或財政經濟上有重大變故，需緊急處置之採購事項。

(二) 人民之生命、身體、健康、財產遭遇緊急危難，需緊急處置之採購事項。

(三) 公務機關間財物或勞務之取得，經雙方直屬上級機關核准者。

(四) 依條約或協定向國際組織、外國政府或其授權機構辦理之採購，其招標、決標另有特別規定者。

例題 6-22

政府採購法第 6 章規定「爭議處理」，是參考國際及先進國家的採購法令及標準，以有效處理採購事件的爭端，有助於我國採購法令與國際同步發展。當發生廠商：對招標文件提出異議時；對招標文件規定之釋疑、後續說明、變更或補充提出異議時；對採購之過程、結果提出異議時；請說明政府採購機關的處理期間、依據法條及處理方式為何？（25 分）

(103 地方特考三等-建管行政 #4)

【參考解答】

(一) 異議之條件：（採購法-75）

廠商對於機關辦理採購，認為違反法令或我國所締結之條約、協定，致損害其權利或利益者，得以書面向招標機關提出異議，包括：

1. 對招標文件規定提出異議。

2. 對招標文件規定之釋疑、後續說明、變更或補充提出異議。

3. 對採購之過程、結果提出異議者。

(二) 申訴之條件：（採購法-76）

廠商對於公告金額以上採購異議之處理結果不服，或招標機關逾法令所定期限不為處理異議者，得於收受異議處理結果或期限屆滿之次日起十五日內，依其屬中央機關或地方機關辦理之採購，以書面分別向主管機關、直轄市或縣(市)政府所設之採購申訴審議委員會申訴。地方政府未設採購申訴審議委員會者，得委請中央主管機關處理。

(三) 採購法之爭議處理規定：（採購法-74、85-1）

1. 廠商與機關間關於招標、審標、決標之爭議，得依規定提出異議及申訴。

2. 向採購申訴審議委員會申請調解。

3. 向仲裁機構提付仲裁。

例題 6-23

請說明政府與投資廠商簽訂的 BOT（興建－營運－移轉）投資契約，於契約履行期間若發生爭議，依促進民間參與公共建設法之規定，得採取那些程序解決？（25 分）

(104 地方特考三等-營建法規 #2)

【參考解答】

（促參法-47）

參與公共建設之申請人與主辦機關於申請及審核程序之爭議，其異議及申訴，準用政府採購法處理招標、審標或決標爭議之規定。

前項爭議處理規則，由主管機關定之。

採購法之爭議處理規定：（採購法-74、85-1）

(一) 廠商與機關間關於招標、審標、決標之爭議，得依規定提出異議及申訴。

(二) 向採購申訴審議委員會申請調解。

(三) 向仲裁機構提付仲裁。

例題 6-24

在政府採購法中訂有相關之利益迴避，試詳述其規定之內容。（25 分）

(104 地方特考三等-建管行政 #1)

【參考解答】

依政府採購法機關承辦、監辦採購人員應遵守之義務規範：（採購法-15）

(一) 機關承辦、監辦採購人員離職後三年內不得為本人或代理廠商向原任職機關接洽處理離職前五年內與職務有關之事務。

(二) 機關承辦、監辦採購人員對於與採購有關之事項，涉及本人、配偶、三親等以內血親或姻親，或同財共居親屬之利益時，應行迴避。

(三) 機關首長發現承辦、監辦採購人員有前項應行迴避之情事而未依規定迴避者，應令其迴避，並另行指定承辦、監辦人員。

(四) 廠商或其負責人與機關首長有（二）之情形者，不得參與該機關之採購。但本項之執行反不利於公平競爭或公共利益時，得報請主管機關核定後免除之。

採購之承辦、監辦人員應依公職人員財產申報法之相關規定，申報財產。

例題 6-25

一般而言大型之工程，工期相對較長，為避免物價急劇波動，造成包商工程成本之大幅增加而導致無法順利履約之情事，工程價款是否隨物價指數而作合理之調整，亦屬十分重要之條款，其重點之項目有那些？（25 分）

(104 地方特考三等-建管行政 #2)

【參考解答】

契約價金之給付條件(採購範本-5)

(一) 物價調整方式：（通常使用行政院主計總處發布之「營造工程物價總指數」漲跌幅調整）

(二) 工程進行期間，如遇物價波動時，就總指數漲跌幅超過__%（由機關於招標時載明；未載明者，為 2.5%）之部分，於估驗完成後調整工程款。

例題 6-26

請回答下列問題：（每小題 5 分，共 25 分）

(二)各級營造業審議委員會之職掌為何？

(105 地方特考三等-建管行政 #1)

【參考解答】

(二)各級營造業審議委員會職掌如下：（各級營造業審議委員會設置要點-3）

　　1.關於營造業撤銷或廢止登記事項之審議。

　　2.關於營造業獎懲事項之審議。

　　3.關於專任工程人員及工地主任處分案件之審議。

例題 6-27

請回答下列問題：（每小題 5 分，共 25 分）

(四)何謂準用最有利標？

(五)何謂統包？

(105 地方特考三等-建管行政 #1)

【參考解答】

(四)依政府採購法可採用最有利標的情形，可分為三大類：

　　1. 適用最有利標決標

　　2. 準用最有利標評選優勝廠商

　　3. 未達公告金額取最有利標精神。機關可依標案特性選擇最符合需要之方式。

(五)統包：（營造業-3）

　　係指基於工程特性，將工程規劃、設計、施工及安裝等部分或全部合併辦理招標。

例題 6-28

請依現行建築法、建築技術規則、區域計畫法、都市計畫法及政府採購法等相關營建法規簡要回答下列問題：

(六) 政府採購之招標方式有那幾種？（5 分）

(101 鐵路高員三級-營建法規 #1)

【參考解答】

(六) 招標方式：（採購法-18）

　　1. 公開招標：指以公告方式邀請不特定廠商投標。

　　2. 選擇性招標：指以公告方式預先依一定資格條件辦理廠商資格審查後，再行邀請符合資格之廠商投標。

　　3. 限制性招標：指不經公告程序，邀請二家以上廠商比價或僅邀請一家廠商議價。

例題 6-29

為因應全球暖化，達成節能減碳之目標，政府次第積極推展綠建築推動方案、生態城市綠建築推動方案與智慧綠建築推動方案，對辦理都市更新計畫亦訂有相關之容積獎勵辦法。請依都市計畫法及都市更新建築容積獎勵辦法，說明辦理都市更新之處理方式有那幾種？（10 分）綠建築標章可分為那幾個等級？（5 分）對配合辦理綠建築設計獎勵有那些規定？（10 分）

(101 鐵路高員三級-營建法規 #3)

【參考解答】

(一) 都市更新處理方式：（更新-4）

　　1. 重建：係指拆除更新地區內原有建築物，重新建築，住戶安置，改進區內公共設施，並得變更土地使用性質或使用密度。

　　2. 整建：係指改建、修建更新地區內建築物或充實其設備，並改進區內公共設施。

　　3. 維護：係指加強更新地區內土地使用及建築管理，改進區內公共設施、以保持其良好狀況。

(二) 綠建築標章等級：(推動要點-二)

分級評估：依綠建築解說與評估手冊訂定之分級評估方法，評定之綠建築等級。該等級
按優良程度，依次為鑽石級、黃金級、銀級、銅級及合格級等五級。

例題 6-30

依括號內法規解釋下列用語：

(五)採購（政府採購法）（4 分）

(101 鐵路高員三級-建管行政 #5)

【參考解答】

(五)採購：（採購法-2）

指工程之定作、財物之買受、定製、承租及勞務之委任或僱傭等。

例題 6-31

為保障營繕工程承攬人與定作人雙方之合理法定權益，減少工程糾紛，營造業法明定承攬契
約至少應載明那些事項？（15 分）又營造業聯合承攬工程時，應共同具名簽約，並檢附聯合
承攬協議書，共負工程契約之責。其聯合承攬協議書之內容應包含那些事項？（5 分）

(102 鐵路高員三級-營建法規 #4)

【參考解答】

(一) 營繕工程之承攬契約，應記載事項如下：（營造業-27）

1. 契約之當事人。
2. 工程名稱、地點及內容。
3. 承攬金額、付款日期及方式。

付款方式依下列方式之一為之：

(1) 依契約總價給付。
(2) 依實際施作之項目及數量給付。
(3) 部分依契約標示之價金給付，部分依實際施作之項目及數量給付。

4. 工程開工日期、完工日期及工期計算方式。

工期之計算方式，指下列方式：

(1) 以限期完成者，星期例假日、國定假日或其他休息日均應計入。
(2) 以日曆天計者，星期例假日、國定假日或其他休息日，是否計入，應於契約中明定。
(3) 以工作天計者，星期例假日、國定假日或其他休息日，均應不計入。

（※因不可抗力或有不可歸責於營造業之事由者，得延長之。）

5. 契約變更之處理。
6. 依物價指數調整工程款之規定。

應載明下列事項：

(1) 得調整之項目及金額。
(2) 調整所依據之物價指數及基期。
(3) 得調整之情形。

        (4) 調整公式。

    7. 契約爭議之處理方式。

        契約爭議之處理，選擇下列一種以上之方式為之：

        (1) 屬政府採購法辦理之營繕工程者，依政府採購法第八十五條之一規定向採購申訴審議委員會申請調解。

        (2) 提付仲裁。

        (3) 提起訴訟。

        (4) 聲請調解。

    8. 驗收及保固之規定。

        (1) 驗收之規定，應載明下列事項：

            a. 履約標的之完工條件及認定標準。

            b. 驗收程序。

            c. 驗收瑕疵處理方式及期限。

        (2) 保固之規定，應載明下列事項：

            a. 保固期。

            b. 保固期內瑕疵處理程序。

    9. 工程品管之規定。

        工程品管之規定，應載明下列事項：

        (1) 品質管制：

            a. 自主檢查。

            b. 材料及施工檢驗程序。

            c. 矯正及預防措施。

        (2) 工地安全及衛生。

        (3) 工地環境清潔及維護。

        (4) 交通維持措施。

    10. 違約之損害賠償。

    11. 契約終止或解除之規定。

(二) 聯合承攬：（營造業-24）

    營造業聯合承攬工程時，應共同具名簽約，並檢附聯合承攬協議書，共負工程契約之責。

    聯合承攬協議書內容包括如下：

    1. 工作範圍。

    2. 出資比率。

    3. 權利義務。

例題 6-32

請依中央法規標準法、行政執行法、地方制度法、建築技術規則及政府採購法，簡要回答下列問題：（每小題 5 分，共 25 分）

(三)就地方制度而言，何者為「地方自治團體」？

(102 鐵路高員三級-建管行政 #1)

【參考解答】

(三)「地方自治團體」（地方制度-2）

　　指依本法實施地方自治，具公法人地位之團體。省政府為行政院派出機關，省為非地方自治團體。

例題 6-33

請依中央法規標準法、行政執行法、地方制度法、建築技術規則及政府採購法，簡要回答下列問題：（每小題 5 分，共 25 分）

(五)何謂「限制性招標」？

(102 鐵路高員三級-建管行政 #1)

【參考解答】

(五)「限制性招標」（採購法-18）

　　限制性招標：指不經公告程序，邀請二家以上廠商比價或僅邀

例題 6-34

請依建築師法、營造業法等回答下列問題：

(一) 請說明監造人、專任工程人員及工地主任等三者在「按圖施工」方面之職責與其法令依據？（15 分）

(二) 請說明當營造業負責人或專任工程人員於施工中發現顯有立即公共危險之虞時，應如何處置？（10 分）

(102 鐵路高員三級-建管行政 #2)

【參考解答】

(一)

監造人	專任工程人員	工地主任
監督營造業依照依法核准之設計之圖說施工。	督察按圖施工、解決施工技術問題。	依施工計畫書執行按圖施工。

(二) 施工上顯有困難或有公共危險之虞之處置及責任（營造業-37、38、39）

　　1.營造業之專任工程人員於施工前或施工中應檢視工程圖樣及施工說明書內容，如發現其內容在施工上顯有困難或有公共危險之虞時，應即時向營造業負責人報告。營造業負責人對前項事項應即告知定作人，並依定作人提出之改善計畫為適當之處理。定作人未於前項通知後及時提出改善計畫者，如因而造成危險或損害，營造業不負損害賠償責任。

　　2.營造業負責人或專任工程人員於施工中發現顯有立即公共危險之虞時，應即時為必要之措施，惟以避免危險所必要，且未踰越危險所能致之損害程度者為限。其必要措施之費用，如係歸責於定作人之事由者，應由定作人給付，定作人無正當理由不得拒絕。但於承攬契約另有規定者，從其規定。

　　3.營造業負責人或專任工程人員違反第三十七條第一項、第二項或前條規定致生公共危險者，應視其情形分別依法負其責任。

例題 6-35

為因應全球暖化，節能減碳已成為政府施政重要措施之一，因此陸續推展綠建築推動方案、生態城市綠建築推動方案、智慧綠建築推動方案。試說明：

(一) 適用於臺灣地區之「綠建築」定義。(10 分)

(二) 申請綠建築標章之評估指標與評估等級。(10 分)

(三) 辦理公有建築物新建工程，有那些規定可落實該方案之執行？(5 分)

【參考解答】

(一) 綠建築定義：生態、節能、減廢、健康的建築物。

(二) 分級評估：依綠建築解說與評估手冊訂定之分級評估方法，評定之綠建築等級。該等級按優良程度，依次為鑽石級、黃金級、銀級、銅級及合格級等五級。

(三) 適用對象如下：

　　1. 工程總造價在新臺幣五千萬元以上之公有新建建築物。

　　2. 經各目的事業主管機關、直轄市、縣（市）政府或本部指定之特設主管建築機關依權責訂定應取得綠建築標章或候選綠建築證書之建築物或社區。

　　3. 其他依建築法規定適用地區之建築物或社區。

例題 6-36

為避免「促進民間參與公共建設法」與「政府採購法」被混淆誤用或錯置程序等情形，請比較說明兩者之立法目的與適用範圍的異同。(25 分)

【參考解答】

(一) 立法目的

　　1. （促參法-1）

　　　　為提升公共服務水準，加速社會經濟發展，促進民間參與公共建設，特制定本法。

　　2. （採購法-1）

　　　　為建立政府採購制度，依公平、公開之採購程序，提升採購效率與功能，確保採購品質，爰制定本法。

(二) 適用範圍

　　1. （促參法-1）

　　　　促進民間參與公共建設，依本法之規定。本法未規定者，適用其他有關法律之規定。

　　2. （採購法-1）

　　　　法人或團體接受機關補助辦理採購，其補助金額占採購金額半數以上，且補助金額在公告金額以上者，適用本法之規定，並應受該機關之監督。

(三) 異同

　　促參法依其執行方式不同(建造、營運、所有、移轉、租用等)與機關間之權利義務會有不同之配合契約，採購法所有契約(工程、財務、勞務)之執行則較為單純，屬甲乙丙(設計、監造、施工)三方之權利義務

例題 6-37

請依地方制度法、中央法規標準法、政府採購法、行政訴訟法、建築技術規則等相關規定，
回答下列問題：（每小題 5 分，共 25 分）

(一) 請說明院轄市在都市計畫及營建事項之自治事項。

(二) 轉包與分包有何不同？

(103 鐵路高員三級-建管行政 #1)

【參考解答】

(一) 請說明院轄市在都市計畫及營建事項之自治事項。（地方制度法-18）

　　1. 直轄市都市計畫之擬定、審議及執行。

　　2. 直轄市建築管理。

　　3. 直轄市住宅業務。

　　4. 直轄市下水道建設及管理。

　　5. 直轄市公園綠地之設立及管理。

　　6. 直轄市營建廢棄土之處理。

(二) 轉包與分包有何不同？（採購法-65、67）

　　1. 轉包：得標廠商應自行履行工程、勞務契約，不得轉包。轉包指將原契約中應自行履
　　　行之全部或其主要部分，由其他廠商代為履行。

　　2. 分包：得標廠商得將採購分包予其他廠商。分包謂非轉包而將契約之部分由其他廠商
　　　代為履行。

例題 6-38

請比較政府採購法規定之「專案管理」（第 39 條）及「機關代辦」（第 40 條）於工程實務執
行上之差異。（15 分）對於不具備工程專業之採購機關，欲推動複雜之大型工程專案時，應
選擇機關代辦或專案管理為妥，請詳述理由。（10 分）

參考法條

政府採購法第 39 條第 1 項

機關辦理採購，得依本法將其對規劃、設計、供應或履約業務之專案管理，委託廠商為之。

政府採購法第 40 條第 1 項

機關之採購，得洽由其他具有專業能力之機關代辦。

(101 公務人員普考-營建法規概要 #4)

【參考解答】

依政府採購法第 39 條第 1 項：「機關辦理採購，得依本法將其對規劃、設計、供應或履約業
務之專案管理，委託廠商為之。」以上委外方式亦式一次的勞務採購。

若依政府採購法第 40 條第 1 項：「機關之採購，得洽由其他具有專業能力之機關代辦。」則
為行政程序法中第 19 條：行政一體之機能的實現：「行政機關為發揮共同一體之行政機能，
應於其權限範圍內互相協助。」

若欲推動複雜之大型工程專案，建議仍以委外專案管理為優，畢竟機關之強項屬行政程序及
法令。

例題 6-39

請依住宅法說明下列事項：

(一) 除法令另有規定外，該法施行前政府已辦理之各類住宅補貼或尚未完成配售之政府直接
    興建之國民住宅應如何處理？（5 分）

(二) 該法施行前政府已辦理之出租國民住宅應如何處理？（5 分）

(三) 該法施行前政府直接興建之國民住宅社區內商業、服務設施及其他建築物之標售、標租
    可否繼續辦理？（5 分）

(四) 該法施行後未依公寓大廈管理條例成立管理委員會或推選管理負責人及完成報備之原由
    政府直接興建之國民住宅社區應如何辦理？（5 分）

(五) 該法施行後國民住宅社區之管理維護基金結算有賸餘或未提撥者應如何處理？（5 分）

(102 公務人員普考-營建法規概要 #2)

【參考解答】

住宅法（住宅-49~50）

(一) 本法施行前，除身心障礙者權益保障法、社會救助法外，政府已辦理之各類住宅補貼或
    尚未完成配售之政府直接興建之國民住宅，應依原依據之法令規定繼續辦理，至終止利
    息補貼或完成配售為止。

(二) 本法施行前，政府已辦理之出租國民住宅，其承租資格、辦理程序等相關事項，得依原
    依據之法令規定繼續辦理，至該出租國民住宅轉型為社會住宅或完成出、標售為止；

(三) 政府直接建之國民住宅社區內商業、服務設施及其他建築物之標售、標租作業，得依原
    依據之法令規定繼續辦理，至完成標售為止。

(四) 未依公寓大廈管理條例成立管理委員會或推選管理負責人及完成報備之原由政府直接興
    建之國民住宅社區，自本法施行之日起，其社區管理維護依公寓大廈管理條例之規定辦
    理。

(五) 國民住宅社區之管理維護基金結算有賸餘或未提撥者，直轄市、縣（市）主管機關應以
    該社區名義，於公庫開立公共基金專戶，並將其社區管理維護基金撥入該專戶；社區依
    公寓大廈管理條例成立管理委員會或推選管理負責人及完成報備後，直轄市、縣（市）
    主管機關應將該專戶基金撥入社區開立之公共基金專戶。

例題 6-40

為落實政府採購法第 70 條工程採購品質管理及行政院頒「公共工程施工品質管理制度」之
規定，機關辦理查核金額以上之工程，其委託監造者，應於招標文件內訂定監造單位應提報
監造計畫、設置監造組織。試依相關規定，概要說明監造計畫之內容及對於監造現場人員之
資格、每一標案最低人數之要求。（25 分）

(104 公務人員普考-營建法規概要 #4)

【參考解答】

機關辦理查核金額以上之工程，其委託監造者，應於招標文件內訂定下列事項。但性質特殊
之工程，得報經工程會同意後不適用之：公共工程施工品質管理作業要點

(一) 監造單位應比照第五點規定，置受訓合格之現場人員；每一標案最低現場人員人數規定
    如下：

　　1. 查核金額以上未達巨額採購之工程，至少一人。

　　2. 巨額採購之工程，至少二人。

(二)（前款現場人員應專職，不得跨越其他標案，且施工時應在工地執行職務。

(三)（監造單位應於開工前，將其符合第一款規定之現場人員之登錄表（如附表四）經機關核定後，由機關填報於工程會資訊網路備查；上開人員異動或工程竣工時，亦同。

機關辦理未達查核金額之工程，得比照前項規定辦理。

機關自辦監造者，自中華民國一百零五年一月一日起，其現場人員之資格、人數、專職及登錄規定，比照前二項規定辦理。但有特殊情形，得報經上級機關同意後不適用之。

例題 6-41

近年來由於住宅供需問題引起諸多討論，公私部門相繼投入住宅興建。請依中央法規標準法、建築法、建築技術規則、住宅法及政府採購法等規定，回答下列問題：

(四)請說明制定住宅法之目的。（5 分）

(105 公務人員普考-營建法規概要 #1)

【參考解答】

(四) 住宅法之立法目的：（住宅法-1）

　　為健全住宅市場，提升居住品質，使全體國民居住於適宜之住宅且享有尊嚴之居住環境，特制定本法。

例題 6-42

近年來由於住宅供需問題引起諸多討論，公私部門相繼投入住宅興建。請依中央法規標準法、建築法、建築技術規則、住宅法及政府採購法等規定，回答下列問題：

(五) 請說明工程採購查核金額之額度。（5 分）

(105 公務人員普考-營建法規概要 #1)

【參考解答】

(五) 查核金額：（認定標準-6~8）

　　查下列金額以上

　　1. 工程採購：新台幣五千萬元。

　　2. 財物採購：新台幣五千萬元。

　　3. 勞務採購：新台幣一千萬元。

例題 6-43

就營建業務而言，將涉及建築法之適用範圍，建築師之設計監造與營造業之承造施工，請依建築法、建築師法及營造業法回答下列問題：

(三) 何謂工地主任？（5 分）

(105 公務人員普考-營建法規概要 #3)

【參考解答】

(三) 工地主任：（營造業-3）

係指受聘於營造業，擔任其所承攬工程之工地事務及施工管理之人員。

例題 6-44

為降低全球暖化與極端氣候對環境造成之衝擊，我國政府積極推行以節能環保為導向之綠建築，除已完成綠建築標章及其評估系統外，亦已完成綠建築法制化工作。請依歷年來推動綠建築及智慧綠建築相關方案內容及建築技術規則等相關法規，回答下列問題：

(一) 何謂「候選綠建築證書」？其有效期有何規定？（15 分）

(二) 我國政府如何完成綠建築之法制化工作？（10 分）

(105 公務人員普考-營建法規概要 #4)

【參考解答】

(一) 何謂「候選綠建築證書」？其有效期有何規定？

　　1. 候選綠建築證書：指取得建造執照之建築物、尚在施工階段之特種建築物、原有合法建築物或社區，經本部認可符合綠建築評估指標所取得之證書。

　　2. 有效期限：

　　　綠建築標章或候選綠建築證書，有效期限為三年。期滿前一個月至三個月內，得由申請人檢具申請書及申請日前六個月內依原標章或證書適用之評估手冊核發之評定書，申請延續認可。

(二) 綠建築之法制化工作：（考生請參考下列函示加強說明）

　　內政部 101.7.2 台內營字第 1010802419 號函訂「加強綠建築推動計畫」經費補助及管考執行要點其中計畫目的提到推動綠建築及加強建築產業之永續發展政策，內政部（以下簡稱本部）積極落實綠建築之法制化，於 93 年 3 月 10 日發布增訂建築技術規則建築設計施工編綠建築基準專章，並自 94 年 1 月 1 日起分階段實施建築技術規則建築設計施工編綠建築專章，屬該專章各項指標之適用範圍者，應依規定辦理綠建築設計。本部並於 98 年 5 月 8 日內政部台內營字第 0980803595 號令修正建築技術規則建築設計施工編綠建築基準部分條文，本次修正規定施行後，將更有助於建築物之節約能源，降低二氧化碳排放，提高資源有效利用，以達節能減碳的目的。

例題 6-45

試依營造業法規定，詳述營造業需於工地現場設置「工地主任」之條件。（25 分）

(101 地方特考四等-營建法規概要 #3)

【參考解答】

(一) 工地主任：（營造業-30、31、32）

　　營造業承攬一定金額或一定規模以上之工程（一、承攬金額新臺幣五千萬元以上之工程、二、建築物高度三十六公尺以上之工程、三、健築物地下室開挖十公尺以上之工程、四、橋樑柱跨距二十五公尺以上之工程），其施工期間，應於工地置工地主任。（※取得工地主任執業證者，每逾四年，應再取得最近四年內回訓證明，始得擔任營造業之工地主任。），應負責辦理下列工作：

　　1. 依施工計畫書執行按圖施工。

　　2. 按日填報施工日誌。

3. 工地之人員、機具及材料等管理。

　4. 工地勞工安全衛生事項之督導、公共環境與安全之維護及其他工地行政事務。

　5. 工地遇緊急異常狀況之通報。

　6. 其他依法令規定應辦理之事項。

（※免依第三十條規定置工地主任者，前項工作，應由專任工程人員或指定專人為之。）

例題 6-46

依政府採購法之規定，機關辦理公告金額以上之採購，若符合某些情形之一者，得採選擇性招標。請說明選擇性招標之定義，並條列說明那些情形下得採用選擇性招標？（25 分）

(102 地方特考四等-營建法規概要 #2)

【參考解答】

(一) 選擇性招標：（採購法-18）

　　指以公告方式預先依一定資格條件辦理廠商資格審查後，再行邀請符合資格之廠商投標。

(二) 報經上級機關核准者，得採選擇性招標：（採購法-20）

　　1. 經常性採購。

　　2. 投標文件審查，須費時長久始能完成者。

　　3. 廠商準備投標需高額費用者。

　　4. 廠商資格條件複雜者。

　　5. 研究發展事項。

例題 6-47

營造業分綜合營造業、專業營造業及土木包工業。請依營造業法之規定，說明專業營造業之定義，並說明專業營造業登記之專業工程項目為何？（25 分）

(102 地方特考四等-營建法規概要 #3)

【參考解答】

(一) 專業營造業：（營造業-3）

　　係指經向中央主管機關辦理許可、登記，從事專業工程之廠商。

(二) 專業營造業登記之專業工程項目：（營造業-8）

　　1. 鋼構工程。

　　2. 擋土支撐及土方工程。

　　3. 基礎工程。

　　4. 施工塔架吊裝及模版工程。

　　5. 預拌混凝土工程。

　　6. 營建鑽探工程。

　　7. 地下管線工程。

　　8. 帷幕牆工程。

　　9. 庭園、景觀工程。

　　10. 環境保護工程。

11. 防水工程。

12. 其他經中央主管機關會同目的事業主管機關增訂或變更,並公告之項目。

(三) 專業營造業應具下列條件:(營造業-9)

1. 置符合各專業工程項目規定之專任工程人員。

2. 資本額在一定金額以上;選擇登記二項以上專業工程項目者,其資本額以金額較高者為準。

例題 6-48

依政府採購法之規定,請說明主管機關、限制性招標及分段開標之意義為何?(25 分)

(103 地方特考四等-營建法規概要 #3)

【參考解答】

(一) 主管機關:(採購法-9)

本法所稱主管機關,為行政院採購暨公共工程委員會,以政務委員一人兼任主任委員。

(二) 限制性招標:(採購法-18)

指不經公告程序,邀請二家以上廠商比價或僅邀請一家廠商議價。

(三) 分段開標:(採購法-42)

機關辦理公開招標或選擇性招標,得就資格、規格與價格採取分段開標。

例題 6-49

依營造業法第 3 條及第 32 條之規定,請說明工地主任之意義,及營造業之工地主任應負責辦理之工作為何?(25 分)

(103 地方特考四等-營建法規概要 #4)

【參考解答】

工地主任:(營造業-30、31、32)

營造業承攬一定金額或一定規模以上之工程(一、承攬金額新臺幣五千萬元以上之工程、二、建築物高度三十六公尺以上之工程、三、健築物地下室開挖十公尺以上之工程、四、橋樑柱跨距二十五公尺以上之工程),其施工期間,應於工地置工地主任。(※取得工地主任執業證者,每逾四年,應再取得最近四年內回訓證明,始得擔任營造業之工地主任。),應負責辦理下列工作:

(一) 依施工計畫書執行按圖施工。

(二) 按日填報施工日誌。

(三) 工地之人員、機具及材料等管理。

(四) 工地勞工安全衛生事項之督導、公共環境與安全之維護及其他工地行政事務。

(五) 工地遇緊急異常狀況之通報。

(六) 其他依法令規定應辦理之事項。

(※免依第三十條規定置工地主任者,前項工作,應由專任工程人員或指定專人為之。)

例題 6-50

某公立學校要興建一棟教學大樓，經費約 1 億元，請依政府採購法說明遴選建築師規劃設計及對於施工營造廠的發包招標有那幾種方式？（25 分）

(104 地方特考四等-營建法規概要 #1)

【參考解答】

招標方式：（採購法-18）

(一) 公開招標：指以公告方式邀請不特定廠商投標。

(二) 選擇性招標：指以公告方式預先依一定資格條件辦理廠商資格審查後，再行邀請符合資格之廠商投標。

(三) 限制性招標：指不經公告程序，邀請二家以上廠商比價或僅邀請一家廠商議價。

例題 6-51

請試述下列名詞之意涵：（每小題 5 分，共 25 分）

(一) 聚落建築群

(105 地方特考四等-營建法規概要 #1)

【參考解答】

(一) 聚落建築群：（文資法-3）

指建築式樣、風格特殊或與景觀協調，而具有歷史、藝術或科學價值之建造物群或街區。

例題 6-52

當機關辦理驗收而驗收結果與契約、圖說、貨樣規定不符時，請依政府採購法之規定詳述應如何處理。（25 分）

(105 地方特考四等-營建法規概要 #3)

【參考解答】

依政府採購法之規定，相關驗收程序為：（採購法-72）

(一) 機關辦理驗收時應製作紀錄，由參加人員會同簽認。

(二) 驗收結果與契約、圖說、貨樣規定不符者，應通知廠商限期改善、拆除、重作、退貨或換貨。

(三) 驗收結果不符部分非屬重要，而其他部分能先行使用，並經機關檢討認為確有先行使用之必要者，得經機關首長或其授權人員核准，就其他部分辦理驗收並支付部分價金。

(四) 驗收結果與規定不符，而不妨礙安全及使用需求，亦無減少通常效用或契約預定效用，經機關檢討不必拆換或拆換確有困難者，得於必要時減價收受。其在查核金額以上之採購，應先報經上級機關核准；未達查核金額之採購，應經機關首長或其授權人員核准。

例題 6-53

請依營造業法說明營繕工程之承攬契約應記載那些規定事項。（25 分）

(105 地方特考四等-營建法規概要 #4)

【參考解答】

營繕工程之承攬契約，應記載事項如下：（營造業-27）

(一) 契約之當事人。

(二) 工程名稱、地點及內容。

(三) 承攬金額、付款日期及方式。

　　其中付款方式依下列方式之一為之：

　　1. 依契約總價給付。

　　2. 依實際施作之項目及數量給付。

　　3. 部分依契約標示之價金給付，部分依實際施作之項目及數量給付。

(四) 工程開工日期、完工日期及工期計算方式。

　　工期之計算方式，指下列方式：

　　1. 以限期完成者，星期例假日、國定假日或其他休息日均應計入。

　　2. 以日曆天計者，星期例假日、國定假日或其他休息日，是否計入，應於契約中明定。

　　3. 以工作天計者，星期例假日、國定假日或其他休息日，均應不計入。

　　（※因不可抗力或有不可歸責於營造業之事由者，得延長之。）

(五) 契約變更之處理。

(六) 依物價指數調整工程款之規定。

　　應載明下列事項：

　　1. 得調整之項目及金額。

　　2. 調整所依據之物價指數及基期。

　　3. 得調整之情形。

　　4. 調整公式。

(七) 契約爭議之處理方式。

　　契約爭議之處理，選擇下列一種以上之方式為之：

　　1. 屬政府採購法辦理之營繕工程者，依政府採購法第八十五條之一規定向採購申訴審議委員會申請調解。

　　2. 提付仲裁。

　　3. 提起訴訟。

　　4. 聲請調解。

(八) 驗收及保固之規定。

　　1. 驗收之規定，應載明下列事項：

　　　(1) 履約標的之完工條件及認定標準。

　　　(2) 驗收程序。

　　　(3) 驗收瑕疵處理方式及期限。

　　2. 保固之規定，應載明下列事項：

　　　(1) 保固期。

　　　(2) 保固期內瑕疵處理程序。

(九) 工程品管之規定。

　　　工程品管之規定，應載明下列事項：

　　　1. 品質管制：

　　　　(1) 自主檢查。

　　　　(2) 材料及施工檢驗程序。

　　　　(3) 矯正及預防措施。

　　　2. 工地安全及衛生。

　　　3. 工地環境清潔及維護。

　　　4. 交通維持措施。

(十) 違約之損害賠償。

(十一) 契約終止或解除之規定。

例題 6-54

請依現行建築法、建築技術規則、區域計畫法、都市計畫法、政府採購法及相關營建法規簡要回答下列問題：

(五) 驗收不符契約規定時，何種情況下得辦理減價驗收？（5 分）

(101 鐵路員級-營建法規概要 #1)

【參考解答】

(五) 減價收受：（採購法-72）

　　　驗收結果與規定不符，而不妨礙安全及使用需求，亦無減少通常效用或契約預定效用，經機關檢討不必拆換或拆換確有困難者，得於必要時減價收受。其在查核金額以上之採購，應先報經上級機關核准；未達查核金額之採購，應經機關首長或其授權人員核准。

例題 6-55

推動智慧綠建築發展，是期望促使建築物結合各類先進智慧化產品與服務，進而帶動關聯產業，達到綠建築效能升級之目的。請分析現階段推動智慧綠建築面臨那些問題？（25 分）

(103 鐵路員級-營建法規概要 #2)

【參考解答】

（智慧綠建築推動方案）

(一) 營建業界研發能量不足，缺乏自行投入設計及技術研發能力

(二) 建築相關法令規範機制，未符產業創新需求

(三) 建築師對資通訊技術的掌握不足，系統整合及創新服務人才缺乏

(四) 建築物各項監測管制系統缺乏共通平台，難以提供整合加值服務

(五) 智慧綠建築產業之推動，目前尚缺少消費市場及實質誘因

例題 6-56

依據政府採購法之規定,請分別說明採購之招標方式及其定義?(12分)另機關辦理招標時,應於招標文件中規定投標廠商須繳納押標金;得標廠商須繳納保證金或提供或併提供其他擔保。但在那些情形下,得免收押標金、保證金?(13分)

(103 鐵路員級-營建法規概要 #4)

【參考解答】

(一) 招標方式:(採購法-18)

　　1. 公開招標:指以公告方式邀請不特定廠商投標。

　　2. 選擇性招標:指以公告方式預先依一定資格條件辦理廠商資格審查後,再行邀請符合資格之廠商投標。

　　3. 限制性招標:指不經公告程序,邀請二家以上廠商比價或僅邀請一家廠商議價。

(二) 免收押標金或保證金之情況:

　　1. 勞務採購,得免收押標金、保證金。

　　2. 未達公告金額十分之一之工程、財物採購,得免收押標金、保證金。

　　3. 以議價方式辦理之採購,得免收押標金。

　　4. 依市場交易慣例或採購案特性,無收取押標金、保證金之必要或可能者。

讀者回函卡

年　　　月　　　日

讀者姓名：

手機：　　　　　　　　　市話：

地址：

E-mail：

學歷：□高中以下　□高中　□專科　□大學　□研究所以上

職業：□學生　□工　□商　□服務業　□軍警公教　□營造業　□自由業　□其他_____

購買書名：(請勾選所購買的書籍)

101-105 建築國家考試題型整理　□建築結構　□構造與施工　□環境控制　□營建法規

您從何種方式得知本書消息？

□九華網站　□粉絲頁　□報章雜誌　□親友推薦　□其他_____

您對本書的意見：

內容　　　□非常滿意　□滿意　□普通　□不滿意　□非常不滿意

版面編排　□非常滿意　□滿意　□普通　□不滿意　□非常不滿意

封面設計　□非常滿意　□滿意　□普通　□不滿意　□非常不滿意

印刷品質　□非常滿意　□滿意　□普通　□不滿意　□非常不滿意

對本書的內容或排版有發現錯誤或其他建議、想法：

101-105建築國家考試-營建法規題型整理

編 著 者　九華建築文教機構

發 行 者　九樺出版社

地　　址　台北市南昌路一段 161 號 2 樓

網　　址　http : //www.johwa.com.tw

電　　話　（02）2351－7261~4

傳　　真　（02）2391－0926

劃撥帳號　01125142　九華補習班

定　　價　新台幣　500　元

中華民國　一〇七年四月出版

官方客服　LINE ID：@johwa